新文京開發出版股份有限公司
NEW WCDP
新世紀・新視野・新文京－精選教科書・考試用書・專業參考書

New Wun Ching Developmental Publishing Co., Ltd.
New Age · New Choice · The Best Selected Educational Publications—NEW WCDP

第五版

食品科學概論

曾道一．賈宜琛 編著

FUNDAMENTALS OF FOOD SCIENCE AND TECHNOLOGY

Fifth Edition

『食品科學概論』自 2002 年第一版付梓至今已有十多年餘，受到許多大專院校相關科系的支持與使用，也感謝許多教授食品相關科系教師們的鼓勵及指正。我們秉持著『日新月異』、『精益求精』的求知精神，延續前一版的精要，做了以下周延的修訂：

1. 統一全書專有名詞、修正疏誤及整編不順之語句，俾使讀者更容易閱讀吸收。
2. 依各章節內容新增最新食品科學概念，期能提供學子更進一步獲得最新的相關知識。
3. 針對近年食安問題提供相關資訊以作為前車之鑑，並利於讀者查詢。

雖然在此次改版內容的撰寫及編排上，盡量去蕪存菁、再接再厲，以求廣納百川以入無垠腦海，將最好的品質呈獻給各位讀者，但是難免仍有不完整或遺漏之處，尚祈各界前輩先進們不吝指正，俾利此書能更臻於實用與完善，不僅適合入門教學並為深入準備考試之用書。

大仁科技大學　食品科技系
曾道一、賈宜琛 合序

目錄

Fundamentals of
FOOD SCIENCE AND TECHNOLOGY

FUNDAMENTALS OF
FOOD SCIENCE AND TECHNOLOGY

CHAPTER 01

食物製備與食品營養概論

1-1 食物製備的原理

依照各類食物材料的基本特性，利用於食物製作的過程，在食物製備過程中包含從食材的選擇、洗滌、處理、切割、烹調等，所發生一連串的物理及化學變化，最終目的是將食物的特性，經由調製與烹飪的處理，使食物變得安全衛生及容易消化，且色、香、味俱全的營養佳餚。

1-2 食物製備的目的

1. 使食物美味可口，並增加食慾。
2. 保持食物的營養。
3. 增加食物的消化率。
4. 殺滅致病菌，維持食品衛生與安全。
5. 防止腐敗、延長貯藏時間。
6. 具有藝術性和趣味性。

1-3 烹調的意義

烹就是加熱，調就是調味，烹調是運用巧妙的切工，將適量的材料，加熱及調味，做出味道好及色澤可口的菜餚，同時這過程具有殺菌、消毒、幫助消化、引出食物的香氣與增加食慾的作用。

1-4 烹調的方法

較常見的中式烹調方法為：煎、蒸、爆、炸、炒、燜、燉、滷、醃、烤、燻、凍、溜、拌、燴、燙、煮、醬、焗、涮、泡、醉、滾、烘、煨、風、酥、糟、甜、扣、拼等。

1-5 常用的計量單位與其換算

1茶匙(Teaspoon, t)＝5g

1湯匙(Tablespoon, T)＝15g

1量杯(Cup, C)＝240g＝16T

1市斤＝500g

1台斤＝600g＝16台兩

1台兩＝37.5g

1磅(Pound, lb)＝454g＝16oz

1英兩(Ounce, oz)＝28g

1公斤(Kilogram, kg)＝1,000g＝2.2lb

1品脫(Pint, pt)＝473c.c.＝16oz

1夸脫(Quart, qt)＝946c.c.＝2pt＝32oz

1加侖(Gallon, gal)＝3,785c.c.＝4qt

1公升(Liter, l)＝0.264gal＝1,000c.c.

1-6 食物的功能

主要在供給營養素，食物營養素可分為五類：醣類、脂肪、蛋白質、礦物質與維生素。醣類、脂肪及蛋白質都可以產生熱能，礦物質與維生素主要調節身體的生理活性。每一種營養素都有特定的功能，和身體也有特定的關係，但是任何營養素單獨存在時都無法產生完整的生理作用，要維持身體的新陳代謝活動，就必須攝取所有的營養素。每個人對營養素的需要量，會受年齡、性別、體型、生活環境、活動量和營養狀態等因素的影響。食物的處理、貯存和烹調也會影響其營養價值，只有對營養素和均衡飲食有正確的瞭解，方能促進身心健康。

1-7 食品營養概論

食物中主要的醣類有糖、澱粉和纖維素。醣類由碳、氫、氧三元素組成，一般化學式為 $Cm(H_2O)n$，故又稱為碳水化合物。醣類的主要來源是植物，動物性食物則提供如肝醣及乳糖等。水果和蜂蜜中的單醣極易消化吸收，蔗糖和乳糖等雙醣則需要靠酵素分解成單醣後吸收，而澱粉就必須靠消化酵素進行長時間作用，才能分解成單醣後吸收。蔬菜和水果的表皮多含有纖維素，比較難以消化。

一、醣　類

（一）醣類的分類

1. 依水解後結構可分為四大類

醣的種類	定　義	常見之糖
單醣類 (Monosaccharide)	不能用水解的方法分解成更簡單的醣類，稱之	葡萄糖 (Glucose)、果糖 (Fructose)
雙醣類 (Disaccharide)	水解後能產生含有兩分子相同或不同之單醣的醣類	蔗糖 (Sucrose)、乳糖 (Lactose)、麥芽糖 (Maltose)
寡醣類 (Oligosaccharide)	由 3~10 個單醣構成的醣類	蜜三糖 (Raffinose)、水蘇四糖 (Stachyose)
多醣類 (Polysaccharide)	由 10 個以上至 10,000 個或是更多單醣構成的醣類	澱粉 (Starch)、糊精 (Dextrin)、肝醣 (Glycogen)、纖維質 (Cellulose)

2. 依官能基的不同可分成二大類

醣的種類	定　義	典型之糖
醛　醣	分子含有一個醛基(–CHO)的醣類	葡萄糖 (Glucose)、半乳糖 (Galactose)
酮　醣	分子含有一個酮基(–C=O)的醣類	果糖(Fructose)

單醣類如含有醛基或是酮基，即具有化學還原性可稱為還原醣。而在雙醣中若分子的醛基及酮基互相結合即失去還原性，如蔗糖。

（二）常見的醣類

1. **葡萄糖(glucose)**：為右旋醣，多含在水果類之葡萄與水果類之甜玉蜀黍內，是雙醣與多醣經過消化後的產物，亦為生理上最重要的醣類，可供人體各組織細胞氧化產生能量。
2. **果糖(fructose)**：為左旋醣，是天然醣類中最甜的，不易形成結晶固體，蜂蜜、水果含量較多。
3. **半乳糖(galactose)**：是乳糖分解後的產物，在人體內可與葡萄糖互變，自然界食物中，無單體的半乳糖存在。
4. **蔗糖(sucrose)**：甘蔗及甜菜為蔗糖的主要食物來源，由葡萄糖與果糖結合脫水而成，蔗糖本為右旋糖，分解時，形成左旋果糖與右旋葡萄糖的混合物，最終整個混合物呈現左旋，這種混合糖稱為轉化糖(invert sugar)，甜度比原本蔗糖增加。
5. **麥芽糖(maltose)**：多為澱粉水解或消化後的中間產物，由兩個葡萄糖結合而成，常存在全穀類之幼芽內。
6. **乳糖(lactose)**：是奶類中所含的醣類，植物性食品則不含乳糖，主要由葡萄糖與半乳糖構成，較其他糖類之甜度低，不易溶解於水中。亞洲人常因乳糖酵素較少，未消化的乳糖被腸管微生物代謝成酸，刺激腸管蠕動引起拉肚子，這種現象稱為乳糖不耐症(lactose intolerance)。
7. **澱粉(starch)**：乃植物行光合作用利用二氧化碳及水所製成，穀類及根莖類的澱粉貯藏量最豐富，不溶於冷水但溶於熱水中，當澱粉與水加熱時，澱粉顆粒膨脹破裂，澱粉與水變成糊化物才易被身體酵素消化利用。澱粉經酵素消化可變為糊精、麥芽糖，最後變為葡萄糖。
8. **糊精(dextrin)**：澱粉經過消化或加熱可變成糊精，其間之中間產物有多種，依分子量不同可分為澱粉糊精(amylodextrin)、紅色糊精(erythrod- extrin)、無色糊精(achrodextrin)，最後為麥芽糖。
9. **肝醣(glycogen)**：其構造與澱粉類似，但分支較多，又稱為動物性澱粉，僅存在動物性食物，如牡蠣含量豐富。
10. **纖維素(cellulose)**：不被人類消化道消化的多醣類，是植物纖維的主要成分，多存在粗糙的全穀類、水果的外皮與種子及蔬菜類中。

11. **果膠(pectin)**：成分較纖維素複雜，多存在水果皮及水果種子中，亦為人類所不能消化的多醣類，果膠可溶於水中，吸水後形成膠狀物，食品加工上可利用其特性製成果醬與果凍。

（三）醣類的營養功用

1. **提供熱能**：醣類的主要基本功用就是提供熱能，每 1 公克的糖約可提供 4 大卡熱量，身體必須不斷的自飲食中獲取醣類，供給身體組織細胞進行各種代謝活動與維持正常體溫。
2. **節省蛋白質作用(protein sparing action)**：飲食若缺乏醣類，為求熱能的供給，蛋白質必須氧化以幫助產生能量，所以若要蛋白質進行細胞組織的建造修補，飲食中應供給適量的醣類作為產生熱能的來源，才能避免分解節省蛋白質。
3. **幫助脂肪正常代謝**：醣類供應量不足時，身體的脂肪大量氧化，以提供熱能，如無適量的醣類存在，部分脂肪氧化代謝產生酮體(ketone bodies)，易造成血液酸度增加形成酸中毒，或是干擾身體酸鹼平衡。
4. **乳糖幫助鈣質的吸收**：部分乳糖經腸道微生物的利用產酸，可促進腸道蠕動，並維持部分腸道酸性環境，有利於鈣質的吸收。
5. **膳食纖維預防慢性病**：不被消化的多醣類及木質素(lignin)，統稱為膳食纖維，包括纖維素(cellulose)、半纖維素(hemicellulose)、果膠(pectin)、樹膠(gum)、植物黏膠(mucilage)及藻類膠(algal polysaccharide)。因為不被身體所消化，在腸道與食物混合，又減少消化液滲入，降低消化醣類能力，可減緩血糖上升，並增加胃部飽足感，避免攝取過多熱量，有助減重。此外膳食纖維可以軟化糞便幫助實體形成，刺激腸道正常蠕動，使腸壁維持一定張力，避免腸憩室症發生。膳食纖維的存在，可改變腸道微生物菌叢的種類與數目，減少致癌性膽鹽的生成，並能結合這些膽酸鹽排出體外，降低膽固醇被吸收，可預防慢性疾病。
6. **其他生理生化作用：合成肝醣貯存能量，構成肝臟解毒系統、結締組織成分、遺傳物質 DNA、RNA 成分等。**

二、脂　肪

（一）脂質的分類

1. 簡單脂質(simple lipid)：由脂肪酸和醇類所形成的酯類，包括：

a. 中性脂肪(neutral fat)：由一分子的甘油與三分子的脂肪酸結合而成，所以也稱為三酸甘油酯。中性脂肪又可分為：

Ⅰ.脂肪(fat)：在室溫為固態者稱之，如豬油及牛油等。

Ⅱ.油類(oil)：在室溫為液態者稱之，如黃豆油及葵花油等。

b. 蠟類(wax)：由脂肪酸和高級醇類所組成，高級醇的碳數通常在 10 以上。

2. 複合脂質(compound lipids)：由三酸甘油酯與其他基團組合而成的脂質，包括：

a. 磷脂類(phospholipids)：由脂肪酸、甘油及磷所組成的化合物，常與某些含氮鹼基結合（如膽鹼(choline)）。腦磷脂(cephalin)、卵磷脂(lecithin)即屬此類化合物。

b. 醣脂質(glycolipids)：由碳水化合物和三酸甘油酯組成，不含磷酸，通常存在腦及神經組織之中。

3. 衍生脂質(derived lipids)：由上述的脂質水解所得的產物，如脂肪酸、甘油、固醇(sterols)、類固醇(steroids)、脂溶性維生素等。

（二）脂肪酸的分類

1. 依碳鏈的長度區分

a. 短鏈脂肪酸(short chain fatty acid)：碳數在 6 以下者稱之。

b. 中鏈脂肪酸(medium chain fatty acid)：碳數在 8~12 者稱之。

c. 長鏈脂肪酸(long chain fatty acid)：碳數在 12 以上者稱之。

2. 依碳鏈的飽和度區分

a. 飽和脂肪酸(saturated fatty acid)：即脂肪酸的碳鏈皆為單鍵者稱之，碳數偶數者居多。

b. 不飽和脂肪酸(unsaturated fatty acid)：凡脂肪酸的碳鏈中含有雙鍵者稱之。

Ⅰ.單元不飽和脂肪酸(monounsaturated fatty acid)：脂肪酸的碳鏈中含有一個雙鍵者稱之，如油酸(oleic acid)。

Ⅱ.多元不飽和脂肪酸(polyunsaturated fatty acid)：脂肪酸的碳鏈中含有二個以上雙鍵者稱之，如亞麻油酸(linoleic acid)及次亞麻油酸(linolenic acid)。

（三）脂質的營養功用

1. **供給熱能**：每 1 公克的脂肪可提供 9 大卡熱量。
2. **構成體脂肪**：當飲食中所提供的熱量超過身體需要時，不論是醣類、蛋白質或是脂肪皆可轉變成體脂肪貯存備用，適量的體脂肪可保護身體內的器官，減輕運動的撞擊與震動，皮下脂肪可防止體溫的散失，也可以氧化供給人體熱能之需要。
3. **有節省蛋白質作用**：從食物獲得適量的脂肪，可作為熱能的來源，與醣類的作用一樣，不至於氧化飲食中供給或是由身體組織的蛋白質供給熱能，達到節省蛋白質作用。
4. **協助脂溶性維生素吸收**：脂肪可幫助脂溶性維生素 A、D、E、K 等運送與吸收。
5. **抑制胃酸分泌**：脂肪有抑制胃液分泌的功能，使腸胃排空的時間延長，增加食物停留在胃的時間，使人有飽足感，不易覺得飢餓。
6. **提供必需脂肪酸**：多元不飽和脂肪酸中的亞麻油酸、次亞麻油酸及花生油酸被列為必需脂肪酸(essential fatty acid)，即必須來自於外界食物的供給，自體無法製造者。必需脂肪酸構成細胞膜與脂蛋白的重要成分，它在體內可轉變成不同形式的前列腺素(prostaglandin)，可調節血壓、血球凝集、血管收縮等重要生理功用，缺乏時會造成濕疹性皮膚炎。
7. **為膽固醇的來源**：膽固醇為固醇類的一種，主要存在動物性細胞中，特別是腦、神經組織、蛋黃、肝臟、腎臟等含量豐富，它可轉變成膽酸(bile acid)，幫助脂肪的消化，也可以做為雄性激素(androgen)、雌性激素(estrogen)的前質，而 7-去氫膽固醇可以變成維生素 D_3，最重要的是膽固醇是製造細胞膜的重要物質。

三、蛋白質

蛋白質由碳、氫、氧、氮所組成，其中氮的含量約占 16%，基本的單位稱為胺基酸，胺基酸的官能基有兩種，即胺基($-NH_2$)與羧基($-COOH$)，二個胺基酸互相結合時，形成胜肽鍵(peptide bond)而組成雙胜類(dipeptide)，很多個胺基酸組成則為多胜類(polypeptide)。

（一）蛋白質的分類

可依構造形態分為：

1. **簡單蛋白質(simple protein)**：單純由胺基酸組成，如白蛋白(albumin)、小麥穀蛋白(glutenin)、乳蛋白(lactalbumin)等。
2. **複合蛋白質(conjugated proteins)**：為蛋白質與其他非蛋白質物質結合而成者，如血紅素(hemoglobin)、磷蛋白質(phosphoprotein)、脂蛋白(lipoprotein)、黃素蛋白(flavoprotein)等。
3. **衍生蛋白質(derived proteins)**：為蛋白質被酵素消化或水解後，所形成較短的片段者，如蛋白腖、蛋白脈等。

（二）構成蛋白質的幾種常見的胺基酸

屬　性	俗　名	縮　寫	構造式
支鏈為烷系結構	甘胺酸 (Glycine)	Gly	H—CH(NH$_2$)—COOH
	丙胺酸 (Alanine)	Ala	H$_3$C—CH(NH$_2$)—COOH
	纈胺酸 (Valine)	Val	(H$_3$C)$_2$CH—CH(NH$_2$)—COOH
	白胺酸 (Leucine)	Leu	(H$_3$C)$_2$CH—CH$_2$—CH(NH$_2$)—COOH
	異白胺酸 (Isoleucine)	Ile	(H$_3$C-H$_2$C)(H$_3$C)CH—CH(NH$_2$)—COOH
支鏈帶氫氧基者	絲胺酸 (Serine)	Ser	HO—CH$_2$—CH(NH$_2$)—COOH
	羥丁胺酸 (Threonine)	Thr	H$_3$C—CH(OH)—CH(NH$_2$)—COOH

屬　性	俗　名	縮　寫	構造式
支鏈含硫原子者	半胱胺酸 (Cysteine)	Cys	$HS-CH_2-CH(NH_2)-COOH$
	甲硫胺酸 (Methionine)	Met	$CH_3-S-CH_2-CH_2-CH(NH_2)-COOH$
支鏈含羧基或醯基者	天門冬酸 (Aspartic acid)	Asp	$HOOC-CH_2-CH(NH_2)-COOH$
	醯胺天門冬酸 (Asparagine)	Asn	$H_2N-C(=O)-CH_2-CH(NH_2)-COOH$
	麩胺酸 (Glutamic acid)	Glu	$HOOC-CH_2-CH_2-CH(NH_2)-COOH$
	醯胺麩胺酸 (Glutamine)	Gln	$H_2N-C(=O)-CH_2-CH_2-CH(NH_2)-COOH$
支鏈帶鹼基者	精胺酸 (Arginine)	Arg	$HN(C(=NH)NH_2)-CH_2-CH_2-CH_2-CH(NH_2)-COOH$
	離胺酸 (Lysine)	Lys	$CH_2(NH_2)-CH_2-CH_2-CH_2-CH(NH_2)-COOH$
	羥離胺酸 (Hydroxylysine)	Hyl	$CH_2(NH_2)-CH(OH)-CH_2-CH_2-CH(NH_2)-COOH$
	組織胺酸 (Histidine)	His	H_2N, N (環)$-CH_2-CH(NH_2)-COOH$
支鏈含芳香環	苯丙胺酸 (Phenylalanine)	Phe	$C_6H_5-CH_2-CH(NH_2)-COOH$
	酪胺酸 (Tyrosine)	Tyr	$HO-C_6H_4-CH_2-CH(NH_2)-COOH$

屬　性	俗　名	縮　寫	構造式
	色胺酸 (Tryptophan)	Trp	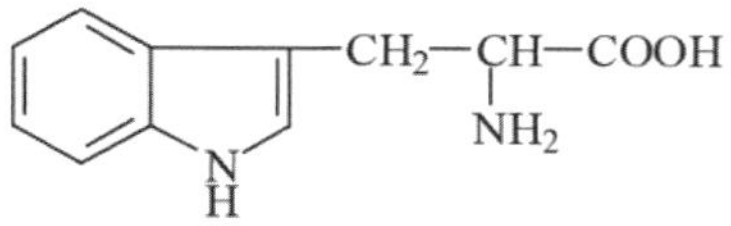 $-CH_2-CH(NH_2)-COOH$（吲哚環，N—H）
二級胺基酸	脯胺酸 (Proline)	Pro	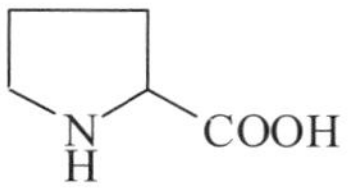 吡咯烷環（N—H），COOH
	4－羥基脯胺酸 (4-Hydroxyproline)	Hyp	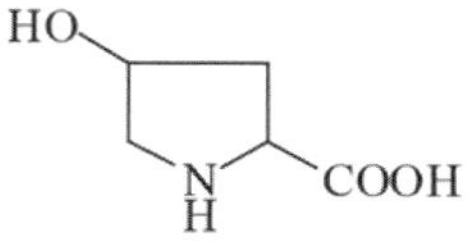 HO，吡咯烷環（N—H），COOH

（三）胺基酸可依生理上的重要性不同分類

1. **必需胺基酸(essential amino acid)**：必須由外界食物供給獲得，身體無法自製者稱之，共 8 種如下：色胺酸、離胺酸、甲硫胺酸、纈胺酸、苯丙胺酸、羥丁胺酸、白胺酸、異白胺酸。
2. **半必需胺基酸(semi-essential amino acid)**：即身體可以自行合成，但合成量不足需要，如組胺酸及精胺酸，若能由食物中補充，發育會更好。
3. **非必需胺基酸(non-essential amino acid)**：指身體可以自行合成足夠量的胺基酸，主要由轉胺作用形成。

（四）各類食物蛋白質最易缺乏的胺基酸

1. **穀類蛋白質**：穀類蛋白質都缺乏離胺酸，其中米的缺乏程度較輕，麵粉次之，玉米則嚴重缺乏外，還同時缺少色胺酸及異白胺酸。
2. **豆類蛋白質**：黃豆蛋白質缺乏甲硫胺酸及胱胺酸。
3. **奶類蛋白質**：牛奶較缺乏甲硫胺酸。
4. **動物膠**：嚴重缺乏色胺酸。

一般食物蛋白質中最易缺乏甲硫胺酸及離胺酸，其次是色胺酸、異白胺酸及羥丁胺酸。為求提高飲食蛋白質的營養價值，可採食品互補法來提高蛋白質的價值，如麵粉較缺乏離胺酸，若與離胺酸含量較多的魚肉一同進食，則其營養價值都比食用單項的各類食品好。

（五）蛋白質的生理作用

1. **建造新的身體組織原料**：體內組織、器官都由蛋白質構成，所以成長時或是生病後，都需要補充蛋白質以應付合成新組織的需要。
2. **修補耗損的組織**：只有蛋白質具此功能。
3. **構成身體的重要物質**：各種酵素、荷爾蒙、免疫球蛋白、乳汁等。
4. **調節水分**：缺乏血漿白蛋白會造成水腫。
5. **維持體液酸鹼平衡**：因胺基酸為兩性分子，所以蛋白質在血液中可調節酸鹼，如血液中的血球蛋白。
6. **提供熱能來源**：1 公克的蛋白質可提供約 4 大卡熱量。
7. **結合重要物質幫助其吸收及運送**：如鈣結合蛋白、運鐵蛋白、脂蛋白等。
8. **提供身體所需的必需胺基酸，合成體內蛋白質。**

食物經過加工或是加熱，對蛋白質的消化與吸收會造成影響，適當的加熱可以使胜肽鍵分開，方便酵素的作用，增加蛋白質的消化吸收率，同時加熱過程中可破壞部分食物所含的蛋白質抑制劑，故也可增加蛋白質的消化；相反的，過度加熱會導致蛋白質結構變化產生新鍵結，反而不利酵素的分解，如梅納反應。

四、維生素

（一）維生素的定義

是有機物質，但身體無法合成，需由外界食物補充，所需量極少，但負責調節身體新陳代謝，當酵素的輔酶作用，不產熱也非製造身體組織材料者。

（二）維生素的分類

依溶解性質可分成兩大類：

1. **脂溶性維生素**：此類為維生素 A、D、E、K 等，對熱較穩定。
2. **水溶性維生素**：如維生素 C 及 B 群等，對熱較不穩定。

（三）維生素的介紹

1. **維生素 A：又稱為「視網醇」**，綠色及黃色蔬菜水果內含量豐富，常以類胡蘿蔔素(carotenoids)的形式存在，對熱穩定但易氧化，其生理功用包括維持正常視覺、維護上皮組織的正常功能與正常骨骼發育，缺乏的話容易有夜盲症(nyctalopia)、乾眼症(xerophthalmia)、皮膚乾燥症等現象產生。食物中含維生素 A 最多者為魚肝油，其次是肝臟及深綠色及深黃色蔬菜和水果等。

2. **維生素 D：又名「陽光維生素」也稱為「抗佝僂病因子」**，為無色或白色的結晶，相當穩定，食物中的麥角固醇(ergosterol)及皮膚底下的 7−去氫膽固醇(7-dehydrocholesterol)為維生素 D 先質，在紫外光照射後再經肝臟與腎臟酵素作用，即形成有活性的維生素 D_2 與 D_3，維生素 D 的生理功用是幫助骨骼鈣化、維持血鈣的正常濃度，若缺乏時易造成骨質疏鬆症(osteoporosis)或是佝僂症(rickets)。食物中含維生素 D 較多者為魚肝油、肝臟、蛋黃及牛奶等。

3. **維生素 E：因實驗證明缺乏維生素 E 的老鼠會發生不孕，因此維生素 E 又稱為「抗不孕因子」**或「生育醇」(tocopherol)，為淡黃色的油狀物，有α、β、γ、δ 四種形式存在，其中δ型在食品加工上常被利用作為天然抗氧化劑。植物油含維生素 E 較多，蔬菜以深綠色含量較高，小麥胚芽及胚芽油含量也甚豐。

4. **維生素 K**：為黃色結晶或粉狀物，受光照易破壞，最重要的生理機能是促成肝臟中凝血酶原(prothrombin)的合成，所以與血液凝固有關，因此又被稱為「凝血維生素」，食物的來源主要存在綠色蔬菜中，其他如肝臟、肉類亦有。

5. **維生素 C**：又名「抗壞血酸」(ascorbic acid)，在弱酸環境下較穩定外，其餘狀況極易被破壞，維生素 C 具有的生理功用包括：促成膠原蛋白(collagen)的形成、參與體內氧化還原反應，並與酪胺酸(tyrosine)的代謝有關等。所以缺乏維生素 C 時，會有點狀皮下出血，牙齦易流血，嚴重的話會產生壞血病(scurvy)。食物中，深綠色蔬菜及枸櫞類水果含量豐富。

6. **維生素 B_1**：又名「硫胺」(thiamin)或「抗神經炎素」(aneurin)，係白色結晶或粉狀物，加鹼可加速其破壞，主司丙酮酸脫羧變成醋醛反應過程的輔酶，所以與能量的代謝有關，缺乏維生素 B_1 會產生下肢水腫、麻木、心臟擴大等腳氣病症狀。食物中，未精製的穀類、瘦肉、牛奶、內臟類含量豐富。

7. **維生素 B_2**：又名「核黃素」(riboflavin)，為橘黃色粉狀物質，水溶液具有黃綠色的螢光，但易受紫外光破壞。在體內主要參與電子傳遞鏈的催化作用，故與能量產生也有關係。缺乏時常見口角炎(angular stomatitis)、舌炎(glossitis)等症狀，最好的食物來源是牛奶、肉類、內臟類、蛋等。

8. **菸鹼酸(niacin)**：與菸鹼醯胺(niacin amide)均為無色的針狀結晶，本身相當穩定，主要功用與維生素 B_2 類似，在體內參與氧化還原、電子傳遞與輔助脂肪酸和固醇類的合成。菸鹼酸的缺乏症稱為癩皮病(pellagra)或稱玉黍蜀疹，所以菸鹼酸又稱為「抗癩皮病因子」(pellagra-preventive factor)，內臟類的肝臟、腎臟及瘦肉等含量豐富。另在身體內色胺酸可經代謝轉變成菸鹼酸，轉換率平均每 60 毫克的色胺酸可轉變成 1 毫克的菸鹼酸。

9. **維生素 B_6**：包含三種形式，存在於植物體的吡哆醇，存在於動物體的吡哆醛和吡哆胺，主要以磷酸吡哆醛參與體內許多生化反應，為胺基酸代謝的主要輔酶，生理作用包括胺基酸轉胺反應(transamination)、脫羧反應(decarboxylation)及參與色胺酸代謝等，所以缺乏維生素 B_6 會有血色素製造不足的小球性貧血現象(microcytic hypochromic anemia)。維生素 B_6 大多存在麥胚、牛奶、酵母菌等。

10. **泛酸(pantothenic acid)**：顧名思義廣泛存在於食物中而得名，為黃色的黏狀物質，它構成輔酶 A (coenzyme A)的成分，故與枸櫞酸循環(citricacid cycle)有關，對脂肪與醣類的代謝很重要。

11. **葉酸(folic acid)**：係黃色有亮光晶體，主要在體內負責單碳的轉移反應，如嘌呤(purine)與核酸的合成，所以缺乏時，身體代謝最快速的血球就容易受到影響，因此會有巨球性貧血(macrocytic anemia)與生長遲緩的現象產生，另外孕婦若缺乏時，會影響腹中胎兒神經管的形成造成缺損，可自綠色蔬菜的綠葉、肝、腎、酵母菌等食物獲得。

12. **生物素(biotin)**：屬無色長針形結晶，可輔助酵素本體作用與二氧化碳結合，司單碳物質的固定作用，並為脂肪酸及胺基酸合成和分解的輔酶，在食物中廣泛的存在，正常人不易缺乏。

13. **維生素 B_{12}**：又名「抗惡性貧血因子」(anti-pernicious anemia factor)，因結構中心含鈷又稱為「鈷維生素」(cobalamin)，分子呈紅色，在體內與葉酸參與在去氧核糖核酸(DNA)合成上的轉甲基作用，所以缺乏時紅血球無法成熟，會導致巨球性貧血。因維生素 B_{12} 幾乎全部存在於動物性食物中，如內臟類、肉類與奶類，全素者須加以補充，但當 B_{12} 吸收不足時，缺乏時症狀會經過相當時間才會表現出來，因為體內肝臟貯存量約 2~5mg，一般足夠 3~5 年之需要。

五、礦物質

身體含礦物質約占體重的 5%，而其功能主要構成骨骼及牙齒之外，還包括酸鹼平衡、肌肉收縮、神經傳導、細胞膜通透性、滲透壓調節與酵素活性促進等。其中的七種包括鈣(Ca)、磷(P)、鈉(Na)、鉀(K)、鎂(Mg)、硫(S)及氯(Cl)，存在體內的量大於體重 0.005%，稱為大量元素，另外的鐵(Fe)、銅(Cu)、碘(I)、錳(Mn)、鋅(Zn)、鈷(Co)、氟(F)、鋁(Al)、鉻(Cr)、硒(Se)等含量較少，稱為微量元素。

1. **鈣**：是身體含量最多的礦物質，主要貯存在骨骼與牙齒內，其餘則分布在血清、肌肉、神經內。鈣質在體內的功用包括：建構骨骼及牙齒的成分，促使血液凝固，維持正常的心臟收縮，控制細胞的通透性，影響肌肉的收縮與神經的感應性等。一般影響鈣質的吸收因素也和食物中有無足夠量維生素 D 有關，乳糖及腸道低酸性的 pH 值有利鈣的吸收，飲食中適量的蛋白質或是身體成長時需求量的增加等；相反的，過量的脂肪飲食和食物中過多磷的含量，與植物性食物中的草酸及植酸含量，或是因病造成的腸胃疾病與藥物的影響，皆會降低鈣質的吸收，理想健康狀態的鈣與磷比為 1：1。食物的來源以牛奶、肉類、小魚蝦等較豐富。
2. **磷**：在體內的含量僅次於鈣約占體重 1%，同樣存在骨骼與牙齒中，另外也形成高能磷化合物如 ATP 等，食物中的來源為牛奶、蛋黃、肉、白米、麵粉等，因含磷的食物太廣泛了，故不易缺乏，但飲食中鈣和磷的比例最好也維持在 1：1，對吸收較好。
3. **鈉**：是細胞外液的主要陽離子，主司體液酸鹼平衡，維持組織滲透壓，控制細胞膜通透性，並影響肌肉的感應性。鈉的排泄由腎臟負責，低血鈉會有噁心、抽筋及疲倦現象；相反的，高血鈉會形成水腫及高血壓的症候。食品中醬油及食鹽含鈉最多，加工過的食品如鹹菜、醃肉、火腿、乾酪等也含量豐富。
4. **氯**：主要司身體酸鹼平衡、水平衡及維持滲透壓，為胃酸的主要成分，通常食物中氯與鈉常同時存在，所以鈉的攝取足夠時則氯的攝取應該也是足夠的。
5. **鉀**：大部分存在細胞內液中，同樣也維持體內的酸鹼平衡、正常的滲透壓以及水分的保留，鉀離子的排泄也靠腎臟，當血鉀過多時，易呈現心跳不正常、疲倦、神智不清及呼吸困難等症狀；相反的，低血鉀時，肌肉容易麻痺無力、心跳加速等。食物中以肉類、肝、杏、梨、香蕉、甘藷及馬鈴薯等含量較多。

6. **硫**：身體的硫分布在軟骨、毛髮中，主要存在含硫的胺基酸－胱胺酸及甲硫胺酸之中，硫也是維生素 B_1 和生物素的成分之一，有機態的硫才能為身體利用，無機狀態的硫是無法被人體利用的。

7. **鎂**：大部分存在於骨骼及牙齒中，在人體中參與磷酸化反應，與鈣在生理的效應上相互拮抗，鎂可使肌肉放鬆，故缺鎂時會使人手腳顫抖及神經過敏，飲食的來源以硬果、全穀、深綠色蔬菜及海產類食品為主。

8. **鐵**：在體內以血紅素(hemoglobin)及肌紅素(myoglobin)形式存在，負責氧及二氧化碳的傳遞，在食物中主要以三價鐵形式存在，需要在酸性和還原性物質存在下，形成二價鐵形式，才有助於人體的吸收，而食物中的鐵一般吸收率低，導致常見鐵缺乏現象，食物中以肉類、豬血與鴨血等含的鐵稱血基質鐵(heme iron)，吸收率較高，同樣身體需求量增加時，其吸收率也會提高。鐵的缺乏症會造成小球性貧血，故食物的補充，可由深紅色的肉類及肝、腎等增加攝取。

9. **碘**：為甲狀腺素(thyroxine)的主要成分，甲狀腺素會影響身體的基礎代謝率，缺乏碘時，身體的甲狀腺會產生代償工作，會造成甲狀腺腫大(goiter)。食物的來源以海產類食物較多，或是由食鹽中添加碘來提供。

10. **氟**：攝取超過 2ppm 會造成斑齒(mottled teeth)，適量可預防蛀牙，在體內存在於骨骼及牙齒中。

11. **鋅**：含鋅較多的食物有肉類、肝、蛋及海產類，鋅在體內參與許多酵素的活性，如鹼性磷酸酯解酶(alkaline phosphatase)等，與味蕾的味覺有關，缺鋅時會有貧血、免疫低下、傷口癒合不佳等現象。

12. **銅**：對形成血紅素的過程中，占重要的地位，所以缺銅時和缺鐵的情形一樣，會有小球性低血色素的貧血現象。含銅的食物，如內臟類、海魚等。

13. **硒**：是血球內酵素－麩胱甘肽過氧化酶(glutathione peroxidase)的重要成分，即預防過氧化物的產生，避免細胞膜及細胞微粒膜受到氧化破壞，硒主要存在於穀類、肉類、魚及奶類等。

1-8 國民飲食指標

為推廣均衡的健康飲食觀念，衛生福利部食品藥物管理署參考先進國家之飲食指標建議，並依據我國 2005~2008 年國民營養健康狀況變遷調查結果，檢討修正「國民飲食指標」。

新版「國民飲食指標」包括 12 項原則：

1. **飲食指南作依據，均衡飲食六類足：**依照每日飲食指南適當選擇搭配。並注意應吃到足夠的蔬菜、水果、全穀、豆漿、堅果種子及低脂乳製品。

2. **健康體重要確保，熱量攝取應控管：**瞭解自己的健康體重和熱量需求，適量飲食，以維持體重在正常範圍內（身體質量指數在 18.5~23.9）。

   健康體重目標值=〔身高（公分）／100〕^{2}×22

3. **維持健康多活動，每日至少 30 分：**維持多活動的生活習慣，每日從事動態活動至少 30 分鐘。

4. **母乳營養價值高，哺餵至少六個月：**母乳是嬰兒成長階段無可取代且必須營養素，建議母親應以母乳完全哺餵嬰兒六個月，之後可同時以母乳及副食品提供嬰兒所需營養素。

5. **全穀根莖當主食，營養升級質更優：**三餐應以全穀為主食，或至少應有 1/3 為全穀類如：糙米、全麥、全蕎麥或雜糧等。全穀類含有豐富維生素、礦物質及膳食纖維，對人體健康有保護作用。

6. **太鹹不吃少醃漬，低脂少炸少沾醬：**口味清淡、沾醬酌量。每日鈉攝取量應該限制在 2,400 毫克以下，並於選購包裝食品時注意營養標示中鈉含量。高熱量密度食物，如油炸與其他高脂高糖的食物，相同分量就會攝入過多熱量，應盡量少吃。

7. **含糖飲料應避免，多喝開水更健康：**白開水是人體最健康、最經濟的水分來源，應養成喝白開水的習慣。市售飲料含糖量高，經常飲用不利於理想體重及血脂肪的控制。從飲料中得到熱量，易吃不下其他有營養的食物而造成營養不良。

8. **少葷多素少精製，新鮮粗食少加工：**飲食中以植物性食物為優先選擇對健康較為有利，且符合節能減碳之環保原則。選擇未精製植物性食物，以充分攝取微量營養素與膳食纖維。

9. **購食點餐不過量，份量適中不浪費**：個人飲食任意加大份量，容易造成熱量攝取過多或食物廢棄浪費。購買與製備餐飲時，應注意份量適中。

10. **當季在地好食材，多樣選食保健康**：當令食材乃最適天候下所生產，營養價值高，且因為盛產，價錢較為便宜，品質也好。

11. **來源標示要注意，衛生安全才能吃**：食物製備過程應注意清潔衛生，貯存與烹調。購買食物應注意食物來源、食品標示及有效日期

12. **若要飲酒不過量，懷孕絕對不喝酒**：若飲酒，女性每日不宜超過 1 杯（每日酒精 10 公克），男性不宜超過 2 杯。但懷孕期間絕對不可飲酒。

有關營養與健康參考資料可查詢衛生福利部食品藥物管理署網頁：http://consumer.fda.gov.tw/Pages/List.aspx?nodeID=3

CHAPTER

食品化學

2-1 食品(Food Material)

一切不含有害物質之天然物或其加工品並含一種以上營養成分者，稱之為食品。

食物：食品經過適當調味者並且添加色香味。

食品分：
- 水
- 固形物：包括蛋白質、脂肪、醣類、維生素、礦物質。

2-2 水

一、水的定義

1. 生物體含量最多的組成分(50~95%)，醃乾品除外。
2. 提供生物化學反應進行的場所，運送細胞所需之營養物、廢物，且本身也參與化學反應。
3. 其含量與存在位置，影響生物細胞的活力，並且決定食品的品質。

二、水的功用

1. 作為溶劑，使反應物流動，反應速率增加。
2. 水可能是一種反應物，例如水解作用。
3. 水可能是一種產物，水多可抑制梅納反應。
4. 對中間物具有修飾作用，適量水可抑制油脂反應。

三、水的種類

1. **自由水(free water)**：細胞質中有一些能用簡單機械方法或熱力作用而與其他有機物質相分離，乃係機械的保存於細胞間者為自由水。亦即熱力學上可以自由移動的水。
2. **結合水(bound water)**：與食品主成分醣類、蛋白質等以氫鍵結合，水被束縛，而共同構成組織成分，而無法輕易的由食品中游離。故又定義：冷卻至0℃以下，亦不會凍結的水，一般冷卻至−20℃，−30℃亦不會結冰，亦無溶媒作用。

四、水活性

1. **水活性(water activity)**：簡寫 a_w，$a_w = P/P_o = ERH/100$，食品中水活性可用水活性自動測定儀測試。
   a. P：食品所顯示的水蒸氣壓。
   b. P_o：某溫度下食品最大的水蒸氣壓。
   c. ERH (equilibrium relative humidity)：平衡時的相對溼度。
      食品在不同水含量下，a_w 也不同。

2. **a_w 與微生物關係**：每種微生物均有不同的最低限度水活性，當低於最低限度水活性時，則微生物不能生長，故可利用降低水活性之方法來保藏食品。

菌　名	生長最低限度 a_w
細　菌	0.90
黴　菌	0.80
酵母菌	0.88
耐鹽性菌	0.75 以下
耐乾真菌	0.65

五、水活性與食品化學反應速率關係（見圖 2-1）

1. Zone I
   - a_w：0~0.25

     當 a_w 降至 Zone I 與 Zone II 之間其水分含量 3~7%，食品品質最穩定，需介質方能進行的反應會停止，微生物不生長，油脂氧化速率最低，水分再降低（食品中含少量的水能防止油脂氧化），則油脂氧化顯著提高，易生油耗味。

2. Zone II
   - a_w：0.25~0.8

     細菌不能生長，黴菌與酵母菌活性亦迅速減少，甚至不能生長，酵素活性降低，化學反應速率亦下降，此水分較不易除去。

3. Zone III

- a_w：0.8~0.9

  微生物生長，酵素活性高，化學作用迅速，此區水分容易蒸發或壓榨除去。

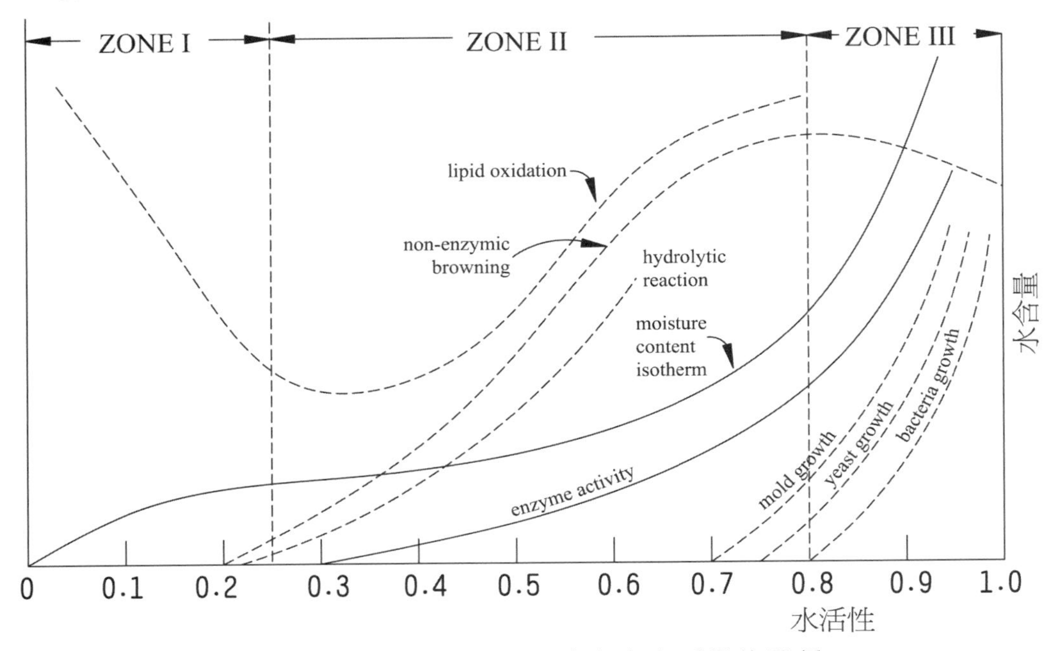

▲圖 2-1　食品中反應速率與水活性的關係

六、等溫吸濕曲線（見圖 2-2）

1. 以水活性或相對溼度(RH)為橫軸，而以達到平衡時的食品含水量為縱軸所畫成之圖形稱之。
2. 等溫吸濕曲線：依食品種類而異，一般都呈拉長之倒 S 形。
   a. 曲線最初部分：即非常低濕度的屈曲點：表示水分在食品中與其他成分堅固的結合在一起，而被吸著成為單分子層。
   b. 在其前面迫於直線的緩和曲線部分：表示多層吸著而漸漸成為液化狀態。
   c. 更前面高溼度屈曲點以上：表示由毛細管凝縮的水分，此部分的水在食品中的結合比較緩和成為凝縮在食品中的小間隙，而可自由移動狀態。
3. 等溫吸濕曲線
   a. 相當於單層水分子。

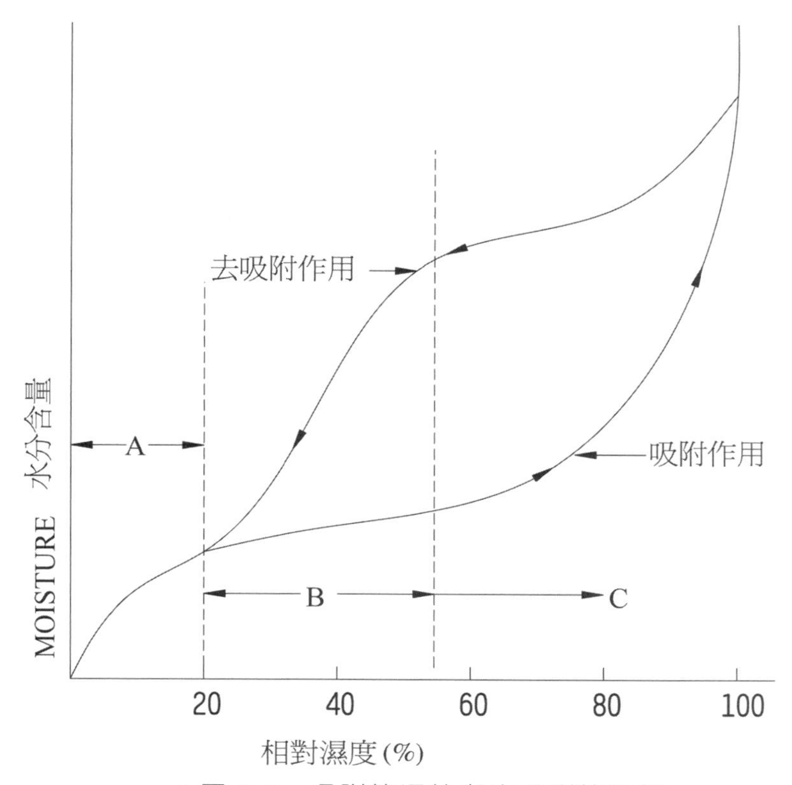

▲圖 2-2　吸附等溫線與去吸附等溫線

b. 多層吸著（於單層外又有另一層）。

c. 於溶解完物質中的可溶物後，再凝結存在於物質洞內的水分。

七、食品水分與食品保存

利用降低水活性，使微生物不易生長，而達到防腐及保存的目的。

1. 脫水乾燥：大部分微生物處於 a_w 0.75 以下，幾乎不能繁殖。
2. 利用糖、鹽使食品脫水，降低 a_w，以延長保存時間。
3. 降低溫度：溫度降低，a_w 也降低，則可抑制微生物生長、酵素作用及化學反應之進行。保持食品中水分含量，可保持食品原來形態，又可防止品質發生變化。
4. 其他：如包裝冷藏等方法加以保存，維持其水分含量及相對溼度，不使發生吸濕及脫濕現象。

2-3 醣　類

一、醣類在食品加工上的功用

1. **乳化性**：阿拉伯膠、羧甲基纖維素(carboxymethyl cellulose, CMC)。
2. **成膠性**：洋菜、果膠。
3. **糊化性**：糊化(gelatinization)作用。

   $$\text{澱粉} \xrightarrow[\text{加熱}]{\text{浸水}} \text{膨潤(swelling)}$$

   倘停止加熱而乾燥之，則可復原。膨潤後，加熱至 65℃附近，則急速膨脹，黏度激增，澱粉粒有少量可溶化，經至消失其粒形全部溶出，該物冷卻後，則形成凝膠(gel)，此現象稱之為糊化。

   全部糊化之澱粉容易於室溫或低於室溫之溫度下，放置之，則凝結而沉澱，此現象稱之為老化(retrogradation)。溫度 2~4℃、水分 30~60%最容易老化。
4. **保水性**。
5. **褐變反應**：提供香氣、顏色。

二、多醣類的性質

由多數糖分子所組成稱之，如：澱粉、纖維素、菊糖(inulin)。

1. **澱粉(starch)**：為單純葡萄糖結合而成之多醣類，在植物體內合成而貯藏於種子根中。澱粉由兩種不同性質之葡萄糖鏈組成之直鏈澱粉與支鏈澱粉混合存在。
   a. 直鏈澱粉(amylose)：僅由葡萄糖以 α –1.4 相互結合成直鏈分子，易溶於溫水而不沉澱。
   b. 支鏈澱粉(amylopectin)：係在葡萄糖以 α –1.4 結合的鏈上，又有若干處以 α –1.6 結合而形成支鏈，不易溶於溫水而糊化力甚強。

2. 醣類的化學通式：$Cm(H_2O)n$

Aldotriose 丙醛醣

D-Glyceraldehyde D－甘油糖
O=C—H
H—C—OH
CH_2OH

Aldotetroses 丁醛醣

D-Erythrose D－赤蘇糖	D-Threose D－蘇糖
O=C—H	O=C—H
H—C—OH	HO—C—H
H—C—OH	H—C—OH
CH_2OH	CH_2OH

戊醛醣 *Aldopentoses*

D-Ribose (Rib) D－核糖(Rib)	D-Arabinose (Ara) D－阿拉伯糖(Ara)	D-Xylose (Xyl) D－木糖(Xyl)	D-Lyxose (Lyx) D－來蘇糖(Lyx)
O=C—H	O=C—H	O=C—H	O=C—H
H—C—OH	HO—C—H	H—C—OH	HO—C—H
H—C—OH	H—C—OH	HO—C—H	HO—C—H
H—C—OH	H—C—OH	H—C—OH	H—C—OH
CH_2OH	CH_2OH	CH_2OH	CH_2OH

己醛醣 *Aldohexoses*

D-Allose D－阿洛糖	D-Altrise D－阿卓糖	D-Glucose (Glc) D－葡萄糖(Glc)	D-Mannose (Man) D－甘露糖(Man)	D-Gulose D－古洛糖
O=C—H	O=C—H	O=C—H	O=C—H	O=C—H
H—C—OH	HO—C—H	H—C—OH	HO—C—H	H—C—OH
H—C—OH	H—C—OH	HO—C—H	HO—C—H	H—C—OH
H—C—OH	H—C—OH	H—C—OH	H—C—OH	HO—C—H
H—C—OH	H—C—OH	H—C—OH	H—C—OH	H—C—OH
CH_2OH	CH_2OH	CH_2OH	CH_2OH	CH_2OH

三、醣類在加工上的變化

1. **非酵素性褐變**：一般發生在醣類之反應。

a. 梅納反應(Maillard reaction)：又稱之為糖－胺反應(sugar-amine reaction)，主要是含有胺基酸(amino acid)的胺基(amino group)與還原糖之羰基(carbonyl group)反應。

影響褐變反應的因子：

Ⅰ.carbonyl

<1> 化合物如：一般 α、β–不飽和醛(2-enal α-dicarbonyl)化合物易於褐變。ketone 的褐變速度最慢。

<2> 五碳糖反應強，褐變速度平均比六碳糖快 4 倍，ribose＞arabinose＞xylose，galactose＞mannose＞glucose。

<3> ketose 之 fructose 其褐變速度依條件而異。

Ⅱ.amino 化合物：少有單獨會產生褐變者，但與羰基化合物共存，則會促進褐變。胺基酸、胜肽、蛋白質、胺類皆可參與褐變反應。但一般胺類比胺基酸褐變速度快，就胺基酸而言，一般以鹽基胺基酸褐變速度較快。

Ⅲ.pH 值：pH 3 以上，褐變速度愈快。抗壞血酸(ascorbic acid)在 pH 3 前後最安定，愈接近鹼性愈不安定，pH 3 以下酮醣(ketose)較不安定，易起褐變。

Ⅳ.水分：amino-carbonyl，濃度愈高，反應愈快，但如在乾燥情形下，反應不進行。水分 10~15%最容易起褐變反應。脂肪參與褐變反應與水分含量有關，水分超過 5%，加速脂肪氧化而褐變亦開始進行。

Ⅴ.溫度：10℃溫度差可生成 3~5 倍的褐變速度之差，食品冷藏 10℃以下，可防止相當程度褐變。

Ⅵ.amino-carbonyl 反應時，加熱至 80℃以上，O_2 存在與否，無關褐變，但在室溫貯藏時，O_2 可促進褐變反應。

Ⅶ.金屬離子如 Fe、Gu 會催化還原酮(reductone)類的氧化，促進褐變。

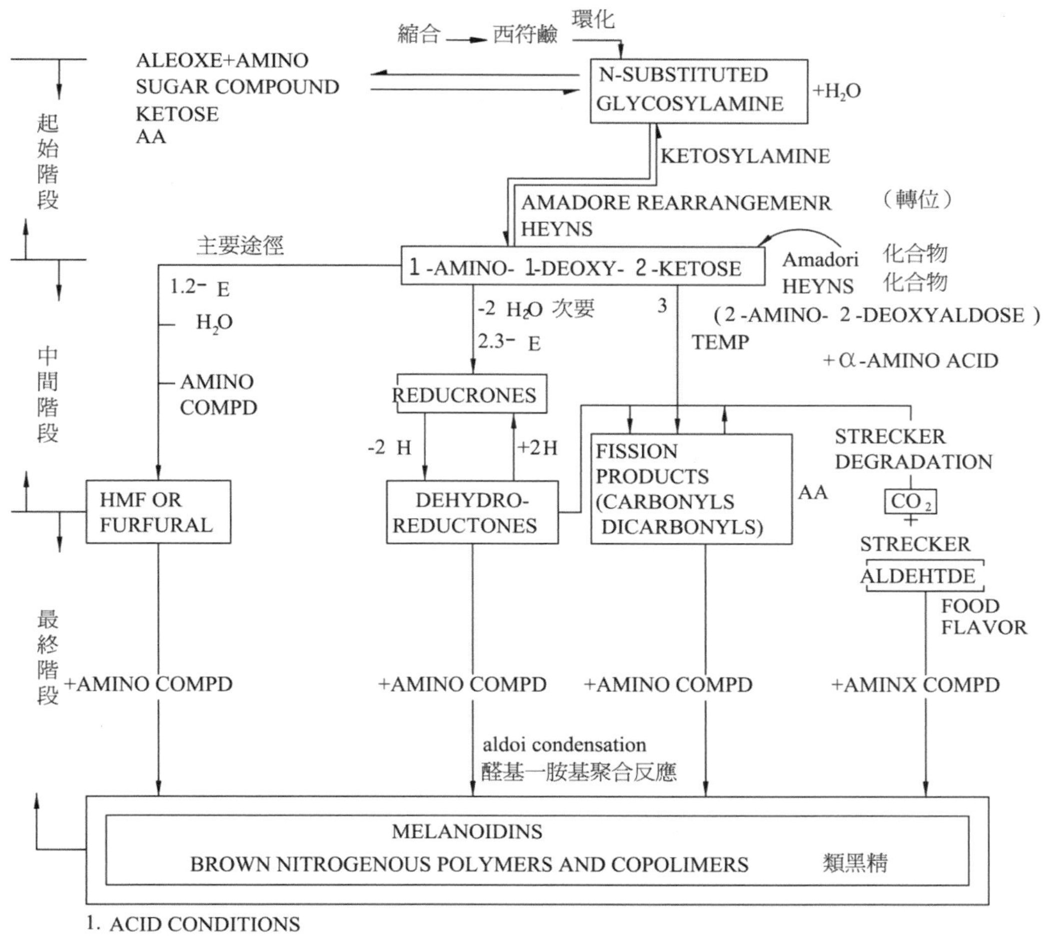

▲圖 2-3 梅納反應的基本反應機制（資料來源：O'Brien 及 Morrissey, 1989）

b. 焦糖化反應(caramelization)：在無胺基化合物存在的情況下，醣類特別是單醣，加熱至熔點約 140~170℃以上的高溫時，引起糖分子內或分子間之縮合反應產生黑褐色物質(caramel)，此反應稱為焦糖化反應(caramelization)。焦糖化反應會產生兩種生成物，一是糖的脫水產物，即焦糖或醬色(caramel)；另一類是一些揮發性的醛、酮類物質等裂解產物，再進一步縮合、聚合最終形成深色具香味物質。一般焦糖化化反應在酸、鹼條件下均可進行，但速率不同，如在 pH 8 時要比 pH 5.9 時反應速率快 10 倍。葡萄糖較果糖難脫水，形成著色物質慢。焦糖化反應會會影響食品的色、香、味，如：布丁所使用的焦糖色素；咖啡烘焙的色變就是焦糖化反應的成果。

2-4 蛋白質

一、蛋白質的重要性

1. 所有細胞的主要成分。
2. 身體內的代謝催化劑，如酵素。
3. 調節代謝的物質，如激素。
4. 身體的防衛武器，如抗體。
5. 肌肉的收縮。

二、蛋白質的分類

1. **單純蛋白質**：加水分解後僅生成胺基酸者。
   a. 白蛋白(albumin)：可溶於水、加熱凝固。
   b. 球蛋白(globulin)：不溶於水，可溶於稀薄之中性鹽液，加熱則凝固。
   c. 穀蛋白(glutelin)：不溶於水及鹽溶液，可溶於稀酸或鹼，加熱則凝固。
   d. 醇溶蛋白(prolamin)：不溶於水，可溶於 70~80% ethanol。
   e. 硬蛋白或硬蛋白質(albuminoid)：不溶於水、酸、鹼、鹽溶液。
   f. 組織蛋白(histone)：可溶於水、稀酸，不溶於氨液，強鹽基性。
   g. 精蛋白(protamin)：可溶於水、氨液，加熱亦不凝固，比組織蛋白更為簡單之蛋白質。
2. **複合蛋白質**：由單純蛋白質與糖、色素、磷等非蛋白物質所組成。
   a. 核蛋白質(nucleoprotein)：核酸與組織蛋白或精蛋白結合。
   b. 醣蛋白質(carbohydrate-cotaining protein)：由糖與蛋白質結合。如黏性蛋白質(casein)。
   c. 磷蛋白質(phosphoprotein)：磷與蛋白質結合。
   d. 色素蛋白質(chromoprotein)：由色素與蛋白質結合，尤其與血紅素結合者稱 hemoprotein。
   e. 脂蛋白質(lecithoprotein; lipoprotein; lecithin)：脂質與蛋白質結合。

3. 衍生蛋白質(derived protein)：天然蛋白質受物理或化學上變化處理所得者。

a. 一級衍生蛋白質：對天然的蛋白質稍微加上物理或化學處理，使之僅有稍微的變化，大部分之骨骼並未改變，性質和原來蛋白質的相異。如變性蛋白質(denatured protein)由熱、紫外線、機械攪拌、酒精、酵素、鹽液、稀鹼等而變化者。

b. 二級衍生蛋白質：比一級衍生蛋白質更進一步分解的變性蛋白質。如胜肽（胺基酸組成及結合順序已定之分子）；蛋白腖（溶水、無膠質性、硫胺飽和不析出）；蛋白脙（溶水、加熱凝固、硫胺飽和析出）。

三、蛋白質的組成

蛋白質是由 22 種胺基酸所組成，其中必需胺基酸有 8~10 種。其特性包括：

1. 有旋光性（4 個碳所接的原子基團均不同），只有 $H_2N—C(H)(H)—COOH$ glycine 無旋光性。

2. 具緩衝作用，可調節 H^+

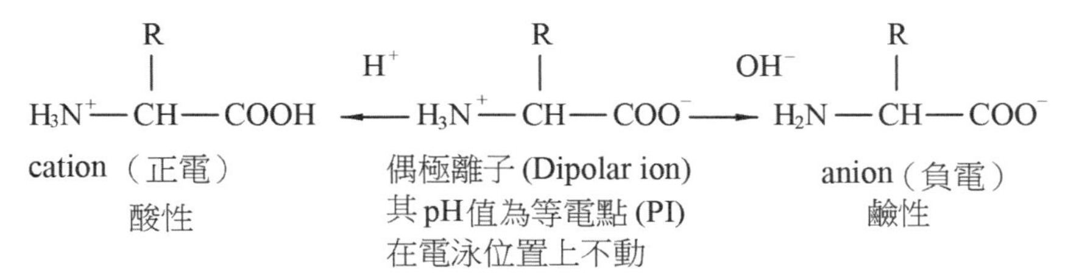

3. 離子結合(ion binding)：例如重金屬中毒，喝牛奶把重金屬沉澱下來。

四、蛋白質的性質

1. 等電點(isoelectric point)：蛋白質與胺基酸同為兩性物質，而形成雙性離子(zwitter-ion)，一般蛋白質在酸性溶液中，荷正電荷可與陰離子(anion)反應結合，在鹼性溶液中，荷負電荷可與陽離子(cation)反應，在中間的 pH 值為電中性，此 pH 值即為等電點，等電點 pH 值依蛋白質種類而異，在等電點的蛋白質溶液最不安定，而在該 pH 值，蛋白質最容易沉澱，可利用此性質來分離蛋白質。

2. **蛋白質變性(protein denaturation)**：存在於活動植物的組織中的蛋白質，稱為天然蛋白質，這種巨大分子易受變化，如受物理、化學或酵素作用，則蛋白質分子的一部分特有構造會發生變化，而變成與原來的天然蛋白質不同的性狀，這種過程稱為蛋白質變性。

3. **變性原因**
   a. 物理性：加熱、凍結（還可恢復）、攪拌、照射、超音波、高壓（1,000~ 3,000大氣壓會造成蛋白質變性，若恢復常壓則可恢復原狀，為可逆變性）。
   b. 化學性：稀酸、稀鹼、尿素、酒精、界面活性劑、重金屬等化合物。

4. **變性的兩個例子**
   a. 蛋白質＋稀酸、稀鹼 → 解離基電荷變化 → 分子內離子結合破壞 → 變性。
   b. 蛋白質＋尿素 → 胜肽鍵間的氫鍵結合被切斷 → 蛋白質立體構造發生變化 → 變性。

5. **變性結果**
   a. 蛋白質胜肽鍵更易被蛋白質水解酵素分解。
   b. 溶解度下降。
   c. 酵素活性減少或消失。
   d. 不再結晶。
   e. 黏度增加。
   f. 旋光度增加。
   g. 分子之不對稱性增加。
   h. 氫鍵被破壞。
   i. 可滴定之官能基增加，造成滴定曲線改變。
   j. 增加雙硫基、硫氫基及酚基之反應活性。

五、加工對蛋白質的影響

1. 過度加熱，營養降低，因為：
   a. 胺基酸氧化變質。
   b. 形成新的胺基酸間接合，使得消化過程中，胺基酸釋出變慢。
   c. 形成新的不為酵素水解的胺基酸鍵結。而高溫 110°C，長時間 24 小時下，蛋白質的胜肽鍵(・CO・NH・)也會變成不被酵素水解的：CH・N：鍵，降低其利用性。

2. 產生褐變反應（又稱梅納反應、糖胺反應）。如 lysine 之 δ–胺基易與還原糖的羰基結合，形成只被強酸而不被消化道內酵素水解之西符鹼(Schiff's base)，無法利用。Schiff's base 作用乃 NH_2 跟 CHO 作用，營養價值降低。
3. 過度加熱亦會因脫氨、脫二氧化碳、脫硫等反應而減低乾重及氮、硫含量。
4. 鹼性條件下，皮蛋加工會降低其營養價值。
5. 蛋白質除與糖反應外，與脂肪反應，亦會使蛋白質消化率降低。
6. 蛋白質之 2 級、3 級、4 級結構，皆可藉–S–S–鍵、靜電力、氫鍵或疏水鍵結合而不被輻射游離。
7. 有利影響：植物蛋白經加熱後營養價值提高，如大豆中含胰蛋白抑制劑，經適當加熱後，可抑制或完全破壞其活性。

2-5 油　脂

食品中所含的油脂主要由 1 分子的甘油加上 3 分子的脂肪酸所組成，稱之為三酸甘油酯(triglyceride)。

一、脂肪在食品中的作用及利用

1. 高級的食品熱能來源：每克脂質能提供 9 大卡熱量，約為蛋白質或碳水化合物的兩倍。
2. 脂溶性維生素的攜帶者。
3. 供給食品風味(flavor)。
4. 增加進食後的飽足感。
5. 在生物體中作用
   a. 與細胞膜通透性及細胞壁構造有關。
   b. 能量貯藏。
   c. 脂肪組織有絕熱作用。
   d. 內臟器官的保護膜。
   e. 與身體造型有關。

6. 煎炒、油炸時，脂質從熱交換媒介物中產生香味及色澤。
7. 酥油(shortenings)於烘烤中，能增加食品的鬆脆與嫩度。
8. 沙拉油(salad oil)加乳化劑做成的沙拉醬(mayonnaise)再添加其他添加物後，除仍能夠保持多孔狀及乳化態半固體的口感外，並能增進風味。
9. 能充作乳化劑(emulsifiers)，如單甘油酯、雙甘油酯、磷脂質等。一端具疏水基(hydrophobic group)能與不具極性的脂質結合，另一端具親水基(hydrophilic group)能與小分子結合，而得以將小油滴均勻散布於水中。
10. 供給必需脂肪酸，如亞麻油酸、次亞麻油酸及花生四烯酸。
11. 使用單甘油酯與雙甘油酯，除能使餅乾變脆外並能防止麵包硬化。
12. 糖果、點心使用卵磷脂可抑制微生物生長。

二、油脂的化學性質

1. **溶解性**：除 6 碳以下的短鏈脂肪酸可與水互溶外，其他脂質不溶於水，而溶於有機溶劑中。
2. **油脂的皂化(saponification)**：油脂與苛性鉀(KOH)之酒精溶液加熱，則生成肥皂與甘油，稱之為皂化。

   皂化價：表示鹼化物之含量。
3. **油脂的乳化**：油脂為具有親水性，甘油之 OH 與脂肪酸之 COOH 結合不溶於水，但若加以蛋白質、卵磷脂、固醇類等之同一分子中兼具極性與非極性之化合物，則脂肪分散於水中，該現象稱之為乳化，其溶液則稱之為乳濁液(emulsion)。
4. **酸價**：表示游離脂肪酸之含量。即中和 1g 游離脂肪酸所需 KOH 毫克數。
5. **碘價**：100g 油脂吸收碘或碘化物的克數。表示不飽和脂肪酸之含量。
6. **脂質氧化作用**：脂質自氧化作用(autoxidation)為不飽和脂肪酸、或含該酸的油脂，因輻射、助氧化劑或酵素，氫過氧化物，分解成醛、酮及低級脂肪酸而有刺激臭。

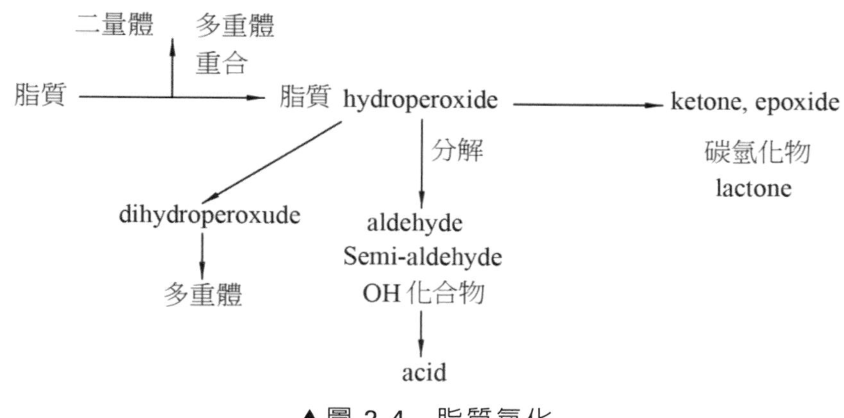

▲圖 2-4 脂質氧化

7. **氫化作用(hydrogenation)**：將氫加入含不飽和脂肪酸的植物油中，使成為較少雙鍵的不飽和脂肪酸，稱為氫化作用。

8. **聚合反應(polymerization)**：油脂在高溫油炸情況下，特別是不飽和脂肪酸，會產生新鍵結互相聚合起來，形成大分子的聚合物，故油炸過的油脂較為黏稠，這反應稱為聚合反應，大量的這些聚合物可能對人體有害。

三、影響自動氧化作用因子

1. **脂肪酸不飽和程度**：每分子脂肪酸或酯所含不飽和鍵數目的多少，影響遠大於整個油脂或含油食品中所含不飽和鍵數的多少。

2. **氧氣(O_2)**：氧氣是自氧化的基質，氧氣濃度低時與反應速率成正比(二次反應)，氧氣濃度上升則反而不受氧氣濃度影響（一次反應），去除氧氣是維持脂質不變質的一個重要方法。

3. **光線**：紫外線到紅外線均有影響，其中紫外線影響較大，紅外線較少，因此容器須不透光或暗色以避免吸光。

4. **溫度**：鏈鎖生長期與過氧化物裂解期均與溫度有關，溫度上升，反應速率加快。

5. **水分**：少量水分於油脂中，由於能：
   a. 抑制自由態游離基的形成。
   b. 與氫過氧化物形成氫鍵以降低氫過氧化物轉變速度。
   c. 形成水合金屬離子以降低其催化速率。

四、催化氧化作用

如脂氧化酵素(lipoxidase)，豆類含此酵素多。

1. 產生不良風味。
2. 脫色效應及維生素之破壞。
3. 麵糰(dough)性質之改變：流變性、漂白作用。
4. 酵素在氧氣作用下可加速催化氧化作用之進行。

五、脂質水解(Lipolysis)

脂肪的水解作用是由脂解酶將脂肪分解為甘油與三分子脂肪酸，是脂質被微生物分解產生甘油和脂肪酸。常被利用為合成細胞的基本成分，或在氧的存在下發生氧化作用，生成能量。利用脂肪被水解產生脂肪酸的結果，由 pH 值的降低，便可得知是否有水解作用的發生。酯鍵結受酵素、熱力及化學作用水解。使得自由態脂肪酸含量增加，煙點下降，煎炸食品表面易變碎，褐變加速，吸油率上升。

六、油雜味(Reversion)

當油脂過氧化價仍低，油耗味尚未生出前所出現的臭味。例如：黃豆放久會具有牛油味。

七、油耗味(Rancidity)

油脂因氧氣、光線、微生物或酵素作用，經氧化作用產生惡劣的刺激臭（主要為醛酸）。油耗味和不飽和脂肪酸呈正比。類型：

1. **氧化型油耗味**：油脂經自氧化作用產生氫過氧化物，經裂解後產生多種短鏈，如：醛、酮、酸、醇等有刺激味之產物。
2. **水解油耗味(hydrolytic rancidity)**：脂肪酸型酸敗。短鏈脂肪酸、甘油酯經酯鏈分解後，形成游離之短鏈脂肪酸（異味來源）。
3. **酮酸型酸敗油耗味(ketone rancidity)**：微生物（麴黴或青黴）作用產生丙酮味。常發生於使用牛酪、椰子油等含多量低級脂肪酸的食物。

▼表 2-1　油雜味與油耗味之比較

	油雜味	油耗味
過氧化價	低	高
不同的油脂	有不同的味道	味道相似
接受性	視人與地區而異	均無法接受
產生的條件	於氮氣包裝或真空下仍能發生	需氧氣方能產生
抗氧化劑的作用	無效	有效

八、轉戻香(Flavor reversion)

1. 食用油，尤其是大豆油、菜籽油等在酸敗之前，其香味易變壞，稱之轉戻香。
2. 初期轉戻香，如豆一般，接著變為如乾草一般，再由油漆臭變為魚臭。
3. 沙拉油與蛋黃醬(mayonnaise)多以大豆油為原料，易生轉戻香。
4. 轉戻香會因光、溫度及微量金屬而生。過氧化價為 1~2 之程度亦可生成（不同於自動氧化）。
5. 次亞麻油酸(linolenic acid)及製造硬化油時，所生成的 isolinoleic acid 易生成轉戻香。
6. 主成分：青豆臭(3-*cis*-hexanal)、青草臭(2-trans-6-*cis*-nonadienal)、魚臭(4-*cis*-heptanal)、煮馬鈴薯時的味道(2, 4-pentadienal)。

九、防止油脂氧化的方法

1. **隔絕氧氣**：密閉容器（罐頭），真空包裝，冷凍魚之冰衣(glazzing)（水產魚上鋪冰塊）。
2. **溫度**：低溫、脂質氧化慢。
3. **光線**：紫外線易使油脂氧化，防止法採用密閉容器或用遮光包裝。
4. **放射線**：γ-ray 能殺菌（冷殺菌），但易使油脂產生自由基(free radical)，而易酸敗。

5. **隔絕金屬離子**：Cu、Fe、Co 等原子價為＋2 或以上的重金屬會促進不飽和酸以及食用油脂的氧化作用。可加速進行氧化。防止法：加螯合劑(EDTA)、檸檬酸(citric acid)、磷酸鹽(phosphate)及抗氧化劑之使用。

6. **加抗氧化劑**：防止油脂氧化物質稱為抗氧化劑或氧化防止劑，如：BHT、BHA、Vit. E、Vit. C，其使用條件：

   a. 對生理無傷害性。

   b. 不能有不好的味道、氣味、顏色。

   c. 迅速有效、經濟，對多種油脂有效。

   d. 可重複使用。

   e. 低濃度下可適用，作用機制如下：

   Ⅰ. 質子供應者

   R・＋AH→RH＋A・

   RO・＋AH→ROH＋A・

   ROO・＋AH→ROOH＋A・

   Ⅱ. 自由態游離基接受者

   R・+A・→RA

   RO・+A・→ROA

7. **相乘劑**：兩種或兩種以上不同抗氧化劑加在一起作用後，比用同量但分開使用抗氧化劑的抗氧化性大，此種性質稱為相乘作用(synergism)。

   是指本身無抗氧化力，但與抗氧化劑如沒食子酸丙酯(propy1 gallaet, PG)共同使用可加強抗氧化劑效力者。如**二丁基羥基甲苯**(butylated hydroxytoluene, BHT)與**丁基羥基甲氧苯**(butylated hydroxyanisole, BHA)共同使用比分開好。**丁基羥基甲氧苯**與沒食子酸丙酯亦互為相乘劑；但**二丁基羥基甲苯**與沒食子酸丙酯混合使用時，彼此作用方式相同而互為減弱導致抗氧劑效果降低。此外，尚包括檸檬酸和**二丁基羥基甲苯、丁基羥基甲氧苯等混合使用，抗氧化力佳。但檸檬酸因其在油脂食品中溶解度低，可選用助溶劑（丙二醇）幫助其溶解。**

2-6 維生素與礦物質

維生素與礦物質都是人體必需的營養素，不過兩者的需要量都比熱量營養素為少，維生素與礦物質則以毫克或微克計量。維生素及礦物質是參與、協助人體新陳代謝不可或缺的重要分子。在維繫人體健康及疾病預防上是不可忽視的營養素。食物中的維生素及礦物質會因加工過程而損失，如：

1. **切割**：鳳梨、蘋果等，果皮之維生素 C 較果肉多，經削皮後維生素 C 所剩無幾。
2. **殺菁**：殺菁可以促進去皮，也是加工過程中營養素損失的主要步驟。
3. **化學藥品**：為保存食品，常使用化學藥品添加於食物中，如氧化劑會破壞維生素 A、E 及 C。
4. **貯藏變質**：貯藏中的食品，不僅味道改變，營養素也會破壞及損失，例如氫過氧化物氧化維生素 E、C 及胡蘿蔔素。

2-7 酵素(Enzyme)

一、酵素的特性

1. 酵素是一種天然而無毒的物質，是一種複合球蛋白，由一個或數個單體(subunit)聚合而成。
2. 在溫和條件下進行作用，調整溫度、pH 值、酵素量，可控制酵素反應速率：溫度 20~50℃、pH 值近於 7、大氣壓力下進行反應。
3. 催化效率高，低濃度下，即可進行反應。反應速率快，如在 37℃下，一個酵素可與 1 萬～100 萬個基質(substrate)作用。
4. 對基質具高特異性下，不進行不必要的反應。
5. 當反應進行至理想程度，很容易可抑制酵素活性，使反應不再進行。
6. 過度加熱則會導致酵素變性，而失去其催化活性。
7. 部分酵素在凍結溫度下仍有活性。

二、食品加工上酵素應用之優點

1. 提高食品品質。
2. 增加副產品的利用。
3. 合成食品的製造。
4. 提高抽取食品的速度及收量。
5. 改良風味。
6. 穩定食品品質。

三、食品加工最常用的酵素

酵　素	應　用
異構酵素 glucose isomerase	生產含果糖糖漿。
轉移酵素 O-methyl transferase	抑制由酚酶產生的褐變。
氧化還原酵素 lipoxygenase diacetyl reductase glucose oxidase catalase	 改良麵糰與麵包的風味並漂白之。 減少啤酒中的聯乙醯濃度。 移除食品中的氧氣或葡萄糖。 破壞用來殺菌的 H_2O_2。移除由葡萄糖氧化酶反應產生的 H_2O_2。
水解酵素 α-amylase β-amylase glucoamylase	 澱粉液化。 麵包發酵產生葡萄糖。生產高麥芽糖糖漿。 由澱粉生產葡萄糖。
invertase	生產轉化糖供糖果、西點使用。
lactase	乳製品中水解乳糖。
cellulase complex	纖維素轉變為葡萄糖。
pectic enzyme complex	澄清果汁與葡萄酒。裂解水果渣，增加果汁抽出率。
pullulanase	與α-和β-amylase共同作用澱粉生產高濃度麥芽糖，以增加釀造液中的發酵糖濃度。

酵　素	應　用
pentosanases	減少麵包陳化。
	降低濃縮咖啡的黏度。
ribonucleases	5'－核苷酸是風味增強劑。
β -glucanases	便利大麥芽汁發酵液的過濾。
naringinase	柑橘產品的去苦味。
stachyase	減少豆類產品因含 raffinose、stachyose 等寡醣類而造成腸中氣體的產生。
pregastric esterases	生產義大利乳酪的風味、糖果與烘焙工業的風味濃縮劑。
lipases	延遲麵包陳化；增強卵蛋白的起泡性；產生乳酪風味。
1.papain 2.ficin 3.bromelain 4.fungal proteases 5.bacterial proteases 6.pepsin 7.rennin(chymosin) 8.microbial rennets 9.chymotrypsin 10.trypsin 11.collagennse 12.elastase	1、2、3、4 及 5 用來嫩化肉品。 1、2、3、4、5 及 6 能改進啤酒的澄清度。 6、7 及 8 凝聚牛奶成乳酪。 4 用於麵粉的修飾。 10 延遲牛奶中風味的改變。 11 與 12 軟化或嫩化肉中的結締組織，選擇水解蛋白酶產生蛋白水解液，可供調味品。 6、9 生產“plasteins”（一種由蛋白水解液再合成的蛋白質）。

四、酵素性褐變(Enymatic browning)

1. 褐變原因

a. 多酚氧化酶(polyphenol oxidase)：蘋果、梨等之切口暴露於空氣中則變為褐色，此乃因蘋果中所含多元酚(polyphenol)因 polyphenolase 氧化變成苯醌(quinone)，進一步氧化聚合生成著色物質。生成褐變物質之基質計有木樂精(quercetin)、變兒茶酸(L-epicate chin)、綠原酸(chlorogenic acid)。

b. 酪胺酸酶(tyrosinase)：一般亦稱 polyphenolase，又稱 catechol oxidase，phenolase，含於馬鈴薯、蘋果、蘑菇(mushroom)及茶，在氧氣存在下將多數的 mono 或 O-diphenol 類如 tyrosine、DOPA、catechol、catechin、chlorogenic acid 等氧化，擔任果實或酵素褐變的主因。馬鈴薯之切口暴露於空氣中，

亦將變成褐色，此種褐變原因與蘋果不同，乃因酪胺酸之酚基氧化之後，生成褐色之黑色素(melanin)。

HO — CH_2 — CH(NH_2) — COOH
tyrosine
→ tyrosinase →
HO, HO — CH_2 — CH(NH_2) — COOH
DOPA(dihydroxyphenylalanine)

→ tyrosinase →
O=, O= — CH_2 — CH(NH_2) — COOH
DOPA quinone
→
HO, HO, N, H, COOH

→
O=, O=, N, H, COOH
〈赤色〉
→ melanin

▲圖 2-5　酵素性褐變之反應機制

2. 防止方法

a. 隔絕氧氣

Ⅰ.抽真空處理。

Ⅱ.將植物組織浸於鹽水或糖水中，以隔離氧氣。

b. 酵素的去除

Ⅰ.加熱去活性。

Ⅱ.二氧化硫或亞硫酸鹽不活化，目前已限制使用。

Ⅲ.降低 pH 值，酚酶最適 pH 值為 5~7，如 pH 值降至 3 以下，則會產生不可逆不活化，故加酸味劑。

c. 銅離子去除

Ⅰ.加螯合劑(chelating agent)與 Cu^{2+}形成複合物。

Ⅱ.加反應劑，形成不溶銅鹽。

d. 去除作用基質：加抗酚酶(antiphenolase)：將基質變為酚酶無法利用之化合物。

e. 酸化（降低 pH 值小於 3 以下）：因為 polyphenol oxidase 最適 pH 5~7，當 pH 值小於 3 以下則會產生不可逆不活化，故可加酸味劑，如：citrate、malate 或 phosphate 降低 pH 值。

五、固定化酵素(Immobilized enzyme)

早期應用酵素於食品加工，所加酵素作用完後，加熱使之失去活性，保持食品品質。

近期酵素工業發展用化學或物理方法來限制酵素的移動，當作用完後可與產物分離而再度利用，此種酵素稱為固定化酵素或不溶性酵素。

1. 利用固定化酵素的優點

a. 酵素再利用率提高，降低成本。

b. 增加連續式(continuous type)操作：工程設計方面的多變性，使基質由一端通入酵素固定槽，另一端流出。

c. 可連續式多種不同反應，提高效率，即由 $A \xrightarrow{\text{酵素1}} B \xrightarrow{\text{酵素2}} C \xrightarrow{\text{酵素3}} P$ 而生成產物 P。

d. 酵素固定後，性質改變，可能更適合食品加工的要求，如：有最適 pH 值、溫度轉移。

2. 利用固定化酵素的缺點

a. 需利用有毒的化學藥品，促使酵素與支持物的結合，若殘留於食品中，則會影響健康。

b. 連續操作時，反應槽常殘留微生物其可利用食品養分生長，汙染食品。

c. 酵素固定後，酵素的活性、穩定性、pH 值及溫度與 K_m 均會改變，可能會影響品質。

3. 固定酵素化的方法

a. 物理方法：物理方法固定並不形成共價鍵，為一種可逆性之束縛：

Ⅰ.酵素利用硫水基或親水基吸著在不溶性支持物(supporters)上。

Ⅱ.利用膠質或微細小囊的網狀結構來捕捉酵素，限制酵素的移動。

Ⅲ.將酵素裝於特殊的半透膜中，基質與產物可自由進出而酵素不能流出。

b. 化學方法：所謂化學方法固定是酵素上與反應無關的部位和不溶性聚合體的官能基行共價鍵結合；或酵素與酵素之間以共價鍵結合，變成較大分子。這種利用共價鍵結合是不可逆的。因此酵素固定後即無法恢復原來的酵素、分子、活性。

▼表 2-2　應用於食品加工或有發展潛能的固定化酵素

酵　素	加　工
glucose oxidase	去食品中之氧；去蛋中之糖
catalase	牛奶的冷殺菌
lipase	乳脂產生風味
α -amylase	澱粉液化
β -amylase	高麥芽糖糖漿
glucoamylase	由澱粉生產葡萄糖
pullulanase	澱粉去支鏈
β -galactosidase	水解乳製品中的乳糖
invertase	水解蔗糖產生轉化糖
naringinase	去柑橘汁的苦味
proteases	牛奶的凝聚，改善啤酒的澄清度以製造蛋白質水解液
aminoacylase	分解左旋與右旋胺基酸
glucose Isomerase	由葡萄糖製果糖

CHAPTER

食品保存原理

3-1 食品劣化的原因

(一) 微生物繁殖與活動

微生物侵入食品內外，使之腐敗。如：醣→酒精發酵→醋酸(acetic acid)；蛋白質(protein)分解→腐臭；油脂→酸敗。

(二) 食品中酵素作用及化學變化

收割、屠宰後由於酵素作用，使形成酵素敗壞、褐變。

(三) 昆蟲、寄生蟲、齒類動物之破壞

1. 昆蟲類破壞食物，並帶來微生物之汙染。
2. 例如豬肉裡有旋毛蟲，要用冷凍方法把它除去。

(四) 過分加熱與冷凍

1. 加熱引起蛋白質變性、氧化破壞、維生素損失等。
2. 冷凍引起冰晶破壞、汁液流出、濃縮效應等。

(五) 過分溼度與乾燥

1. 食品過分乾燥，造成食品表面硬化，食品結塊、黏稠。
2. 食品水分過多易引起黴菌繁殖。

(六) 氧 氣

1. 氧化：氧氣使維生素 A、C 香氣成分發生氧化。
2. 造成油脂氧化作用。
3. 使黴菌(mold)易於繁殖，及嗜氧性微生物生長。

(七) 光

1. 光對維生素 A、C、B_2 造成顏色破壞。
2. 光會引起氣味變壞。
3. 油脂經光照射，引起酸敗。

（八）時　間

時間越長，敗壞越嚴重，受損機會越大。

3-2　食品保藏的原理

一、依保藏的目的

1. **短期保藏**：保持活的狀態或收割、屠宰後之保存。
2. **長期保藏**：加以洗滌、清潔、覆蓋，必須控制微生物之生長，利用下列方式保藏之，食品貯存超過 3 個月以上，即為長期保藏。

二、依保藏的方法

1. 基於將微生物、酵素完全或部分殺滅或不活化的方法，例如：加熱、化學藥劑之殺菌劑、放射線。
2. 基於阻止微生物發育或酵素反應進行的方法，例如：低溫處理（冷凍、冷藏）、脫水處理（乾燥、濃縮）、添加酸、糖、鹽、防腐劑以及氣相置換法。

3-3　食品保存的方法

一、化學方法(Chemical methods)

1. **添加鹽類（鹽漬法）**
   a. 降低水活性(a_w)。
   b. 滲透壓提高，會使微生物原生質分離，繁殖受阻。
   c. 使用食鹽中，其溶氧量會減少，阻礙嗜氧性微生物生長。
   d. 食鹽中氯離子對微生物有直接毒性作用。
   e. 造成微生物本身脫水，使細胞蛋白質變性而失去活性。
2. **糖漬法（添加糖類）**：微生物對糖之耐受性分別為耐糖性酵母菌(67.5~80%)＞黴菌(67.5%)＞細菌(45%)。

3. 添加酸類

a. 改變細胞內的酸鹼平衡。

b. 改變 pH 值，使細胞內酵素失去活性。

c. 有機酸抑菌力提高。

d. 酸性食品分類

pH 值	分　類	食品舉例	加熱殺菌條件
>4.6	低酸性食品	肉、魚、乳類（如牛肉、雞肉、鱈魚、蝦、蟹、牛乳等）、蔬菜類（如胡蘿蔔、馬鈴薯、蘆筍、甜菜、豌豆等）	115~120°C 高溫殺菌
4.6~3.7	酸性食品	水果類（如番茄、桃、梨、柑橘、鳳梨、蘋果、葡萄柚、無花果等）	100°C 熱水殺菌
<3.7	高酸性食品	醃菜、檸檬汁等	100°C 熱水殺菌

4. 食品添加物(food additives)的使用

a. 食品添加物定義：食品在製造、加工、調配、貯藏過程中，用以著色、增加香味、安定品質防腐、漂白、乳化調味、促進發酵、增加營養、防止氧化或其他用途所添加之物質。

b. 具備條件

- 要有實際功用。
- 不可以添加物掩飾不當成分，欺騙消費者或錯誤使用添加物。
- 不可降低營養價值。
- 須有分析或實驗方法監察添加物的使用。
- 對人體健康絕對安全並設有使用限量。
- 有好的加工條件得到之效果，不可以添加物來代替。

c. 食品添加物為化學的合成物質，在食品加工過程中添加之，可達到下列之諸目的

- 保留食品原來之優良物質，例：肉品加工中加亞硝酸鹽、綠色蔬菜中加銅鹽等。
- 使食品在感官之嗜好得以向上，例：色素、香料、化學調味料之添加。
- 提高食品之營養價值，例：添加維生素、胺基酸、鈣等。

· 延長保持食品品質時間，例：添加防腐劑，亦即合成保存料。
· 使營養價值高之食品變為易於取得之形式，例：採用塗抹之乳化劑等。

d. 添加物之種類，如：

· 防腐劑(preservatives)：苯甲酸、己二烯酸、去水醋酸及其鹽類。
· 殺菌劑(bactericides)：次氯酸鈉、過氧化氫。
· 抗氧化劑(antioxidants)：BHA、BHT、PG、L–抗壞血酸。
· 漂白劑(bleachingagents)：亞硫酸鈉、亞硫酸氫鈉、低亞硫酸鈉。
· 保色劑(color fasting or developing agents)：亞硝酸鈉、亞硝酸鉀、硝酸鈉、硝酸鉀。
· 膨脹劑(leavening agents)：碳酸氫鈉、碳酸銨、合成膨脹劑、氯化銨。
· 品質改良用、釀造用及食品製造用劑(quality improvement distillery and food stuff processing agents)：氯化鈣、磷酸鹽、亞鐵氰化鈉、溴酸鉀。
· 營養添加劑(nutritional enriching agents)：維生素 A、D、E、B_1、B_6 及胺基酸、碘化鉀。
· 著色劑(coloring agents; food colors)：食用黃色 4、5 號，紅色 6、7 號、水溶性婀娜多。
· 香料(perfumery)：乙酸酯類、香莢蘭醛、桂皮酸、芳香族醇類、酚類。
· 調味料(flavoring agents)：L–麩胺酸鈉、檸檬酸、糖精、甘草素。
· 黏稠劑（糊料）〔pasting(binding) agents〕：CMC、海藻酸鈉。
· 結著劑(coagulating agents)：焦磷酸鈉、多磷酸鈉、磷酸二氫鈉。
· 食品工業用化學藥品(chemicals for food industry)：氫氧化鈉、鹽酸、硫酸、碳酸鉀。
· 溶劑(dissolving agents)：丙二醇、甘油、己烷。
· 乳化劑(emulsifiers)：脂肪酸甘油酯、大豆磷脂質（大豆卵磷脂）。
· 其他(others)：二氧化碳、矽藻土、酵素製劑、矽樹脂。

5. 煙燻法(smoking)

a. 煙燻目的

· 產生特殊香味。
· 減少水分，得到某種程度的乾燥。
· 防腐作用。
· 煙燻中之多元酚具抗氧化作用，游離胺基酸減少。

- 煙燻中之多元酚具抗氧化作用，防止油脂氧化機會。
- 減低微生物數，提高貯藏性。

b. 煙燻方法

方　法	操作方式	優缺點
1. 冷燻法 (cool smoking)	經鹽水法或撒鹽法處理之充分鹽漬原料，在 15~30°C 之低溫下進行長時間的燻煙操作處理。	製品水分在 14%以下，燻臭及鹽味強，食味變差，但貯藏性高。
2. 溫燻法 (warm smoking)	於 30~50°C 的溫度下進行燻煙的方法。製品水分為 50~60%，食鹽含量在 2.5~ 3.0 左右。	雖然製品風味良，但不具貯藏性，必須在冷藏庫中保存。
3. 熱燻法 (hot smoking)	於 50~80°C（最高 93°C）的溫度下燻煙的方法。	為一般最常用的煙燻法。
4. 液燻法 (liquid smoking)	在山炭製造時之副產品的木醋液（燻液）中浸漬一定時間以後，再進行乾燥所得之製品。	帶有酸味及澀味，正確來說並不能算是燻製品，只能說類似品而已。
5. 電燻法 (electric smoking)	魚體掛在 1~2 萬伏特的兩極間，使魚體間發生電暈放電(corona discharge)，以這樣狀態燻煙時，煙即被離子化，迅速附著於魚體	電燻速度快，但是不易乾燥，因此需要另外經過乾燥處理，又燻煙不均勻，尾部、鰭、嘴巴尖端等之部分燻煙為其缺點。

二、生化保藏法(Biological preservation)

1. 酒精發酵：利用 *Saccharomyces* 屬的酵母菌，在厭氧狀態下發酵醣類，使分解產生酒精及 CO_2。

$$C_6H_{12}O_6 \xrightarrow[\text{酒精酵素}]{\text{酵母菌分泌}} 2C_2H_5OH + 2CO_2\uparrow$$ 。

2. 酸類發酵：利用醋酸菌(*Acetobacter*)、乳酸菌(*Lactobacillus*)、黏鏈球菌(*Leuconostoc*)等之發酵，如：養樂多、優格、醬油、味噌等之製造。

三、物理保藏法(Physical methods)

1. 加熱(heating)

a. 烹煮(cooking)之目的：改變顏色、風味、組織；破壞或減低微生物或酵素之活性；增加消化率。

b. 殺菁(blanching)之目的：促進剝皮、軟化組織、清潔功用、異味排除、殺滅或破壞微生物或酵素。

c. 巴氏滅菌法(Pasteurization)：應用於牛奶殺菌（72℃，15 秒；60℃，30 分鐘），可配合其他輔助因子，延長食品保存一段時間，如：

Ⅰ.包裝(packing)。

Ⅱ.於 4~5℃冷藏(refrigeration)。

Ⅲ.化學添加物(chemical additive)：如香料，改善風味。

Ⅳ.以適當微生物進行發酵(fermentation with desirable microorgan isms)。

d. 殺菌(sterilization)：殺滅所有微生物，通常以 250℉，15 分鐘進行濕熱殺菌。

Ⅰ.絕對殺菌：市面上所推出的產品，一定要達到商業殺菌程度，才可推出。絕對殺菌要比商業殺菌高一層，即把食品中之全部微生物殺死。

Ⅱ.商業殺菌(commercially sterilization)：殺滅病原菌、腐敗菌及產毒素微生物，不必殺滅全部細菌孢子，只要不對食品安全造成危害、破壞食品組織風味即可。

Ⅲ.高溫短時殺菌(high temperature short time, HTST)：HTST 法屬於一般乳品工廠的殺菌方法。將牛乳加熱至 72℃保持 15 秒或 80~85℃保持 10~15 秒，即為 HTST。主要應用於牛乳、果汁等液狀食品的殺菌。

Ⅳ.超高溫殺菌(ultra high temperature, UHT)：UHT 法為目前台灣乳品工廠大部分所採用的殺菌方法。其作用方式為以 120~130℃加熱，保持 2 秒之殺菌方法。細菌或微生物當溫度超過 100℃幾乎死滅，且因短時間殺菌對牛乳中固有的營養分等影響不大太。如保久乳(long life milk)的加熱處理即以 135~150℃維持 1~4 秒的加熱滅菌。再以無菌狀態充填於紙容器，在常溫下可保持 60 天以上。

2. 低溫(low temperature)

a. 冷藏(chilling)：0℃以上冷藏，一般為−2~2℃，保藏易腐敗的肉、魚貝類、果汁、蛋及乳品。

b. 超冷藏(superchilling)：超冷藏溫度介於冷藏與冷凍之間，保持食品在低溫下狀態之食品保藏技術。

3. 部分凍結(partial freezing)：部分凍結溫度介於-1~-3℃。

4. 冷凍(freezing)：-18℃以下，亦會造成冰晶破壞、汁液流出及濃縮效應。

a. 冰晶破壞(ice crystal damage)：食品冰凍時，由於緩慢的凍結，形成冰結晶較大，造成對組織細胞的破壞，解凍後，難恢復原狀，而造成汁液流出，營養成分流失，品質變劣。

b. 濃縮效應(concentrate effect)：乃因凍結時，礦物質、鹽類濃度上升，使蛋白質變性，油脂結塊，組織色香味破壞。

5. 放射線(radiation)：殺菌方式在常溫下進行，且不會產生大量熱能，因此稱為冷殺菌(cold sterilizotion)。

a. 紫外線(UV-light)：表面殺菌。

b. α、β、γ-ray

Ⅰ.殺滅汙染之微生物。

Ⅱ.抑制酵素活性。

Ⅲ.抑制馬鈴薯發芽，延緩熟成時間。

Ⅳ.驅除有害昆蟲。

Ⅴ.缺點：殘存有害放射線時，產生毒物或致癌物質；造成油脂分解、維生素分解、食品變色，導致營養價值降低。

一般冷殺菌(cold sterilizotion)之方式可分為：

a. 用放射線來殺菌：x-ray、UV、微波(microwave)。

b. 用化學藥劑來殺菌。

c. 用冷凍或冷藏法。

d. 用特殊薄膜過濾微生物。

6. 脫水(dehydration)

a. 目的

Ⅰ.不損害食品本來之特性，將水分除去，使其耐貯藏。

Ⅱ.改變食品本來特性，而賦予食品一種新的性質。

b. 脫水食品的優點

Ⅰ.耐久藏。

Ⅱ.便於運輸。

Ⅲ.成本低。

Ⅳ.簡便性。

Ⅴ.開發新產品。

c. 脫水食品的缺點

Ⅰ.外形改變。

Ⅱ.風味、營養劣化。

7. 氣相置換法或稱氣體貯藏法(controlled atmosphere storage)

a. 氣相置換法：改變 CO_2 與 O_2 的濃度，充入氮氣或鈍氣，排出 O_2，防止防止脂質氧化、色素變色及使嗜氧性微生物無法生長，一般用於蔬菜、水果、蛋的貯藏。

b. 操作方法

Ⅰ.低溫(low temperature)。

Ⅱ.移去或減低空氣之氧含量(remove or reduce O_2 of air)。

Ⅲ.控制二氧化碳的含量(control CO_2 content)。

Ⅳ.相對濕度維持 85~95% (maintain RH 85~95%)。

Ⅴ.添加氮氣(added N_2)。

c. 影響氣相置換法之因素

Ⅰ.食品的類型。

Ⅱ.原料的最初品質。

Ⅲ.混合氣體。

Ⅳ.貯存溫度。

Ⅴ.操作及包裝過程之衛生條件。

Ⅵ.氣體／產品容積比例(volume ratio)及障礙(barrier)。

04 CHAPTER

食品安全學

4-1 安全評估的基本概念

一、根據 FDA 的危害程度將食品安全問題分類

1. 病毒與病原性微生物（最重要）。
2. 營養不良。
3. 天然毒性成分。
4. 農藥殘留。
5. 食品添加物。

二、食品安全受到重視的原因

1. 人們對自己健康關心程度上升。
2. 食品種類及形式日益繁多。
3. 生活水準提高。
4. 現代分析技術之進步。
5. 大眾傳播媒體發達。

三、安全的定義

是一絕對名詞，用以說明一個物質是否能免除危險或危害。

1. **安全性**：判斷危害之接受程度，估測危害之可解性及嚴重性。
2. **評估安全性**：相當於判定危險或安全的程度本身具有之定量觀念。
3. **安全性評估**：找尋受試驗物質，使用在人體「安全劑量」範圍。

（2、3 為一體兩面）

4. **毒性評估**：找尋受試驗物質引致人體「毒害劑量」底線範圍。

四、危害(Risk)與利益(Benefit)

安全實際上是由許多危害與利益組成。

1. **危害**：分成兩類

   a. 對生物有關的(vital)。

   b. 不危及生物但卻能導致身體上之傷害、損失或損害。

2. **利益**：任何能引起改進而獲益的事。例如：使用化學品於食物中的利益可分為四類：健康、供應、美觀、方便。

3. **危害／利益之案例**

   a. 亞硫酸鹽

   Ⅰ.利益

   <1> 漂白劑。

   <2> 抑制酵素性褐變。

   <3> 防止氧化酸敗。

   <4> 防止貝類或蝦類變黑。

   <5> 麵糰(dough)之調整劑。

   <6> 控制細菌之生長。

   Ⅱ.危害：對少數患氣喘病患者，FDA 規定食物中 SO_2 超過 10 ppm 以上，須於包裝上註明。

   b. 亞硝酸鹽

   Ⅰ.利益

   <1> 固定肉色。

   <2> 抑制細菌。

   <3> 賦予特殊醃燻風味。

   <4> 抗氧化作用。

   <5> 改善醃肉組織。

   <6> 去除腥味。

   <7> 抑制梅納反應的發生。

   Ⅱ.危害：致癌性。

五、劑量－反應試驗(Dose-response relationship)

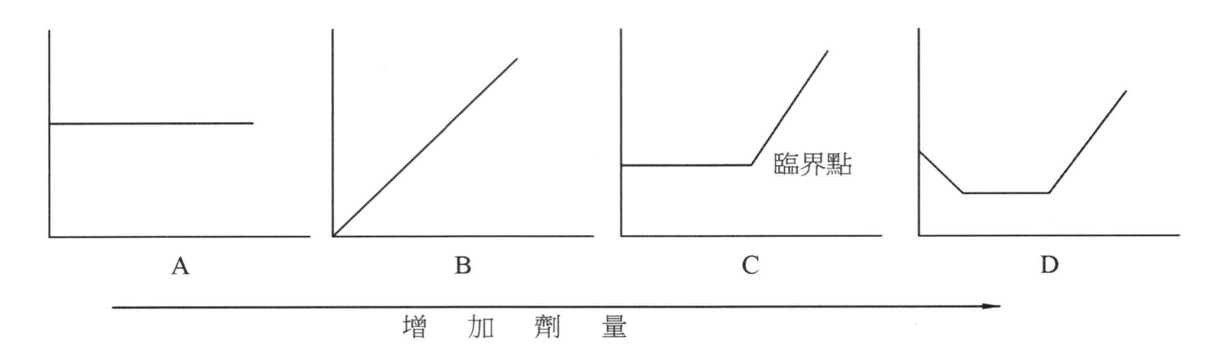

1. **圖示說明**

   a. 圖 A 代表此成分對實驗之生物無作用，或可能測定有問題。

   b. 圖 B 代表線性關係，作用與劑量成正比而無臨界值(threshold)。

   c. 圖 C 代表具臨界值之反應，在接受臨界值之前，無明顯作用，劑量超過後受影響程度與增加劑量成正比。

   d. 圖 D 代表在含無劑量時有害，在低劑量時危害漸小，而達一定程度後則無害，劑量高時受影響程度高。發生在食品中的維生素和一些微量金屬元素及某些營養成分。

2. **名詞定義**

   a. **無作用量(no effect level, NOEL)**：對實驗生物給予最大的劑量，而所產生之反應與對照組無顯著差異。

   b. **無壞作用量(no-adverse effect level)**：由於生物實驗技術及分析方法之進步，一定會有某些反應與對照組不同，但此種作用並不危及健康。

   c. **無可觀察到的壞作用量(no-observed-adverse-effect level)**

      Ⅰ. 每日攝取安全容許量(acceptable daily intake, ADI)=NOEL$\times\frac{1}{10}\times\frac{1}{10}$

      Ⅱ. 當生物實驗得到了無作用量安全係數之後，通常乘以一個安全係數，得到人類攝食之安全界限。

4-2 食品安全評估系統

一、一般毒性試驗

1. 生物體系：利用哺乳類或非哺乳類動物之體內生物系統；即為動物試驗法。

a. 常用動物

Ⅰ.哺乳類：鼠類：大（小）白鼠、天竺鼠、猴子、家畜類。

Ⅱ.非哺乳類：鱒、吳郭魚、家禽類。

b. 投與方式：經口投與。

2. 試驗方式

a. 利用動物之某種特定組織器官細胞培養法：如以中國田鼠之卵巢細胞來測知化學物質對細胞染色體基因改變之影響。

b. 利用細菌、真菌等微生物之體外生物系統，如安姆氏試驗(Ames test)。

Ames test 是利用組胺酸(histidine)需求性之 *Sal. typhimurium* （變異種），因化學物質（突變劑）之動作，使其逆回突變(reverse mutation)成 histidine 非需求性之 *Sal. typhimurium*，以此方法試驗化學物質是否具有突變異之能力。

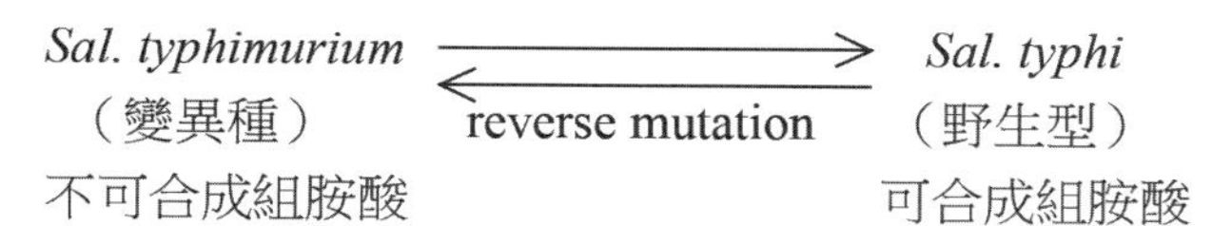

二、化學物質的毒性試驗

1. 一般毒性試驗法

a. 急性毒性試驗

Ⅰ.急性毒性(acute toxicity)：係以動物一次攝取或注射檢試物後產生的作用為主。

Ⅱ.關係圖：劑量－反應的關係。

Ⅲ.LD_{50}：使試驗之動物的 50%致死劑量，通常以 mg（化合物）／kg（動物體重）表示之。

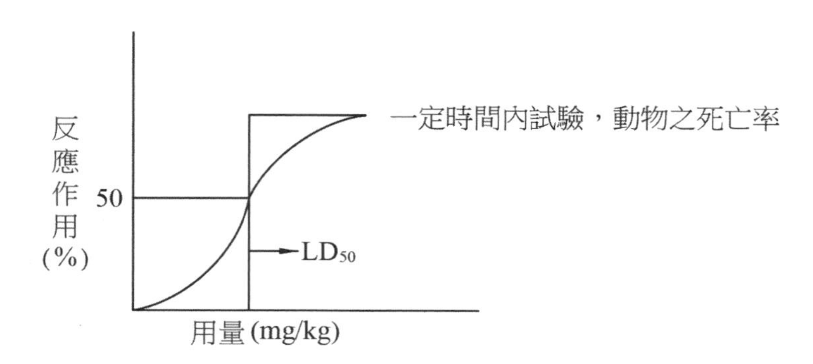

Ⅳ.試驗動物數量：每組老鼠（公、母）各 5 隻以上。

Ⅴ.時間：24~72 小時（一般以 24 小時為主，並可延續 7~14 天）。

Ⅵ.觀察項目：記錄動物死亡之正確時間，皮膚、毛髮、眼瞼、呼吸循環、神經反射、口腔黏膜、下痢等。

▼表 4-1　急性毒性分級

毒性級數	毒　性
1	猛毒
2	劇毒
3	毒
4	弱毒
5	實際上無毒
6	無毒

b. 亞急性毒性試驗(subcute toxicity test)

Ⅰ.定義：將檢品經過連續每日定量投與試驗動物，以觀察其毒害反應。

Ⅱ.期間：90 天。

Ⅲ.每日觀察項目：除與急性試驗者外，尚須稱重並記錄飼料消耗量。

Ⅳ.臨床試驗

<1> 解剖：瞭解內臟器官變化。

<2> 血清反應：血膽色素測定。

<3> 血液量：紅（白）血球數、Ca、K、Na、CO_2、O_2 血液分析。

<4> 目的：找出 NOEL（無作用量）。以及瞭解檢品對標的器官遲緩毒害的情形，以及慢性試驗時，劑量使用之參考數據。

c. 慢性毒性試驗(chronic toxicity)

Ⅰ.目的：以很少量的物質飼育某動物一生時間中所產生的有害作用稱之，除了特殊毒性外，常以 NOEL(no-observed effect level)稱之。

每日攝取安全容許量(ADI)＝NOEL×1/10（種別差異）×1/10（個別差異），通常以 1/100 ~ 1/250 計算，但不採用比 1/100 大之係數值。

Ⅱ.期間：1 年（亦有 2~7 年）。

Ⅲ.觀察項目與亞急性毒性試驗相同。

Ⅳ.解剖公母各 20 隻以上。

Ⅴ.計算 Tolerance ＝ 最大容許攝取量／最大潛在暴露量
＝ ADI×平均體重／平均食物消費量×食物占飲食百分比

2. 特殊毒性試驗法

a. 致癌性(carcinogenicity)：（85%之致癌物具有突變性之致癌性物質）

Ⅰ.致癌性的試驗結果經過統計學的分析，發現有下列形態的反應時便判定為陽性：

<1> 發現的癌症形態為對照群所沒有的。

<2> 雖然對照群也發生，但處理群（試驗群）的發生率較高。

<3> 發現有腫瘤的臟器及組織之種類比對照群多。

<4> 處理群與對照群的發生率雖然沒有差異，但處理群在比較早期發現其致癌現象。

Ⅱ.例：亞硝酸鹽在食品加工中的應用（危害／利益分析）

<1> 當作發色劑 $NO_3^- \rightarrow NO + Hb \rightarrow NO - Hb$

$NO_3^- \rightarrow NO + Hb \rightarrow NO - Mb$ (pink color)

用於醃製食品中：如香腸。

<2> 主要當作防腐劑，對肉毒桿菌、產氣莢膜桿菌等厭氧性細菌的生長、發育具有極大抑制作用。

<3> 可賦予食品特殊風味。

<4> 可延長食品中不飽和脂肪酸之氧化，增加食品之貯存壽命。

<5> 危害：具潛在之致癌性。

$$\mathrm{NO+R\diagdown NH \diagup R \longrightarrow R\diagdown N(N{=}O) \diagup R}$$

致癌物
(N-nitrosoamine)

<6> 亞硝基化合物的安全性：根據許多研究指出：

- 亞硝基化合物主要是引起動物如人類的細胞突變及癌症。
- 實驗指出亞硝胺可誘發老鼠之肝臟、食道、呼吸道、腎臟等產生腫瘤。
- 亞硝醯胺則引起表皮、中樞神經、腸、腎等病變。
- 根據飲食疾病比對，亞硝基化合物引起人的癌症主要為胃癌、食道癌、肝癌、鼻咽癌等。

<7> 致癌機轉：亞硝胺通常會先被酵素氫氧化成為 α-hydroxynitros- amine，再脫去甲醛，形成 methyldiazohydroxide，進而產生一個陽碳離子(methyl carbonium ion)，詳細途徑如圖 4-1。這個陽碳離子與核酸及蛋白質進行烷基化，而引起致癌性。

<8> 食品添加物使用規定：食品中之 NO_2^- 殘留量不可超過 70 ppm。

Ⅲ.致癌物質可分為下述三類

<1> 一級致癌物(primary carcinogen)：試驗物質（檢驗物）或其代謝物作用於細胞的遺傳因子使其癌化的情形、亞硝化物(nitroso compound)、多環芳香烴(polyaromatic hydrocarbon)、烷基化劑(alkyation agent)等古典的致癌物質全部包括在一級致癌物內。

$$(CH_3)_2N\text{—}NO \xrightarrow[O_2]{\text{P-450, NADPH}} \left[(CH_3)(CH_2OH)N\text{—}NO\right] \xrightarrow[\text{—HCHO}]{\text{非酵素的}} \left[(CH_3)(H)N\text{—}NO\right] \longrightarrow \left[CH_3N{=}N\text{—}OH\right] \longrightarrow CH_3^+$$

Nitrosodimethylamine → Methyldiazohydroxid → Methyl Carboniumion

▲圖 4-1　二甲基亞硝胺之代謝

<2> 二級致癌物(secondary carcinogen)：試驗物質的作用使生物原本的某一局部形成細胞容易癌化的條件的情形，有些具有激素(荷爾蒙)作用的物質，會使生物體內的內分泌環境呈現不規則的物質屬於此類。例如：以 thiourea 長期飼養大白鼠(rat)，其甲狀腺的腫瘤發生率便提高，據此判定其致癌性為陽性，但是硫　本身對甲狀腺的作用僅僅是阻礙濾泡細胞內的激素的牛體合成，亦即 T_3、T_4 的生成受到阻礙、腫瘤的產生係因血中 T_3、T_4 濃度的降低，腦下垂體分泌多量的甲狀腺刺激素(TSH)而引起，亦即甲狀腺的濾泡細胞受了 TSH 持續性的刺激，產生高頻率的細胞分裂時，可能使細胞的腫瘤比正常時更容易發生。另一方面，抑制免疫作用的物質亦屬於二級致癌物，可是多數的免疫抑制物質亦可作用於 DNA，如此便應視為具有一級致癌物的性質。

<3> 致癌促進劑(cancer promoter)：癌症的發生有引發(initiation)及進展(promotion)兩個過程，前者為引發正常細胞的癌性變化的過程，具有這種作用的物質稱為引發劑(initiator)，後者為使癌性化細胞增殖的過程，具有這種作用的物質稱為促進劑(promoter)。理論上，只有 promoter 的作用應該不會致癌，但是生物體中如已存在有癌細胞，promoter 的作用便會使其增殖，例如遺傳本質上容易產生肝癌的 C_3H 系小白鼠(mouse)，由於其肝組織中存在有癌化的肝細胞，並不需要故意給予致癌物，不僅以苯巴比妥等 promote 的作用便可使實驗動物比對照群更早產生肝癌，同樣的情形也可對其他自然產生的腫瘤發生。

Ⅳ.化學致癌物

化合物	存　在	致癌器官部位
多環芳香烴 (Polynuclear aromatic hydrocarbons)、 苯并芘(Bemzo[a]pyrene) 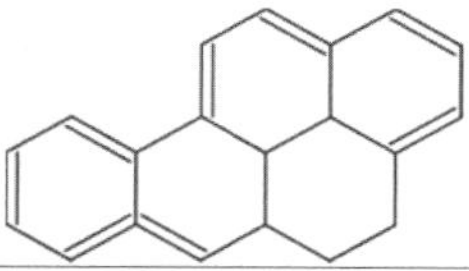	礦油、煤煙、煤焦、瀝青有機物的不完全燃燒以及醃製食品。	皮膚
芳香胺(Aromatic amines) 聯苯胺(Benzidene) 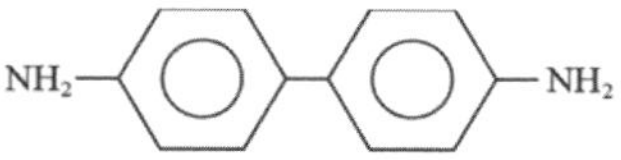 NH_2 ... NH_2 2–奈胺(2-naphthylamine) 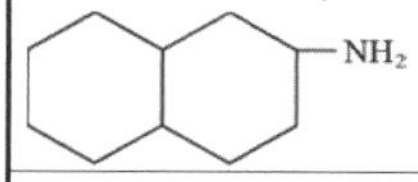 NH_2	化學品以及橡膠工業，實驗室試藥。	膀胱
偶氮染料(azo dyes) 對二甲胺基偶氮苯 (4 - dimethylaminoazobenzene) 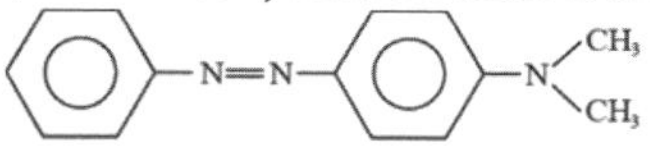 $N{=}N$, $N(CH_3)_2$ 奶油黃(butter yellow)	曾經使用為食用色素，目前已禁用。	
亞硝基化合物(N-nitroso compounds) $R_1R_2N—N{=}O$	亞硝酸鹽與胺作用而產生。	其作用的器官視化合物的種類及其他因素而定。
有機烷化試劑(organic alkylating agents) 環氧化物(epoxides)、氯甲基醚(chloromethyl ethers)、S-，N–芥子氣 (S-，N-mustards)，烷基磺酸酯(alkane sulphonate esters)、某些內酯(some lactones)、內醯胺(lactams)、有機氯化合物(organochlorine compounds)如：氯乙烯(VCM)等		

V.食品中的天然致癌物

化合物與構造	存在的食品	致癌作用
黴菌毒素、黃麴毒素 (mycotoxins、aflatoxins B_1、B_2、G_1、G_2、ochratoxin、patulin、penicillic acid、sterig-matocystin、luteoskyrin) 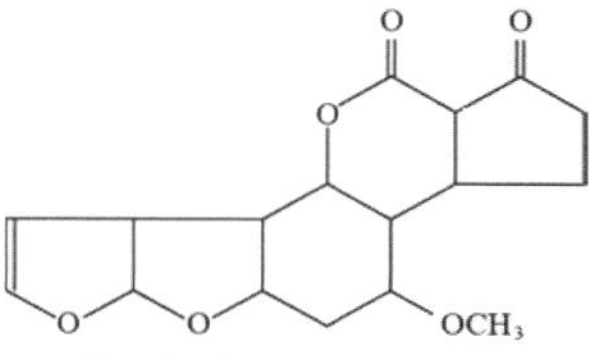 Aflatoxin B_1 OCH₃ → OCH_3 Aflatoxin B_1(黃麴毒素 B_1)	廣泛存在於高溫地帶的穀物豆類如花生、豆、玉米。	肝細胞致癌物、可作用於多種動物、對人類已有些間接證據(黃麴毒素)、其他數據不完全。
香豆素(coumarin) 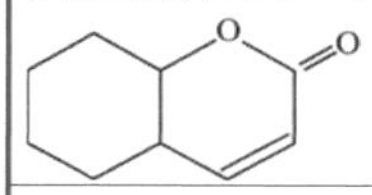	香料、植物精油	在大白鼠(rat)膽管發現腫瘤發生。
蘇鐵素(cycasins) $CH_3—N(=O)=N—CH_2OC_6H_{11}O_5$	熱帶產的蘇鐵植物的種子、根、葉等。	小白鼠、大白鼠、天竺鼠(guinea pig)、大頰鼠(hamster)、兔子、魚均可致癌在肝腎腸產生肝腫瘤。
黃樟素(safrole) 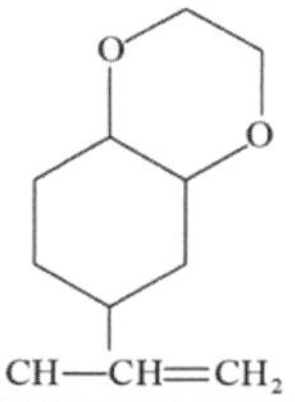 $CH—CH=CH_2$	從肉荳蔻、生薑、肉桂、黑胡椒抽出的精油。	大白鼠、小白鼠產生肝腫瘤。
單寧(tannins) 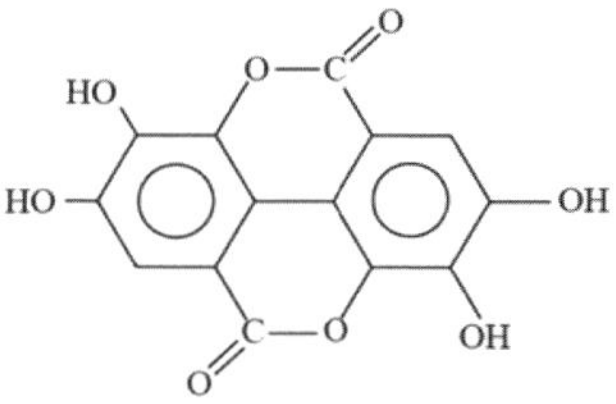 ellagic acid(鞣花酸)	咖啡、茶、也被用為香料澄清劑。 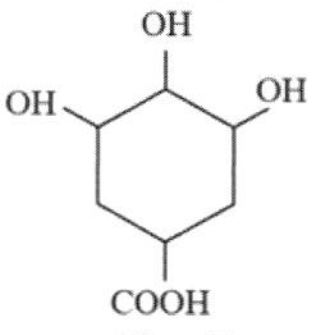 gallic acid gallic acid(沒食子酸)	對大白鼠皮下注射後致癌。
亞硝胺(nitrosamines) 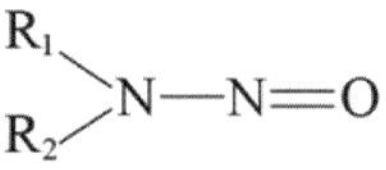 $R_1R_2N—N=O$	微量存在於肉、魚、酒精飲料中。	對幾種動物產生肝及其他器官的腫瘤。

b. 致突變性(mutagenesis)：主要之試驗為安姆氏試驗。

Ⅰ.斷裂染色體修補事宜。

Ⅱ.斷裂染色體無法分開。

Ⅲ.細胞分裂過程染色體遺失。

MTDI（maximum tolerable daily intake；最大每日可容許攝取量）=ADI(mg/kg)×平均體重(kg)

c. 致畸胎性：畸胎性又稱催奇性，胚胎形成過程中，所誘發永遠性的構造上或功能上的改變，與突變原性與致癌性並列為三大特殊毒性。

d. 其他如：繁殖試驗及皮膚試驗。

4-3 安全評估步驟

（一）第一階段：安全性試驗的事前評估

主要工作：參考國際上有關之公定書以研擬試驗計畫，避免國際間產生試驗標準之誤差。

（二）第二階段：試驗結果的評估

主要工作：檢討各項工作之試驗數據找出無作用量(NOEL)。

（三）第三階段：綜合評估

主要工作：

1. NOEL→求 ADI→LD_{50}。
2. VSD (virtually safe dose)，ADI→Tolerance。
3. 實測值與 VSD 判定現狀危險性之程度。

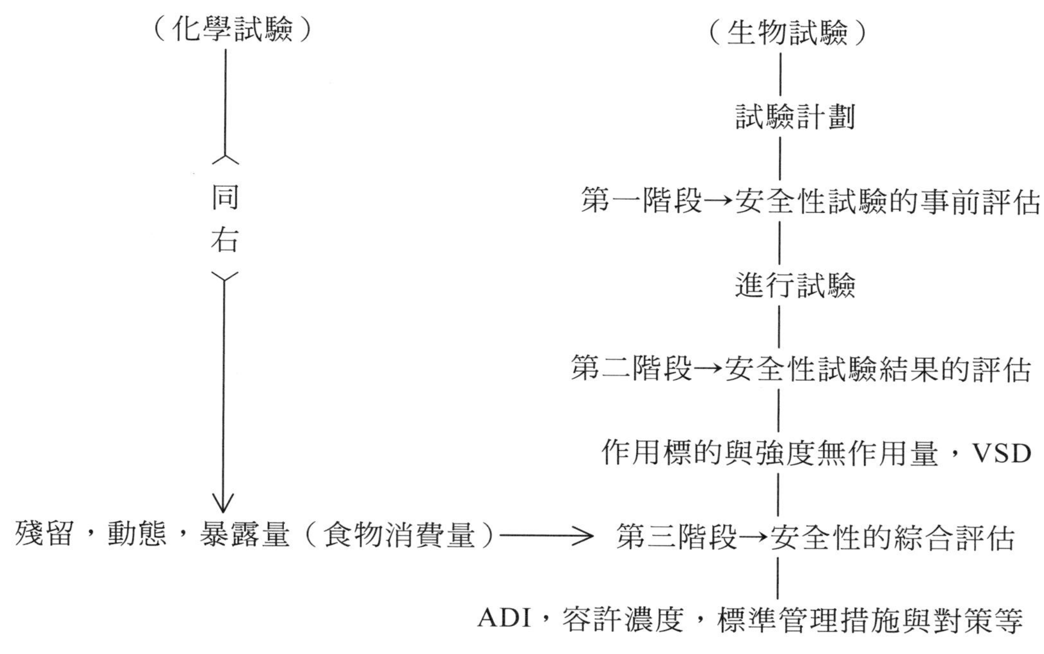

▲圖 4-2　安全性評估的三階段

05 CHAPTER

食物中毒

5-1 食品中毒五大類

一、食品中毒（食因性疾病）

意指攝食含有病原菌或其他遭受毒素或有毒化學物質汙染的飲食而引起之疾病總稱。

二、食品中毒事件

以下食品中毒事件為我國行政院衛服部於 2011 年發布的公告定義。

1. 二人或二人以上攝取相同的食品而發生相似的症狀，視為一件食品中毒案件。
2. 因肉毒桿菌毒素而引起中毒症狀且自人體檢體檢驗出肉毒桿菌毒素，或由可疑的食品檢體檢測到相同類型的致病菌或毒素，或因攝食食品造成急性食品中毒（如化學物質或天然毒素中毒等），即使只有一人也視為一件食品中毒案件。
3. 經流行病學調查推論為攝食食品所造成，視為一件食品中毒案件。

三、食品中毒發生條件

1. 病原菌須達一定數量或有毒物須達相當的強度，始能中毒。
2. 人體本身解毒、排泄功能不足時。
3. 病原菌或有毒物達致死量時，始導致死亡。

我國常見食品中毒原因與分類介紹如下：

1. 生物性危害：包括餐飲中所含之有害細菌、病毒、寄生蟲及其他病原生物。我國有將近 93%的食物中毒案件來自生物性危害。
2. 化學性危害：包括天然毒素、重金屬、不當使用之農藥、洗潔劑、餐飲容器及添加物等。我國有 4%的食物中毒案件來自於化學性危害。
3. 物理性危害：係指可能造成疾病或構成傷害之不當異物，例如：魚刺、昆蟲、金屬、玻璃、塑膠、木片、過高的溫度等。

以下為更詳盡的分類：

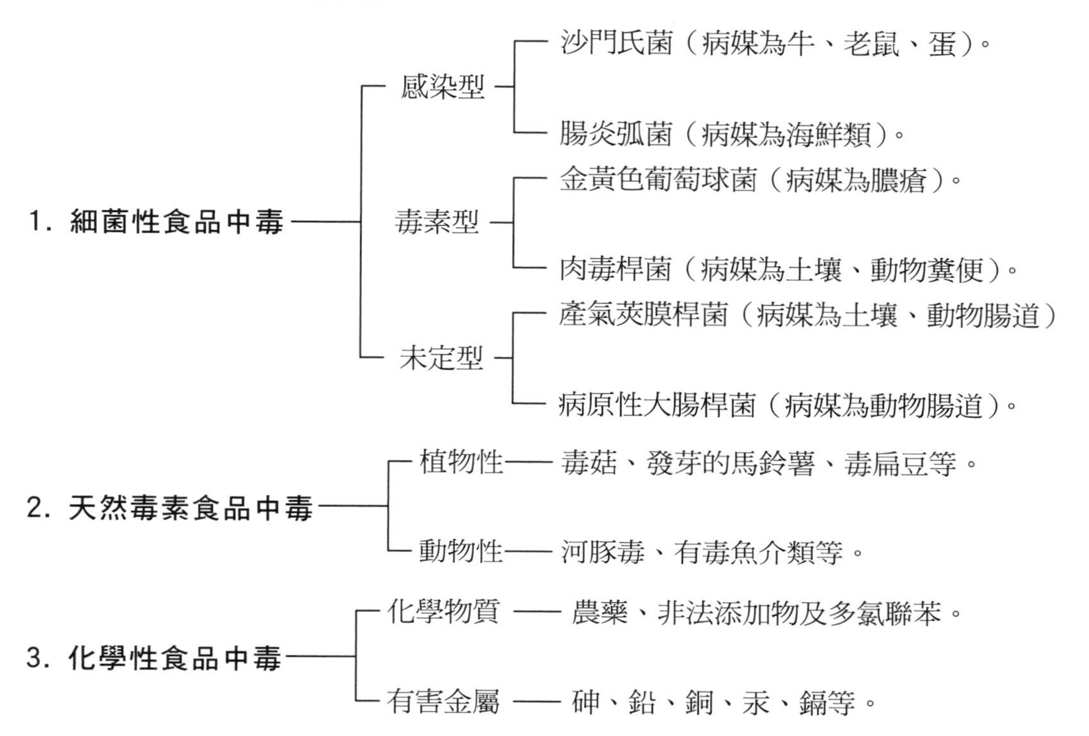

4. **黴菌毒素食品中毒**：黃麴毒素、棕麴毒素 A、T-2 毒素。

5. **類過敏食物中毒**：不新鮮或腐敗的魚、肉類。

四、台灣食品中毒發生狀況統計資料

1. 細菌性食品中毒占 96%，天然毒素中毒占 2%，化學性中毒占 2%。
2. 細菌性食品中毒中以腸炎弧菌中毒最多，其次為金黃色葡萄球菌，沙門氏桿菌（仙人掌桿菌）名列第三。
3. 每年 5~9 月為食品中毒高峰期。
4. 引起食品中毒的食品主要為複合調理食品（含盒餐），其次為水產品，但是絕大部分還是原因食品不明。

食品中毒攝食場所以供膳之營業場所為最多，其次為自宅以及學校。

引發食品中毒的原因以熱處理不足為最高，再者為生熟食交叉汙染、食物調製後於室溫下放置過久、被汙染的人汙染食品。

5-2 各 論

一、細菌性食物中毒

1. **感染型(infection type)**：病原菌汙染食品，且在其上增殖，食用時，將食物與活的病原菌食入而引起食物中毒者。

   a. 沙門氏菌

   Ⅰ.廣泛存於動物界，可經由人、環境媒介、囓齒類、昆蟲類等途徑汙染水源或食品。

   Ⅱ.由畜產動物糞便汙染至肉類及肉製品、蛋類及蛋製品及牛乳及乳製品等。

   Ⅲ.經由上述食品或調理加工人員的不慎，交叉汙染至其他食品，如便當、沙拉等複合調理食品。

   Ⅳ.預防方法

   <1> 充分加熱：本菌於 60℃加熱 20 分鐘即被殺滅，故食品應加熱後供食。

   <2> 防止病媒侵入：應撲滅或防止鼠、蠅、蟑螂等病媒侵入調理場所，也不得將狗、貓、鳥等動物帶進調理場所。

   <3> 清洗手部:烹調食品前,應先以清潔劑或肥皂充分洗滌手指及手掌，再以自來水沖淨後以烘手器或擦手紙巾擦乾（不可用毛巾或手帕擦乾），才可調理食品。

   b. 腸炎弧菌：在日本有 70%的腸胃炎與它有關，在台灣占細菌性食物中毒的61%。

   Ⅰ.生食受腸炎弧菌汙染的魚貝類或食用受到交叉汙染的其他食品，中毒者大多和生食海產有關，魚貝類的體表易附著腸炎弧菌，如清洗不完全或加熱不足，該菌可快速繁殖至使人發病的菌量。

   Ⅱ.國內腸炎弧菌所引起的食物中毒大多集中於 5~11 月。

   c. 預防腸炎弧菌中毒方法

   Ⅰ.利用自來水淋洗以除去此菌：中度好鹽性菌 0.5~0.8%鹽度，置於淡水中經 1~4 分鐘清洗，90%死亡。

   Ⅱ.加熱預防：不耐熱菌在 80℃、20~30 分鐘，或 100℃、1~5 分鐘。

   Ⅲ.冷藏預防：對低溫敏感之細菌在 10℃以下，可抑制繁殖。

Ⅳ.盡量不要生食海鮮類。

Ⅴ.避免二次汙染。

2. **毒素型(intoxication type)**：病原菌在食品中增殖，並產生毒素，食用後經腸管吸收而產生毒素。

a. 金黃色葡萄球菌：病媒由膿瘡傷口汙染食物為主要汙染源。易汙染食品如肉製品、乳製品、家禽、魚貝類、蛋製品、盒餐、生菜沙拉及麵包店產品等受到金黃色葡萄球菌的汙染，然後經生長繁殖後產生毒素，造成食品中毒。所產毒素分 A~F 等六型。

- 預防方法

<1> 防止食物原料受汙染，注意貯藏條件（低溫冷藏，因本菌在 10℃以下無法生長），食品如不立即供食時，應保存於 5℃以下。

<2> 注意個人衛生，身體有化膿、傷口、咽喉炎、濕疹者，不得從事食品製造調理工作。

<3> 調理食品時應戴帽子及口罩，並注意手部的清潔及消毒。

<4> 小心防止鹽、糖漬品的汙染。

<5> 菌體本身不耐熱，可在 60℃加熱 20~30 分鐘加以殺滅；但其毒素卻非常耐熱，一般烹調溫無法破壞，100℃，1 小時仍無法破壞此毒素。

b. 肉毒桿菌(*Clostridium botulinum*)：病媒由土壤、動物糞便感染。

Ⅰ.特性

<1> 革蘭氏陽性孢子形成菌，孢子很耐熱。

<2> 絕對厭氧菌。

<3> 在 20~35℃均生長良好，以 25℃時最好。

<4> 會產生神經毒，依抗原性可分為 A~G，共 7 型。

<5> 不能於 pH≦4.6 及 a_w≦0.85 環境下生長及產生毒素。

<6> 此菌與孢子在體內幾乎不增殖，而是人攝取了食物中所產生之毒素。

<7> 各種形式之毒素於 80℃，加熱 30 分鐘即可破壞。

<8> 媒介食品

- 殺菌不足之低酸性(pH>4.6)罐頭食品。
- 腐敗之火腿、臘腸或醃製與燻製之魚類。
- 真空包裝食品也可能發生。

<9> 最小致死量 0.1 微克左右。

II.中毒原因

<1> 肉毒桿菌或其孢子混入食品中，在低酸厭氧狀態或未依規定冷貯，均可能造成菌體孢子生長並產生毒素。

<2> 加工過程中，如加熱、脫水減低其他雜菌生存、使菌體或孢子存活。

<3> 缺氧狀態下，有利生長。

<4> 因時間足夠使之得以產生毒素，潛伏期 2~8 天，一般 12~36 小時。

毒素 $\xrightarrow{\text{經由}}$ 消化道 $\xrightarrow{\text{進入}}$ 血液循環→作用於神經末梢，阻礙了神經末梢乙醯膽鹼的釋放→肌肉收縮不全、手腳麻痺→死亡。

III.預防方法

<1> 低酸性罐裝食品必須殺菌完全。

<2> 低溫保存食品，肉毒桿菌於 10℃以下不易發育。

<3> 調整食品 pH<4.6 或以乾燥、鹽漬、糖漬方式控制食品水活性 a_w≦0.85 以下，可避免此菌增殖產生毒素。

<4> 毒素不耐熱，80℃加熱 6~10 分鐘可被破壞，故食品在食用前應「充分加熱」。

<5> 此一定要購買冷藏銷售及保存的真空包裝食品，並保持冷藏狀態。

<6> 注意罐裝殺菌條件，膨罐之罐頭製品一定不可食用，開罐後發覺有異味時，切勿食用。

<7> 香腸、火腿中注意硝酸鹽添加是否足夠且均勻。

<8> 肉毒桿菌孢子廣泛分布於自然界，特別是一歲以下嬰兒，因免疫系統尚未健全，應避免餵食蜂蜜。

3. **中間型**：介於感染型與毒素型之間，即在腸管內增殖並產生腸毒素(intravital enterotoxin)。

a. 產氣莢膜桿菌：食品加熱後未立即食用，且放至時間超過 5 小時以上時，以魚肉類植物性蛋白為主之食物最易受到產氣莢膜桿菌汙染而引起中毒。引起的食物中毒症狀為劇烈腹痛和急性腹瀉，病發期通常為 10~12 小時，患者通常可於 24~48 小時內康復，但身體欠佳的人或長者會較易出現嚴重及持續症狀，絕少引起致命疾病。

b. 病原性大腸桿菌：幾乎無特定之汙染食品，防治方法如下：

I.病原性大腸桿菌耐熱性差，一般烹調溫度即可殺滅。

Ⅱ.食用生的或未煮熟的肉類及水產品，不飲用未煮沸的水及未殺菌的生乳。

Ⅲ.使用井水或貯水槽，應定期實施水質檢查，避免水源受到汙染。

Ⅳ.勤洗手，特別是在如廁後、進食前或者準備食品之前。

Ⅴ.被感染人員切勿執行食品之調理工作。

c. 仙人掌桿菌中毒

Ⅰ.廣布於自然界，土壤、灰塵中都可存在。可產生內孢子（可耐 100℃，30 分鐘）。

Ⅱ.本菌在高澱粉質食品含量最多（如米飯、馬鈴薯等），所以大量煮熟米飯置於室溫貯放為最常見之汙染途徑。

Ⅲ.預防方法

<1> 避免食物受到汙染。

<2> 食物調理後立即食用，避免於室溫下長期存放。

<3> 食物如不立即食用，應冷藏於 7℃以下，或熱藏於 60℃以上。

二、天然毒素食物中毒

1. 植物性

a. 毒菇：Mushroom 意指可食用之菇類；而外表鮮豔、具有毒性及有害人體的菇，則以 toadstool 稱之。

Ⅰ.全世界有毒菇類約為 150~250 種，而毒性劇烈曾造成死亡記錄者約有 20 餘種。

Ⅱ.區分為細胞中毒型、血液中毒型、神經毒、產生幻覺、引起腸胃中毒致癌型及類二硫龍(disulfiram-like)型。

b. 植物性天然毒素：硫代配醣體

Ⅰ.存於甘藍、油菜、蕪菁、白菜、洋蔥、水芹、花椰菜、蘿蔔等十字花科植物中。

Ⅱ.硫代配醣體經一系列反應後，所產生的物質會造成甲狀腺腫大、引發肝與胃產生病變。

Ⅲ.預防方法：盡量降低食用量及食用前充分加熱處理。

c. 植物性天然毒素：生物鹼

Ⅰ.這類毒素通常存在於蘋果、茄子、番茄、馬鈴薯等蔬菜、水果中；由於正常情況下含量很少，故不足以引起中毒症狀，但若一次大量服用或毒素不正常增加，則有中毒的可能。以下以馬鈴薯所含的茄靈毒素(solanine)為例，加以說明。

<1> 馬鈴薯保存時間太長或保存條件不佳時，會造成發芽，而發芽部位即會產生大量茄靈毒素。正常未發芽的馬鈴薯中亦含有茄靈毒素，但含量極少，並不會造成中毒；一但發芽後，其含量則會增加到 10 倍以上。

<2> 茄靈毒素的毒性並不強，攝食後，也要在數小時後才病發。

2. 動物性

a. 河豚毒：存在的部位以內臟居多，尤其是性器官（如卵巢）含量最多；另外皮膚亦含有此種毒素，而肌肉亦可能含有少量河豚毒素。

Ⅰ.毒性

<1> 屬強烈神經毒素，致死率高。

<2> 毒素具耐熱性，於 100℃加熱 30 分鐘，毒性仍殘留 80%。

<3> 具毒性之河豚，肝臟、卵巢、膽和小腸之毒量很高，係屬於猛毒，只要誤食此河豚肝臟 5 克，即可能造成中毒死亡。

Ⅱ.中毒症狀

<1> 輕微：口唇發麻、嘔吐、頭痛。

<2> 嚴重：感覺麻痺、運動失調、血壓下降、橫膈膜運動停止，最後引起呼吸麻痺而死亡。

b. 麻痺性貝毒（Saxitoxin，稱蚌蛤毒素–PSP）

Ⅰ.毒素來源：通常存在於貽貝、帆玄貝、立蛤、西施舌等雙殼綱貝類中。毒素的產生是貝類攝食了有毒的渦鞭毛藻，將毒素積存於消化管道中。

Ⅱ.例如：西施舌中毒事件（民國 75 年，元月，台灣南部）：池中藻類放出蛤蚌毒素(saxtoxins)累積於西施舌體內所導致。發病時間約 30 分鐘左右，為極強烈之耐熱性神經毒素。

c. 雪卡毒(Ciguatoxin)或熱帶魚毒素：毒素來源來自於棲息在珊瑚礁周圍的魚群，如黃金鯛（雙斑笛鯛）、鯙鰻（錢鰻）、臭肚魚（象魚）、笛鯛、鸚哥魚、石斑魚等，由於攝取有毒的雙鞭毛藻，將毒素累積於體內。

三、化學性食物中毒

1. 化學物質

a. 農藥：殘留農藥引起中毒的主要品種有：甲胺磷、對硫磷（乙基－1605）、甲基對硫磷、甲拌磷、氧化樂果、喃丹等。如近日茶葉殘留農藥益達胺、芬普尼；綠豆產品驗出殘留歐沙松等農藥。

b. 非法添加物

Ⅰ.如粽葉太綠或是聞起來有淡淡的硫磺味，可能含有非法添加物。

Ⅱ.蝦米外觀色太白、太紅的產品，可能添加螢光增白劑、色素或二氧化硫等違反規定的添加物。

Ⅲ.菇可能違法添加漂白劑或螢光增白劑。

Ⅳ.花生應置於冷藏庫中貯存；糯米過白疑似不法色素染色等。

Ⅴ.潤餅皮檢出防腐劑己二烯酸 0.21g/kg（標準：不得添加）。

Ⅵ.豆干檢出過氧化氫陽性反應（標準：陰性）。

c. 多氯聯苯(PCBs)：會引起氯瘡、毛髮脫落、手指、腳趾變黑等，孕婦則可能產下黑娃娃。

2. 有害金屬

a. 砷

Ⅰ.急性症狀：神經障礙（如頭痛、目眩、痙攣）、嘔吐、下痢、胃痛、吞嚥困難、口渴、虛脫，嚴重者可致死。

Ⅱ.慢性症狀：角質蛋白多的部位（如指甲、毛髮）出現砷的沉積、貧血、皮膚色素沉積、胃腸障礙、神經系統障礙、肝病變，並具致癌性。

Ⅲ.中毒實例：台灣早期飲用地下水，某些地區地下水之含砷量(As_2O_3)偏高，造成飲用者發生烏腳病症狀。這些地下水的含砷檢出量平均都高於 1ppm，砷的安全範圍則在 0.35~2.5ppm 之間。

b. 鉛：引起中樞神經障礙，傷害智力，造成反應遲鈍。防止鉛中毒方法：

Ⅰ.勿把食物如番茄醬、柳橙汁或咖啡之酸性液體貯存在不確知是否含鉛的陶瓷中。

Ⅱ.不要把陶器放在洗碗機中，不使用會引起磨損的清潔劑和不用力擦洗碗盤，因這些動作可能侵蝕釉，而使鉛釋出。

c. 鎘：引起痛痛病（四肢骨骼疼痛，終日哀嚎，40 歲以上多產婦人骨骼軟化，腎功能不正常）。

d. 汞：過量汞會引起水俁病，引起中樞神經永久性傷害而導致死亡。

e. 銅

Ⅰ.中毒症狀

<1> 急性症狀：成年人每日 $CuSO_4$ 攝取量超過 1 克，會引起腹痛、腹瀉、口腔或腸胃灼熱、冒汗、暈眩、痙攣；若攝取量超過 2 克，則會引起死亡。

<2> 慢性症狀：沉積於肝、腎器官，造成肝、腎機能受損，並影響腦細胞發育。

Ⅱ.中毒實例：1986 年，台灣西南部海岸由於工廠排放廢水，造成 $CuSO_4$ 汙染海水，使沿海養殖的牡蠣受到汙染，肉質呈現綠色，即所謂「綠牡蠣事件」。

四、黴菌毒素食物中毒

黴菌毒素是有毒的黴菌二次代謝物，分子量很低，且許多黴菌毒素在加熱或乾燥過程中很安定。但黴菌毒素產生菌卻會死亡。有三大類黴菌會產生毒素：*Aspergillus*、*Fusarium* 和 *Penicillium*。

1. *Aspergillus*

a. 黃麴毒素(aflatoxin)

Ⅰ.定義：由一種黃麴菌及其他多種黴菌所產生的代謝物。主要生長於穀物中，當穀物相對濕度≦85%，溫度＞50℃，黃麴菌無法生長，但黃麴菌一旦形成，毒素雖經高溫 100℃以上，亦不能將其破壞。

Ⅱ.毒性：使動物肝細胞退化、細胞核擴大及肝臟硬化等會導致肝癌。

Ⅲ.可能汙染之食品：大麥、小麥、花生、花生粉、豆類、豆粉、芝麻、甘藷、椰子仁、棉籽、燕麥，其中相對濕度愈高之穀物愈易受汙染，其所含毒素愈高。

Ⅳ.黃麴毒素 B_1(aflatoxin B_1)每公斤汙染量為 0.5~2mg。

Ⅴ.毒素類

<1> aflatoxin B_1：Aspergillus parasiticus 所引起。

<2> aflatoxin B_2：Aspergillus flavus 造成肝癌。

Ⅵ.選購或保存食物的注意事項

<1> 不要購買破損的食品，尤其是穀類及豆類食品。

<2> 避免食用發黴的穀類食品。

<3> 仔細選購容易被黃麴毒素汙染的食品，尤其是花生醬、花生製品。

<4> 盡量減少攝食動物肝臟。黃麴毒素被動物攝食後，會累積於肝臟。

<5> 食品應妥善保存於低溫、乾燥處。

b. 棕麴毒素(Ochratoxin A.)：棕麴黴(*Aspergillus ochraceus*)、梭黴菌屬(*Penicillium viridicatum*)所產生，會引起腎毒素(nephrotoxic)，並且已知為豬的腎臟病主因。

c. 黃黴毒素(Sterigmatocystin)：花斑麴菌(*Aspergillus versicolor*)所產生的一種致癌物，毒性較黃麴毒素弱。

2. ***Fusarium***：*F. sporotrichioides*，*F. poae* 所產生的 T_2 毒素之毒性比黃麴毒素強。

a. 症狀：紅黴病，噁心、嘔吐、下痢。

b. 產生菌屬：*Fusarium poae*、*Fusarium sporotrichioides*。

3. ***Penicillium***：菌屬會產生有毒代謝物，如：

a. Patulin（棒麴毒素）。

b. Citrinin（檸檬色黴素）。

c. Citreoviridin（檸黃質）。

d. Luteoskyrin（黃變米毒素）：感染→毒性黃色代謝物→黃色(yellow)。

▼表 5-1　黴菌毒素之毒性之比較：以對老鼠之口服半致死量 LD_{50}（mg／每公斤體重）表示

黴菌毒素	產生毒素之主要黴菌	毒　性
aflatoxin B_1	*Aspergillus flavus* *Aspergillus parasiticus*	7.2（男性） 18.0（女性）
sterigmatocystin	*Aspergillus versicolor*	166（男性） 120（女性）
ochratoxina A.	*Aspergillus ochraceus* *Penicillium viridicatum*	22
T-2 toxin	*Fusarium* spp.	3.8
Diacetoxy scirpenol	*Fusarium* spp.	7.3

五、類過敏性食物中毒

1. 毒素來源：含高量組胺酸的魚類（例如秋刀魚、鰹魚、四破魚、鯖魚、鮪魚等），由於當魚體因為保存不當時，受到細菌的作用，魚體中的組織胺(histidine)生產菌將分泌組胺酸脫羧酶(histidinedecarboxylase)，使組胺酸行脫羧作用(COO−)產生「組織胺」，食用含高量的組織胺魚肉便會引起組織胺中毒。一般也通稱為「鯖科魚類中毒症(scombrotoxicosis)」。
2. 一般而言，人體攝食腐敗的魚肉，若其組織胺含量超過 100mg 時就可能引發中毒。魚肉組織胺含量在 5mg/100g 以下為安全含量，5~20mg/100g 為少許可能中毒含量，20~100mg/100g 為極可能中毒含量，超過 100mg/100g 為一般中毒含量。
3. 正常新鮮魚肉中每 100g 魚肉含有之組織胺在 1mg 以下；若超過 20mg 表示已有腐敗的現象。美國食品藥物管理局(FDA)規定魚肉中所含組織胺含量在 50mg/100g 及為達為害限量標準(hazard action level)。
4. 在正常鮪魚肉裡組織胺之含量在 6mg/100g 以內，組織胺含量超過 10mg/100g 則表示有分解作用，在食品中毒事件中，亦發現有肉之組織胺含量高達 100~275mg/100g。
5. 組織胺魚肉中毒(histaminefishpoisoning)症狀嚴重度與食用組織胺之量有關，煮熟受汙染之魚肉可殺死細菌，但當產生組織胺後，加熱或冷藏均無法破壞組織胺，故需注意魚肉之新鮮度。
6. 組織胺中毒之臨床症狀包括有頭痛、噁心、腹痛、心悸、口唇麻痺、皮膚癢、蕁麻疹、潮紅以及下痢等，通常在食用含高量組織胺食物後 20 分鐘至 6 小時會出現病徵，組織胺中毒的治療，通常以口服或注射抗組織胺(antihistamine)藥物，來減輕它的症狀。
7. 人體對組織胺的耐受力，隨著性別、年齡和體質的差異有很大的不同，臨床的研究顯示女性對組織胺的作用似乎比男性更敏感。
8. 預防方法
   a. 選擇新鮮海產魚貝類原料。
   b. 魚貝類原料應迅速冷藏於 5℃以下。
   c. 魚貝類原料以淡水清洗，再充分煮熟。
   d. 組織胺不會因受熱而破壞，故以不新鮮魚貝類製成的食品也會有中毒的可能性。

06 CHAPTER

食品添加物安全評估

6-1 食品添加物總論

一、定　義

依據我國食品衛生管理法第三條之定義，食品添加物為：「食品之製造、加工、調配、包裝、運送、儲藏等過程中，用以著色、調味、防腐、漂白、乳化、增加香味、安定品質、促進發酵、增加稠度、增加營養、防止氧化或其他用途而添加或接觸於食品之物質」。廣義食品添加物的定義包括：所謂一般食品添加物、人工化學合成添加物、天然食品添加物和天然食品添加物之加工品。

二、性　質

1. 促進食物的再利用性：如米糠可製成米糠油、經蝦蟹殼中萃取幾丁質製成保健食品等。
2. 食品製造過程可精簡：如添加乳化劑、黏稠劑和結著劑等，可防止加工品之劣變並改善加工流程。
3. 增加食品營養價值性：如添加營養添加劑，可以預防飲食疾病的發生。
4. 避免食物中毒：如添加防腐劑、抗氧化劑等，可防止食品之腐敗和氧化酸敗而產生有毒物質。
5. 增進廢棄物（副產物）再利用：如蘆筍欲棄置之頭製成蘆筍汁、蝦廢棄物（蝦頭、內臟和外殼等）製成蝦味先等。
6. 調節或降低食品之熱量：如添加人工甘味劑、環己基磺醯胺酸鹽(cyclamate)可以防止心臟病、糖尿病和高血壓之發生。
7. 增加食品吸引力：如添加色素、調味料等增加食品於視覺、嗅覺、味覺上的效果。

三、添加原則

1. 品質低劣之原料或已經劣變之食品，不得使用食品添加物來改造或掩飾。
2. 為了使產品感官品質更吸引消費者而添加不適當之食品添加物，造成食品中營養成分改變或降低。
3. 不得為了節省時間、成本等而刻意使用食品添加物於食品中。
4. 純粹為了欺騙消費者而添加各種不同的食品添加物。

四、食品添加物登錄管理

為了加強追蹤食品添加物在製造、輸入、販售過程的管理，衛生福利部食品藥物管理署建立了食品添加物登錄管理資訊系統，並輔助使用食品添加物的製造商、進口商和販售商上網登載，登錄的資訊除了幫助衛生單位查核使用，能有效杜絕不法食品添加物製作及流入市面販售。需登載之資訊：

1. 廠商基本資料：廠商資料、負責人資料、衛生管理人員。
2. 食品添加物資料
   a. 類別（單方、複方、複方香料）。
   b. 商品名、品名（中、英文）。
   c. 分類（單方 17 類、複方參考國際規範分類）。
   d. 國際號碼(INS No.、CAS No.)。
   e. 成分（含許可證字號）、型態、來源（原產地）及使用範圍（可上 http://fadenbook.fda.gov.tw/FDA/Default.aspx 網站查詢）。
3. 食品添加物之理化性質、純度試驗及含量測定要完備。
4. 食品添加物的確認、成分分析法，要能定量及定性。

五、食品添加物的分類

1. 第一類是消費者不在乎其存在與否。
2. 第二類是消費者強烈的排斥者。
3. 第三類是消費者輕度排斥者。

六、毒性試驗

包括急性毒性、亞急性毒性、慢性毒性（包括致癌性）、對次世代的影響、突變原性、致畸胎性（催奇性）等。

被認為具有致癌物的食品添加物包括：對位乙氧苯尿、甘精(dulcin)、環己基磺硫胺酸鹽，而甜精(cyclamate)則還沒確定有致癌性。

七、保證食品添加物使用安全的基本要件

1. 使用的食品添加物必須是合乎規則標準的。
   - 法規規定：根據食品衛生管理法規第十四條食品添加物非經中央主管機關檢驗登記並發給許可證、不得製造、加工調配、改裝、或輸入輸出。
2. 使用方法（包括使用對象和使用量）必須是正確的。
   a. 法規規定：食品衛生管理法規第十二條則規定食品之製造，加工所摻用之食品添加物及品名、規格及使用範圍、限量應符合中央主管機關之規定。
   b. 規格標準代表被允許使用於食品添加物的品質純度，亦即認其為食品級(food grade)，而非一般工業級(technical grade)化學品。
   c. 食品添加物的品質規格主要有兩大部分
      Ⅰ.為純度規格。
      Ⅱ.為鑑別規格。

八、合法但應小心限量使用之食品添加物

1. 亞硝酸鹽：過量時會與二級胺作用產生致癌性之亞硝胺（毒性極強烈）。
2. 亞硫酸鹽：過量時會造成氣喘病人發生氣管痙攣等現象。
3. 人工甘味劑
   a. Aspartame：PKU (phenylketonuria)病患不宜使用。
   b. Cyclamate：曾有報導其代謝物 Cyclohexylamine 具致癌性。
   c. Saccharin：曾有報導可能會致膀胱癌（大量攝取）。
4. 溴酸鉀：曾有報導可能會引起腎臟癌。溴酸鉀可作為麵粉處理劑，它不僅可以使麵包更白，它還可以使麵包更鬆更漂亮。由於能有效降低成本，許多麵粉企業都有使用溴酸鉀。
5. 過氧化氫：食品添加物之殺菌劑。可使用於魚肉煉製品，除麵粉及其製品以外的其他食品，但不得殘留於食品中。目前最常發現殘留於烏龍麵等食品。曾有報導可能具有致癌性。
6. 抗氧化劑：BHA 及 BHT 皆曾有報導可能具不良生理作用。
7. 防腐劑：對羥苯甲酸之酯類不宜高量使用。聯苯可能具不良生理作用，僅可用於水果外皮。

8. 著色劑：煤焦色素曾有多種因致癌而被禁。如黃色 4 號可能引起過敏反應，美國政府要求業者標示之。

6-2 食品添加物各論

一、漂白劑(Bleaching agent)

1. **亞硫酸鹽類**：功能最好，為合法添加物，用於米粉漂白，對氣喘有影響，美國將其列為安全(GRAS)食品添加物的一種。目前我國食品衛生管理允許使用之亞硫酸鹽類歸漂白劑類，計有亞硫酸鈉、亞硫酸鉀、無水亞硫酸鈉、酸性亞硫酸鈉、低亞硫酸鈉、偏重亞硫酸鉀。

2. **目前亞硫酸鹽類在食品上的應用**

   a. 抑制非酵素性褐變：聚合色素或梅納反應（胺基酸與還原糖反應），主要因亞硫酸與醛酮基極易進行反應，致使胺基酸等物無法和還原糖之醛酮基反應，而阻止了褐變的發生，在熱帶果汁及飲料中可以保持良好的色澤。
   b. 抑制各種酵素性褐變：亞硫酸鹽會氧化 polyphenol oxidase、ascorbic oxidase、lipoxygenase 及 peroxidase 及需維生素 B_1 為輔酶之酵素系統。
   c. 抑制或控制微生物之生長：防止黴菌的生長，作為抗菌劑的機制。
   d. 是還原劑也是氧化劑。
   e. 漂白作用：使柑橘、檸檬及葡萄柚之表皮色澤均勻與光滑。
   f. 其他：完全破壞玉米之黃麴毒素 B_1，牛奶中黃麴毒素 M。

3. **亞硫酸鹽的代謝毒性及安全性**

   a. 亞硫酸鹽可能經肺擴散至其他器官。個體若嚴重缺乏亞硫酸氧化酵素將會引起眼球水晶體變位，嚴重之精神異常，進而導致身心障礙。結合型亞硫酸鹽包括與蛋白質結合者(sulfited protein)及與梅納反應之中間產物結合者(3-deoxy-4-sulfo-hexosulose, DSH)，在體內皆會迅速以硫酸鹽之形式排出體外。
   b. 其他一些與食品中之成分作用產生之結合狀態亞硫酸鹽在體內之代謝尚待研究。亞硫酸鹽之動物半致死量的毒性研究報告很多，對象不外老鼠、天竺鼠、狗及貓等。綜合數篇報告的結果，結合態亞硫酸鹽之毒性似乎較無機態亞硫酸鹽毒性低。1974 年，FAO/WHO 認為人體之亞硫酸鹽每日允許量以二氧化硫計為每公斤體重 0.7 毫克。

二、有害性漂白劑：吊白塊(Rongalit)

吊白塊是違規使用的漂白劑的俗稱，原文為 Rongalit，係以福馬林(formalin)結合亞硫酸氫鈉再還原製得，從構造上既可視它為一種亞硫酸鹽，亦可視它為甲醛(formaldehyde)的衍生物，換句話說它是次硫酸甲醛鈉(sodium formaldehyde sulfoxylate, $NaCHOCH_2SO_2$)與亞硫酸氫甲醛鈉(sodium formaldehyde bisulfite, $HOCH_2SO_2Na$)的混合物，有致癌及刺激性，會造成甲醛及亞硫酸鹽殘留，會使蛋白質凝聚變性。吊白塊是工業用化學品，用於染色技術。食品使用 Rongalit 因有亞硫酸的還原作用，當然可達到漂白的目的，但使用後，會有相當的甲醛以及亞硫酸鹽殘留在食品中，其中：

1. 甲醛引起蛋白質變性，阻礙消化酵素作用，影響蛋白質及澱粉消化。
2. 甲醛中毒症狀：如甲醛會造成頭痛、眩暈、腸胃不適、噁心、嘔吐，亞硫酸鹽會刺激呼吸道，造成過敏和氣喘，嚴重者甚至會因呼吸困難造成死亡。

三、有害性品質改良劑：硼砂(Borax)

1. 硼砂又稱冰西、硼酸鈉，可增加食品韌性、脆度、彈性並改善食品保水性，增加保存性等，毒性較高，世界各國多禁用為食品添加物。
2. 硼砂一般常使用於魚丸、鹼粽、碗粿、年糕、油麵、燒餅、油條。可防止蝦類黑變。
3. 硼砂功能：增加強韌性，防止蝦黑變，防止腐敗。具保持食物脆度、保水性與保存性。
4. 硼砂缺點：硼砂 $\xrightarrow{\text{胃酸}}$ 硼酸（蓄積性）體內蓄積過多會妨礙消化酵素作用，引起食慾減退、消化不良抑制營養吸收、促進脂肪分解，因而體重減輕。
5. 硼砂中毒症狀：嘔吐、腹痛、紅斑、循環系統障礙、休克昏迷等，即所謂的「硼酸症」。致死量為成人 20 克；小孩 5 克。

四、色素（著色劑）

1. **食用色素(food coloring)又稱著色劑**，用於改善物品外觀的可食用添加物。常用於食物加工品、飲料、藥物、口紅與化妝品的染色上。使產品顏色均一、加強食品魅力即增加食慾之功效。有些天然食用色素，又被劃歸為辛香料，而不是色素，例如薑黃、辣椒。使用時注意合法種類及等級，並調合均勻。

2. 依來源分類

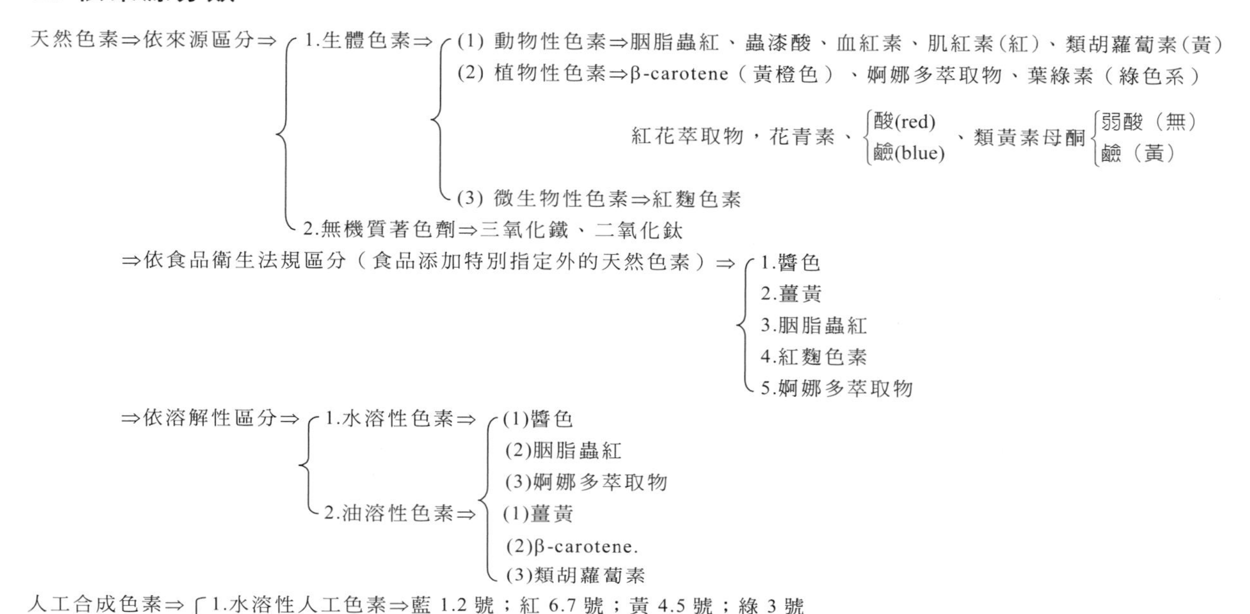

3. 非法色素(有害性色素)

a. 鹽基性芥黃

Ⅰ.用於糖果、黃蘿蔔、麵條、黃豆乾、酸菜等食品著色。

Ⅱ.紫外光下呈黃色之螢光，光、熱安定，為鹽基性黃色色素。

Ⅲ.小白鼠口服試驗，其毒性 LD_{50}=0.48g/kg。慢性毒性強，可能導致膀胱癌。

Ⅳ.攝取過多，則 20~30 分鐘後會有頭痛、心悸、亢奮、脈博減少、意識不明。

b. 奶油黃(butter yellow)：脂溶性黃色色素，具有致癌性(肝癌)，食品中混入 0.06%則所有白鼠在 6 個月內罹患肝癌。

c. 酸性間胺素：用於鹽漬鯖魚和鮨魚及黃色豆干，非常具有古早味。

d. 紅色色素

Ⅰ.鹽基性桃紅精，用於糖果、蛋糕、紅薑、紅梅、紅龜粿、湯圓、肉鬆等食品。

Ⅱ.小白鼠口服試驗，其 LD_{50} 0.1~0.2mg/kg，在 0.1g/kg 會引起全身著色。

e. 孔雀綠

Ⅰ.為水溶性深色色素傳統上被用以染絲綢、毛料、黃麻、皮革、棉、陶瓷器及紙類等工業產品。

Ⅱ.效果良好亦被用以處理魚類原生動物寄生蟲之感染（作為殺蟲劑；或與福馬林混合使用）或作為全身性症狀之消毒劑使用，另外亦被用以處理某些細菌性鰓病。

Ⅲ.此染料之官能基三苯甲烷是一種致癌物質，所以歐盟、美國等宣布禁止其在經濟魚類（觀賞魚除外）養殖過程中使用。

Ⅳ.孔雀綠或還原型孔雀綠，都有致癌風險，水產品的孔雀綠、還原性孔雀綠殘留標準，依我國規定為不得檢出。

Ⅴ.孔雀綠會造成致突變性，致染色體破碎性，致畸形性及致呼吸毒性等潛在危害。

Ⅵ.若長期食用會引起引起肝細胞腫脹、腎腫脹、肺臟充血及心肌纖維腫脹。

f. 橘色色素：橘色 2 號，水溶性橙色色素，用於染布、紙的染料，日前抽驗 40 件零食糖果，還有違法的重金屬色素「橘色二號」，這種色素會損害肝臟細胞，已被國際禁用。小白鼠口服試驗，其 LD50=2.1g/kg。

五、螢光增白劑

為使食品更顯潔白因而添加螢光增白劑，一般是添加二氨基二苯乙烯(diamino stilbene)及其衍生物(derivatives)，用於紙類漂白。螢光漂白劑具有慢性毒害、造成體重減輕、毛髮褪色並且具有致癌性。

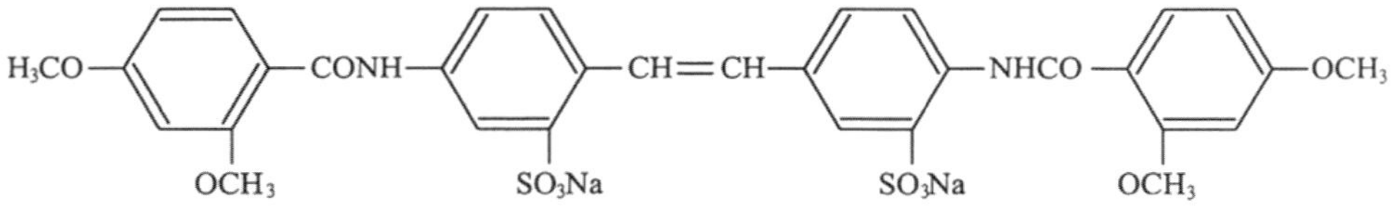

Protamine White 2GT.C.I.40605
C.I.Fluorescent Brightening Agent 30 (C.I.FBA 30)

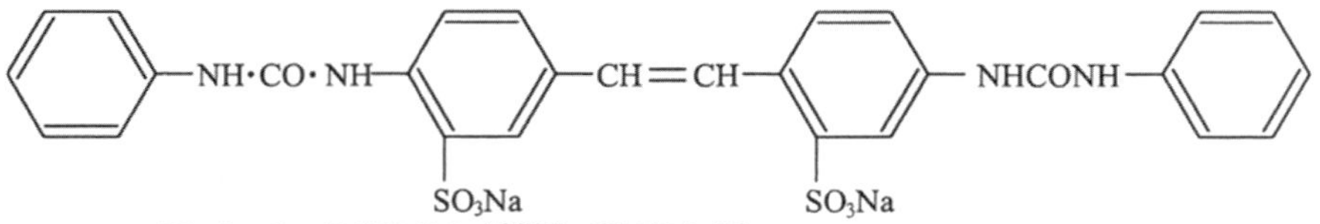

Blankophor R(IG),C.1.40800, C.I.FBA 32

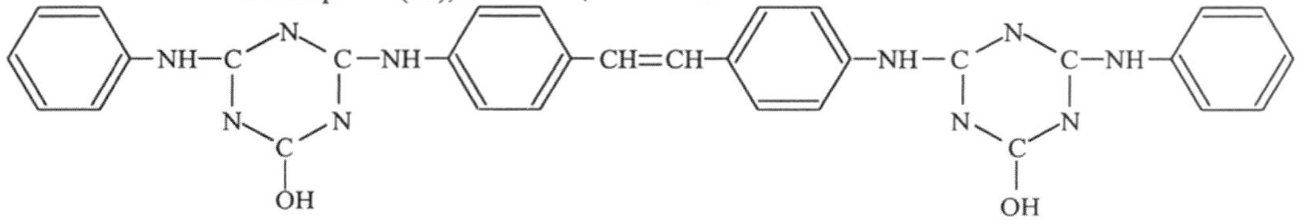

Blankophor B.C.I..10620

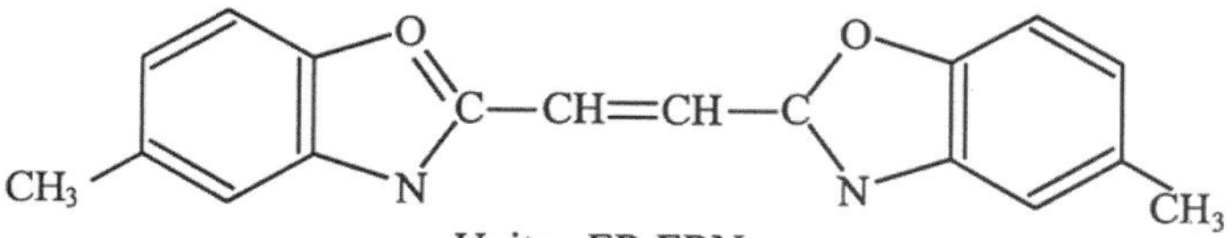

Uvitex ER.ERN

Coumarin 誘導體

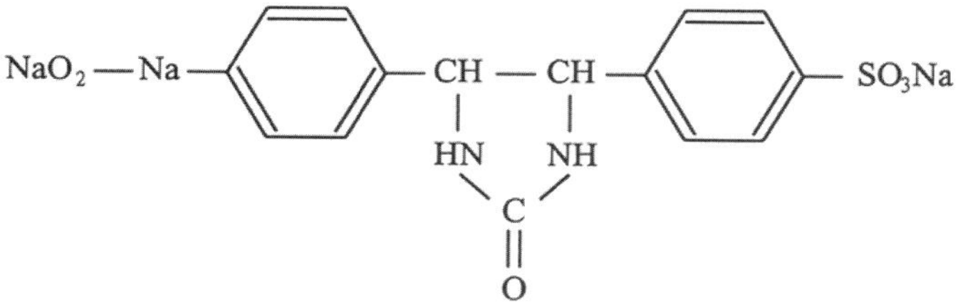

Blankophor WT. C.I. 40640

主要螢光增白劑

過去有發現曾違法大量使用在洋菇的漂白，或是添加於魩仔魚、四破魚等小魚干中和白蘿蔔等食品。

六、對位乙氧苯尿(Dulcin)

為一種合成甜味劑，屬非法人工甘味劑（俗稱甘素或甘味精），甜度大約為砂糖的 500 倍。一次口服 8~10 克，會引起嚴重的胃炎；給試驗動物大量重複服用，會發生貧血症。對位乙氧苯尿在體內會分解成對乙氧基苯胺，進一步形成對氨基酚，從而導致肝癌等症，因其有致癌性，世界上已停用。

dulcin $\xrightarrow{\text{弱酸、弱鹼}}$ α -Aminophenol（為血液毒）

使血紅素轉變為變性血紅素(methemoglobin)，造成人體危害。

食用後導致人體引發的症狀會使胃液、腸液消化作用減弱，長期使用會造成器官腫瘤(tumorigenic)。常見違法食品為蜜餞。

其結構式(dulcin)為：

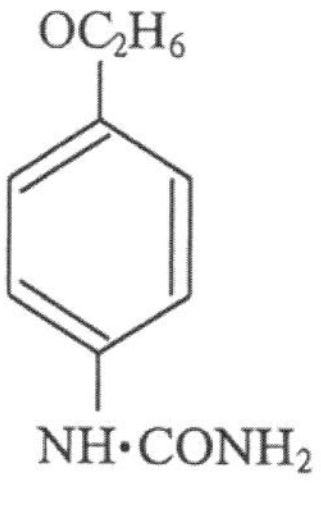

OC_2H_6

$NH{\cdot}CONH_2$

七、糖精（低熱量甘味劑）

1. 添加目的：減低熱量、 防止發酵、減少蛀牙、防止焦化。

2. 常見者

a. 甜精(cyclamate)：1969 年發現其會引起膀胱癌，在美國已被禁用（2.6g/kg 之小白鼠口服量）。

b. 糖精(saccharin)：LD_{50}=14.2~17g/kg 但 7.5%之用量會使小白鼠產生併發症。

c. 甜菊。

d. 阿斯巴甜(aspartame)：由 aspartylphenylalanine 之甲基酯構成的。

e. 甘草。

一般甜味劑中，最受爭議的是糖精及賽克拉美，目前其使用仍極為廣泛及普遍；另外，阿斯巴甜是極具潛力之甜味劑。本文中，將簡述此三種人工甜味劑及評估其安全性。

3. 三種人工甜味劑簡介

a. 糖精(saccharin)：糖精是無色至白色之結晶或白色結晶性粉末，無臭且具微芳香味，有強烈甜味，稀釋 10,000 倍之水溶液仍有甜味，甜度約為 10%蔗糖溶液之 300~500 倍，融點為 226~230℃，種類分為：

Ⅰ.糖精：分子式：$C_7H_5O_3NS$

<1> 分子量：183.2

<2> 結構式

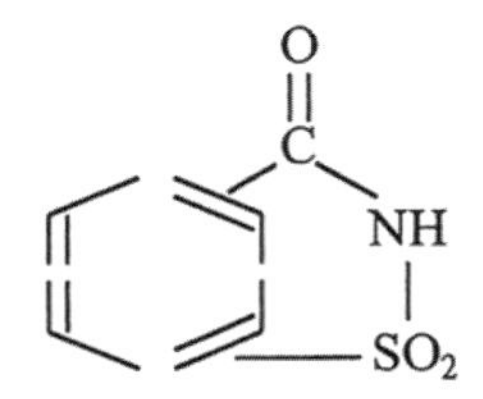

Ⅱ.糖精鈉鹽：為無色透明之結晶，在空氣中會風化。

<1> 分子式：$C_7H_4O_3NSNa \cdot 2H_2O$

<2> 分子量：241.2

<3> 結構式

O
C
$N \cdot Na \cdot 2H_2O$
SO_2

Ⅲ.糖精鈣鹽：無色至白色之結晶性粉末。

<1> 分子式：$C_{14}H_8O_8N_2S_2Ca \cdot 3^1/_2H_2O$。

<2> 分子量：467.5

<3> 結構式

糖精本身對水之溶解度極低，製成鈉鹽或鈣鹽則溶解度大增，其對水之溶解度也深受溫度之影響，溫度升高，溶解度增加。

糖精對蔗糖之相對甜度一般在 300~500 倍之間，常隨其濃度之不同而不同，其相對甜度只隨濃度之提高而降低。

糖精與其鹽類在加熱後會慢慢分解，使甜味喪失且產生苦味，尤其在有機酸催化存在下，其分解更快速，所以在加工製造時，須避免加入糖精後再加熱。因會有一點持續性之苦味，故常與甘草素或賽克拉美混合使用，改善其若味。

b. 賽克拉美(cyclamate)：又稱環己基磺醯胺酸，為無色至白色結晶，或白色結晶粉末，無臭，甜味約為蔗糖之 30~50 倍，帶有苦味，但其苦味比糖精少很多，一般是以鈉鹽存在。

Ⅰ.分子式：$C_6H_{12}O_3NSNA$

Ⅱ.分子量：201.2

Ⅲ.結構式

c. 阿斯巴甜(aspartame)：是無色、無臭具有甜味之結晶性粉末，甜味約為蔗糖之 180~200 倍。在人工甜味劑中，其甜味最類似蔗糖，具有增強果實香味之效果。

阿斯巴甜是一種雙胜肽的人工甜味劑，由天門冬酸及苯丙胺酸以及一個甲基酯化而成。

阿斯巴甜在應用上最大的缺點是其穩定性不佳，易受水分、溫度及酸鹼值變化而分解，結構中最敏感的是其甲基酯鍵，移去甲基酯而成為 aspartylphenylalanine 或進一步環化成 diketopiperazine，或水解形成單一的天門冬酸或苯丙胺酸，這些分解物均無甜味，但也不會產生異味。這些分解反應在高溫時更易進行，因而阿斯巴甜應避免高溫加熱。

其分解是遵照一級的反應式，酸鹼值對阿斯巴甜之穩定性有很大的影響（圖 6-1），其阿斯巴甜在弱酸性的環境中(pH 3~5)穩定性最佳；而溫度對阿斯巴甜的影響，則是溫度愈高其分解速率愈快，但若選擇適當的酸鹼值，則能減少溫度對穩定性之影響。

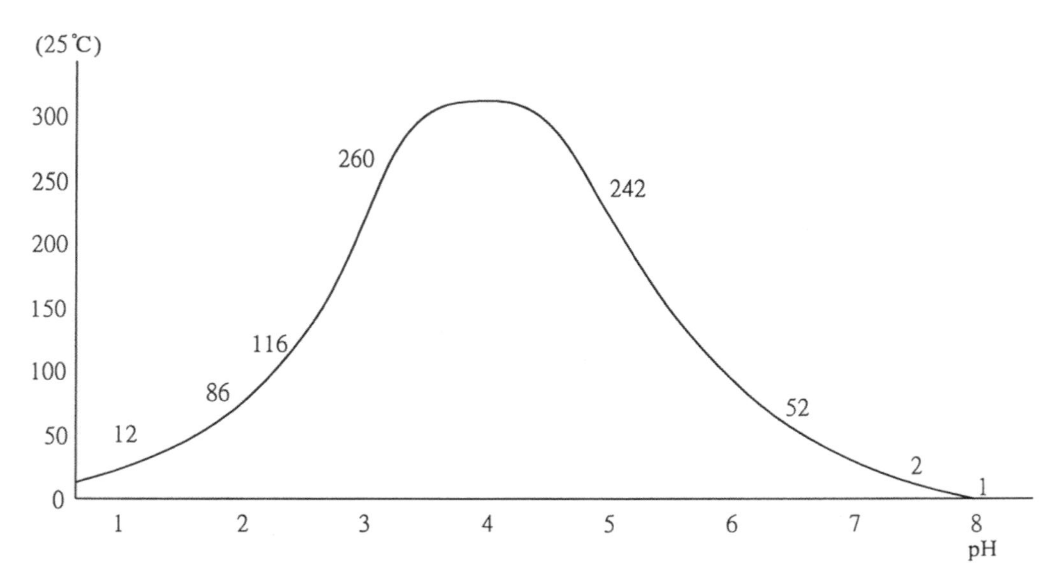

▲圖 6-1 25℃時，在不同酸鹼值下，阿斯巴甜水溶液之穩定性(Eomer, B. E., 1984)

4. 三種人工甜味劑的安全性探討

a. 糖精：自二十世紀初期開始，糖精一直是糖尿病患者之主要甜味劑來源，然而 1972 年美國的 Wisco-nsin Alumni Research Foundation (WARF)之研究結果認為糖精會導致大白鼠的膀胱腫瘤，但這可能是因糖精中的不純物質所引起，而不是糖精本身。1974 年，加拿大的健康保護協會(HPB)以大白鼠做實驗，結果認為糖精是一種致癌物；1977 年更以糖精及 O-toluene sulfonomide (OTS) 餵食大白鼠，其中 OTS 是糖精中之主要不純物，而指出是糖精本身而非 OTS

而導致膀胱腫瘤。因 1977 年美國食品藥物檢驗局(FDA)建議全面禁止使用糖精，那時糖精是美國唯一准許使用的人工甜味劑，因而導致美國營養協會(ADA)、糖尿病患者、加工廠商及大眾的抗議才取消禁令，但要作一連串安全評估以確定其安全性。

在糖精使用的近百年歷史中，最大的消費者是糖尿病患者及減肥人士，糖精雖無減輕體重之功效，但仍是甜味滿足之重要替代用品。1977 年 Howe 等學者調查加拿大的人民，發現人工甜味劑，特別是糖精，對男性的腫瘤之產生有正相關。然而，英國的學者調查腫瘤與糖精之關係及糖尿病之罹病率發現，糖精並不為人體所代謝，其會被腎臟迅速排除，而且也不會影響到細胞的遺傳因子(DNA)。有關糖精之代謝，從各種不同的動物研究中顯示，組織中並不累積任何代謝分解物，亦即糖精不被代謝，而是毫無改變的由尿液或糞便中排出。但目前糖精之主要製造方法是採用 Maumee 流程，此方法易產生一些不純物，而常使學者懷疑其有不良影響。然而，1983 年，Riggin 等學者以安姆氏試驗測試糖精製程中之不純物的致變異性，發現和天然物的致變異性並無明顯差異。

b. 賽克拉美：1970 年因有二個研究試驗顯示賽克拉美會導致大白鼠之膀胱腫瘤，而被美國食品藥物管理局所禁用；然而，進一步的試驗卻無法顯示賽克拉美是致癌物，會導致發育阻礙，或可能代謝成其他代謝物，如雙環己胺及環己酮。但經多年研究資料顯示，賽克拉美本身並非致癌物，可能是一種促癌物或共致癌物，必須應有其他物質同時存在才有此作用，相信不久將來，賽克拉美的使用會起死回生。

c. 阿斯巴甜：是 1968 年美國 G.D. Searle 公司所發現，是二種雙胜肽之甲基酯。1981 年美國食品藥物管理局許可阿斯巴甜用於乾製食品，這是繼賽克拉美禁用之後，首次許可低熱量人工合成甜味劑，後來又陸續許可其應用於碳酸飲料等食品上。民國 73 年我國衛生福利部許可阿斯巴甜用於糖尿病患者食品、低熱量食品、包裝瓜子及水分含量 25%以下之包裝蜜餞中，且規定使用本品應顯著標示－苯酮尿症患者不宜使用。

阿斯巴甜經消化便轉化釋出天門冬酸、苯丙胺酸及甲醇進行代謝，而這些成分均有潛在性的毒性。阿斯巴甜之甲基酯在代謝過程中會釋出甲醇，而大量的甲醇有害人體。1986 年 Stegink 等學者探討受測者血液中甲醇與甲酸之濃度變化提出，1 歲大的幼兒便能如成人一般處理阿斯巴甜中之甲醇成分，測試結果顯示幼兒與成人食用等劑量阿斯巴甜後，血液中甲醇濃度極為相似。又有研究指出，甲醇對非人的靈長類動物之許多毒性效應是由於甲酸的累積，而非甲醇或甲醛所引起；而且食用 200mg/kg 阿斯巴甜之受測者血液中之甲酸濃度並無顯著變化，顯示無這方面之顧慮。

阿斯巴甜代謝產物中之天門冬酸，當幼鼠食用高於 650mg/kg 之劑量時會產生神經毒性效應，而且食用大量的阿斯巴甜或天門冬酸之幼鼠會產生視丘神經壞死現象，同樣的試驗對幼猴卻無此作用，但顯然幼兒比較和幼猴接近，因此阿斯巴甜在幼猴之負反應證明阿斯巴甜是安全的。而且即是最敏感的幼鼠也能忍受一定劑量的阿斯巴甜而不產生神經壞死。1977 年 Stegnik 以正常人測試其食用阿斯巴甜後，血漿中之天門冬酸濃度，食用一般劑量 34mg/kg，其血漿中之天門冬酸濃度毫無明顯增加。縱使正常受測者食用 100、150 或 200mg/kg 之阿斯巴甜，其平均血漿中之天門冬酸濃度也低於幼兒或成人餐後之平均值，更遠低於幼鼠產生傷害之濃度。因此，證明天門冬酸成分能迅速代謝排除，不會導致神經損壞。

至於阿斯巴甜對血漿中苯丙胺酸之影響，正常受測者食用 34mg/kg 之阿斯巴甜後，其血漿中苯丙胺酸之濃度略有上升，但仍遠低於會造成危害的濃度(120~160μmole/100mL)。而當苯酮尿症患者食用 34mg/kg 之阿斯巴甜後，其血漿中苯丙胺酸濃度略高於正常受測者；若給予 100mg/kg 之劑量，則其血漿中苯丙胺酸濃度升高至正常受測者之兩倍，但仍遠低於會造成毒害之濃度。由此可知，即使食用阿斯巴甜過量，也不致於對苯酮尿症患者造成嚴重危害。因此阿斯巴甜可安全使用(GRAS)。

八、防腐劑

1. **目的**：保存食物、防止食品被微生物（如細菌、黴菌、酵母菌）汙染而敗壞。
2. **功能**：抑制或減緩微生物的生長，而非殺菌作用。

防腐劑	用量限制	毒性(LD_{50} g/kg)
1. 己二烯酸	0.5~2g/kg	10.5
2. 己二烯酸鈉	0.5~2g/kg	5.9
3. 丙酸鈣或鈉	2.5g/kg	3.34…鈣鹽；5.1…鈉鹽
4. 苯甲酸	0.6g/kg	3.45…鈉鹽
5. 苯甲酸鈉	0.6g/kg	3.7…..鈉鹽
6. 對苯甲酸丙酯	0.012~0.25g/kg	2.0….酸

九、抗氧化劑

抗氧化劑為防止食品在經加熱或乾燥時的加工過程中發生氧化所適當添加之物質。依抗氧化劑的性質可分為：

1. **水溶性抗氧化劑**：如維生素 C，防止蔬菜、水果變色。
2. **脂溶性抗氧化劑**：如維生素 E、BHT、BHA、TBHQ、PG，應用於油脂及乳製品之抗氧化作用。

安全性：

1. 對人類胚胎不具致畸胎作用。
2. 可能使細胞之結構或功能造成暫時性改變，BHA 確定為致癌劑，有些研究顯示 BHT 亦具有致癌性。但若移去 BHA、BHT 後，細胞可恢復正常。
3. 代謝：BHA 會與磷酸鹽或葡萄糖醛酸結合而排出體外；而 BHT 會與葡萄糖醛酸結合而排出體外。

十、2015~2016 年台灣食品安全違法添加物事件回顧

發生或曝光時間	事件名稱
2015 年 1 月	豆腐乳含工業染劑二甲基黃
2015 年 1 月 27 日	年節食品苯甲酸、黃麴毒素過量，玉米殘留農藥
2015 年 2 月 12 日	飼料用雞血製鴨血
2015 年 3 月 20 日	潤餅皮添加工業漂白劑
2015 年 3 月	工業用碳酸氫銨泡製海帶
2015 年 3 月 31 日	胡椒粉、胡椒鹽、辣椒粉、咖哩粉摻工業用碳酸鎂
2015 年 4 月，2012 年 8 月	手搖飲料店的茶類飲料殘留農藥
2015 年 4 月 24 日	米血摻藥用石膏
2015 年 4 月 26 日	胡椒粉、椒鹽粉等調味料含重金屬摻入「工業用」碳酸鎂
2015 年 5 月 21 日	蜜餞摻工業用原料
2015 年 7 月 25 日	蜂蜜含抗生素
2015 年 9 月 30 日	白飯加防腐劑
2015 年 10 月 3 日	麵條含苯甲酸超標
2015 年 11 月 12 日	回收過期肉品、蔬菜再販賣

發生或曝光時間	事件名稱
2015 年 11 月 19 日	工業用亞硝酸鈉製熱狗、火腿、培根
2015 年 12 月 24 日	蒟蒻條摻工業純鹼
2015 年 12 月 25 日	蓮子泡工業雙氧水漂白
2016 年 1 月 19 日	過期食品流入知名餐廳
2016 年 1 月 25 日	蝦子含超標二氧化硫、禁藥
2016 年 1 月 29 日	魚鬆成份標示不符
2016 年 2 月 4 日	過期冷凍雞鴨肉
2016 年 2 月 18 日	過期冷凍雞肉
2016 年 6 月 7 日	販賣機奶茶生菌數超標

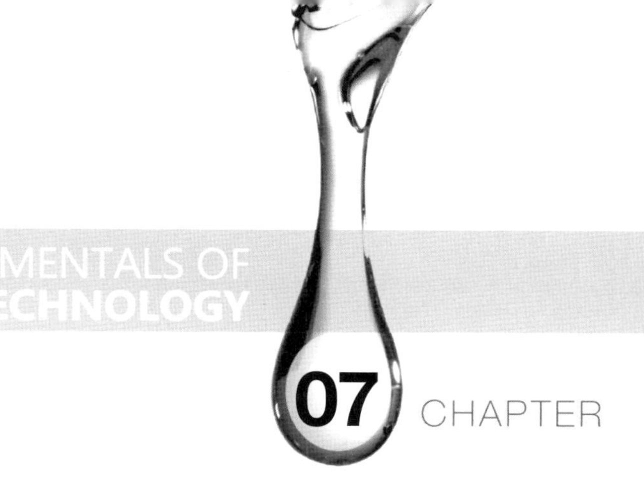

重金屬安全評估

7-1 重金屬總論

一、定　義

不管是長期或短期在攝取微量時，便會對攝取之生物顯示出有害症狀之金屬，如汞、砷、銻通常被認為是有害金屬。此外錫、鉈、釩也被視為有害。

有害性金屬元素	毒性作用引起之中毒症狀
鎘(Cadmium, Cd)	痛痛病
鉛(Lead, Pb)	貧血(Anemia)
汞(Mercury, Hg)	水俣病
砷(Arsenic, As)	烏腳病(Black foot disease)
銅(Copper, Cu)	肝細胞壞死(Liver cells necrosis)
錳(Manganese, Mn)	巴金森氏症(Parkinson disease)
錫(Tin, Sn)	神智不清、昏迷甚至死亡
鋅(Zinc, Zn)	呼吸困難、昏睡、虛脫甚至死亡
銻(Antimoney, Sb)	肝腫大、心律不整、知覺麻痺等
銀(Silver, Ag)	全身痙攣、昏迷及麻痺而死亡

註：有害性金屬定義：只要人體攝食到微量程度即會顯現症狀之金屬。

二、金屬進入體內的途徑

1. **水中金屬**：汙染飲用水及海水中微生物，引起水俣病（發生於日本）、痛痛病等病症。
2. **土壤中金屬**：經農作物吸收，再經蔬菜、穀物進入生物體中。
3. **大氣中金屬**：動物之呼吸處，或間接汙染水、食品再經口進入生物體內。

三、金屬汙染物特性

1. 進入環境就永久存在環境中。
2. 有害性均係來自金屬本身之作用所產生之毒性。

3. 產生的毒性：金屬與各種離子、以及其他物質反應生成之各種化合物形態之不同，而影響金屬之毒性。

四、作用機制

1. 與胺基酸或胜肽、蛋白質之官能基($-NH_2$、OH、COOH、–SH)等結合產生鹽類或環狀化合物而使蛋白質變性，例–S–Hg–S–。
2. 與核酸 DNA 之組成分核醣、磷酸根鹽基（主要為嘌呤、鹽基的鳥糞嘌呤與嘌呤）結合產生突變或致癌性。
3. 與生物體內其他組成分如脂肪酸、胺基酸、維生素類、磷酸、糖、兒茶酚胺(catacholamine)、胰島素等(insulin)等結合。
4. 我國對於各種食品之重金屬最大容許量（單位 ppm）如下表：

食品	砷	鋁	汞	銅	鋅	錫	銻
食米	0.1						
蛋		2.0					
魚蝦			0.5				
食用油脂	0.1	0.1	0.05			0.4（粗）、0.1（精）	
飲料	0.2	0.3		5.0	5.0	250 罐裝	0.15
罐頭		1.5				250 罐裝	
水	0.1	0.1		1.0	5.0		

五、影響毒素的因素

1. 劑量大小。
2. 進入途徑：亦即經口，經呼吸道、經皮膚吸收：如吸入汞蒸氣，而呈現非常強烈毒性。
3. 化學形態不同。
4. 時間長短：如短時間接觸高劑量與長時間接觸低劑量，其急性與慢性毒性亦不同。
5. 與其他金屬之複合物汙染，具加成性或抑制現象。

7-2 重金屬各論

一、汞(Hg)

1. **來源**：地球表層之自然脫氣作用而產生，每年約 25~125kt。全世界每年採礦所產生之汞約 10kt（一半由海洋大氣中流失）。

2. **汞化合物**：
   a. 有機化汞化合物：甲基汞 $CH_3 \cdot Hg^+$（引起水俁病）及二甲基汞($CH_3 \cdot Hg \cdot CH_3$)。
   b. 無機汞化合物：如昇汞($HgCl_2$)、甘汞(Hg_2Cl_2)。無機汞化合物如為不溶性時毒性較低，可溶性時毒性相當強，見下表。

化合物	劑　量	症　狀
甘汞(Hg_2Cl_2)	0.1g（1 次）	瀉劑量
昇汞($HgCl_2$)	0.5g	中毒量
	1~2g	致死量

3. **汞用途**：工業（氯鹼工業）、電子設備、油漆、測量設備及農業。
   a. 膳食中汞來源：魚（濃縮水中之汞）、核子魚汞含量多、以甲基汞為抗真菌劑處理過之穀類。
   b. 主要形式：甲基汞吸收比無機汞容易，海洋中 methogenic bacteria 將無機汞化合物甲基化所形成。
   c. 血液中汞含量和汞攝取量：y(μg/L)＝ax（μg／天）＋b

      血液中汞含量 100μg/L 上升，對健康會有不良影響。

      例：1956 年日本發生水俁病：為化學工廠含汞化合物（甲基汞）的廢水，被水中魚貝類生物所食用，並轉成甲基氯汞(CH_3HgCl)與二甲汞($(CH_3)_2Hg$)等有機汞化合物。當人類捕食海中生物後，甲基氯汞等有機汞化合物通過魚蝦進入人體，被腸胃吸收，侵害腦部和身體其他部分，造成生物累積。
   d. 甲基汞中毒症狀

      Ⅰ.有機汞中毒最有名的是甲基汞中毒，工廠排泄的廢水，經由海底微生物代謝成甲基汞。人與動物經由攝取含甲基汞的魚貝類而中毒，中樞腦神經傷害是主要症狀。

Ⅱ.甲基汞由腸胃吸收而堆積在腦部，主要的症狀有視力障礙、無力、動作無法協調、感覺及聽力喪失、關節痛，智能低下及不自主抖動。嚴重的病患常全身麻痺而死亡，中毒孕婦所生的胎兒常是畸形且智能不足。

e. 無機汞化合物：造成噁心、嘔吐、流涎、腸灼熱、疼痛等。

f. 汞鹽：強腐蝕性、刺激組織，其為經口→燒壞消化道→引起嘔吐、腹瀉或血便。

4. 食品衛生標準中對各種食品類的汞含量規定如下

食　品	標準值
魚　蝦	0.5ppm 以上
罐頭食品	0.5ppm 以下
食用油脂	0.05ppm 以下
動物植油	0.1ppm 以下
食用米	0.05ppm 以下

二、鎘(Cd)

1. 環境中自然存在之鎘量相當低，通常與鋅共同存在。
2. 用途：用於電板、色素、電池、塑膠及合金之安定劑。
3. 鎘放射至空氣中→沉落至土地中→被植物體吸收或被動物攝食→人體。
   a. 未受汙染之土壤的穀物、水果及蔬菜其鎘含量 0.2ppm 以下，如提高土壤中的 pH 值，可降低鎘之含量。
   b. 石灰質之鎘含量大於酸性土質。
   c. 肌肉組織中的鎘含量小於 0.05ppm。主要集中於腎臟及肝臟中，攝取量上升時，組織含量也會上升。
4. 毒性：慢性毒素會累積於人體器官（腎臟），數年才會表現不良副作用。WHO 建議成人每人每週安全攝取容許量為 400~500μg（相當 1μg/kg．wt／天）。
5. 鎘中毒實例
   a. 1955 年，日本富山居民，因為飲用了含鎘的河水和食用了含鎘的大米，發生鎘中毒，引起痛痛病，就診患者 258 人，其中死亡者達 207 人。
   b. 1986 年，台灣桃園觀音、蘆竹鄉附近兩工廠排放含鎘廢水至河川中，導致下游稻田產出鎘米，附近居民食用鎘米而引起中毒。

6. 中毒症狀
   a. 痛痛病(osteomalacin)：常見於 40 歲以上多產的婦女。症狀為骨質軟化、腎功能不正常而產生蛋白尿（200μg／濕重）及多鈣尿症。
   b. 15ppm鎘會引起輕度中毒現象。若攝食大量鎘則會引起急性中毒伴隨嘔吐、頭暈、腹瀉、虛脫、引起肝、肺、腎的障礙。

三、砷(As)

1. 汙染途徑
   a. 誤食農藥或殺鼠用砷酸鈣（鉛）、乙醯砷酸銅所引起。
   b. 誤食化學藥劑如亞砷酸及其鹽類。
   c. 食品加工時含砷添加物、器具或包裝容器於加工過程中溶出。
2. 種類
   a. 金屬總化合物：砷酸銅、砷酸鉛、砷酸鈣。
   b. 無機砷鹽：三氧化二砷(As_2O_3)俗稱砒霜，用於農藥。
3. 一般食物所含之砷含量以新鮮物計算通常低於 0.5ppm，特別是甲殼類(crustacea)通常含砷含量較高。
4. 砷在角質部位易累積，攝取量超過正常量時，頭髮、指甲砷含量便特別偏高（指甲、毛髮萎縮），有助於砷中毒判斷。
5. 毒性：經口毒素。
   a. 急性：咽喉食道黏膜收斂、嚥食困難、腹痛、灼熱、吐瀉、腹瀉。
   b. 慢性中毒：貧血（紅血球破壞）、肝腫大、角質累積（指甲、毛髮萎縮）、食慾不振、皮膚發疹、色素沉澱、胃腸障礙、顏面蒼白、肝臟腫大。中毒量15~30mg/kg (rabbit)；LD_{50}：5~50mg（成人）；致死量：100~300mg（成人）。
6. 砷中毒實例
   a. 自古以來砷就常被使用，例如砒霜即是經常使用的毒藥。砷也曾被用在於治療梅毒，當作殺蟲劑及除草劑。中藥的雄黃含砷，因此雄黃酒是不可多喝的。
   b. 1955 年，日本岡山縣，以森永乳粉（所添加之乳質安定劑中含砷）餵哺嬰兒，產生發燒、皮膚黑變、貧血、肝臟肥大等症狀，被害嬰兒總數達 12,159 名，死亡 131 人。

c. 1950 年代末期，台灣西南沿海地區特有的末梢血管阻塞疾病，因患者雙足發黑而得名。初期症狀為四肢末端血液不流通，導致皮膚蒼白或紫紅色、感覺麻痺、發冷及發紺。嚴重者趾部發黑、潰爛、發炎，甚至造成壞疽再自然脫落。而其發炎區域會擴散，腳組織可能壞死，須以截肢手術切除。

d. 烏腳病很早就確定為飲用深井水有關，研究指出可能與井水中的砷中毒，螢光物質(fluorescent compounds)、土壤中的腐質酸(humic acid)、麥角生物鹼或其他營養遺傳基因等生態循環有關聯。

食品種類	含砷量
罐頭食品類	1.5ppm 以下
食用油脂類（植物油、動物油脂）	0.1mg/kg 以下
冰類（不包括天然蔬果汁及濃縮蔬果汁）	0.1ppm 以下
包裝材料	2ppm 以下

四、鉛(Pb)

1. 汙染來源

a. 生產鉛之場所或過程中溶出。

b. 工業製造之流失量，如含鉛汽油揮發於空氣中、含鉛電池等。

c. 食品容器溶出，如罐頭封罐桿接觸溶出貨由鉛管溶入水源中。

2. 代謝情形

被吸收之鉛

↓ 進入血液中

骨頭、軟組織（包括肝臟）

↓ 經膽汁

進入小腸

↓

糞便排出（人體僅吸收其中 5%）

3. 鉛中毒實例

a. 1993 年，消基會檢驗市售陶磁餐具，其彩色花紋的部分，在經過高溫加熱或盛裝酸性食物，容易溶出鉛、鎘重金屬。

b. 市售皮蛋含鉛量過高：皮蛋製造配料中加入鉛（氧化鉛），目的是為了提高皮蛋品質的安定性及促進皮蛋蛋白質凝膠；但含鉛皮蛋有害人體健康，衛生福利部規定皮蛋含鉛量不得超過 2ppm（此乃新鮮雞、鴨蛋天然存在的含鉛量）。

c. 1993 年發現，市售八寶散含超量鉛金屬，造成部份嬰兒因攝取過量，引起鉛中毒。

d. 假冬蟲夏草。

4. 鉛中毒症狀

a. 鉛之安全攝取界限：為 0.2~2.0mg/day。

b. 急性毒性較弱，急性中毒量以可溶性鉛鹽計為 10~15g，症狀為嘔吐、暈眩、手腳麻痺及意識不清。

c. 慢性毒性：每日攝取 1~5mg 之鉛會引起慢性毒性，其症狀包括：

Ⅰ.腸胃方面疾病：食慾不振、便祕。

Ⅱ.神經肌肉方面：肌肉無力感、疲倦、麻痺現象。

Ⅲ.中樞神經：頭痛、言語困難、視力、聽力減退。

Ⅳ.貧血（妨礙血紅素之合成），臉呈鉛灰色。

d. 血液中鉛含量

血液中鉛含量(ppm)症狀	
0.1~0.3	正常值
0.3	開始呈現中毒症狀
0.6~0.65	急性中毒界限量
0.7~1.0	急性中毒

5. 生化作用

a. 有些 ATPase 對低濃度鉛敏感。

b. 鉛很強烈的抑制與細胞氧化作用有重大關係的 lipomide hydrogenase 的作用。

c. 特定細胞內的細小組成金屬硫蛋白(metallothionein)能與鉛緊密結合，使其無法毒害其他生物大分子，解除其對人之毒性。

五、銅(Cu)

1. 汙染途徑
   a. 暴露於工業汙染環境：如：電池製造者、銅精鍊業、防腐劑、殺黴菌農藥、殺螺藻類之藥劑、顏料油漆業等。
   b. 不當之食品添加物，食入硫酸銅或食入銅食器汙染的食物、果汁所致。

2. **中毒症狀**
   a. 急性症狀：會引起嚴重的噁心、含綠藍物的嘔吐、腹痛、腹瀉、吐血、變性血紅素症、血尿等症狀。嚴重者會有肝炎、低血壓、昏迷、溶血、急性腎衰竭、抽搐等併發症。若攝取量超過 2g，甚至會引起死亡。
   b. 慢性中毒：慢性症狀為可能引起慢性肝病變、腎機能受損、影響腦細胞發育、肺部肉芽腫、肺間質纖維化(Vineyard Sprayer's Lung)及肺癌。

3. 中毒案例：綠牡蠣事件。
   a. 1986 年，台灣西南部二仁溪的兩岸，廢五金業者焚燒廢五金及利用強酸洗廢五金，而使用過的廢酸液中含有高濃度的重金屬，逕排入溪中，海岸由於工廠排放重金屬廢亦造成硫酸銅汙染沿海養殖牡蠣，導致出海口附近養殖的牡蠣就大量吸收銅離子後，體內蓄積高量的銅，顏色轉變成綠色，就稱之為綠牡蠣(green oyster)。
   b. 含銅皮蛋越來越多：皮蛋加銅與加鉛的目的相同，皆是為了提高皮蛋品質的安定性。

08 CHAPTER

食品的加工、調理、保存過程中生成的有害物質

8-1 熱加工過程中致突變性物質

一、致變性物質

致變性物質發現於烤焦之魚及牛肉部分。

高蛋白質食物 $\xrightarrow{\text{高溫}}$ 胺基酸→ 裂解作用→ 突變原性物質。

1. 致活性原因：裂解作用(pyrolysis)：Trp-p-1、Glu-p-1；Trp-p-2、Lys-p-1（見圖 8-1）。

$CH_2CH(NH_2)COOH$

L-Tryptophan

CH_3

N

N

H

NH_2

CH_3

Trp-P-1

CH_3

N

N

H

NH_2

Trp-P-2

COOH

NH_2— CH

$(CH_2)_2$

COOH

L-Glutamic acid

N

N

N

NH_2

CH_3

Glu-P-1

N

N

N

NH_2

Glu-P-2

▲圖 8-1 色胺酸(tryptophan)與麩胺酸(glutamic acid)的熱分解產物

2. 蛋白質、胜肽(peptide)、胺基酸之裂解產物：可能具高度致變性，其中以色胺酸(tryptophan)之裂解產物具最強致癌變性。
3. 致變活性出現高於 400℃之裂解溫度，而通常在 500~600℃間。

二、完全不同的致變性物質

完全不同之致變性物質是發現於溫和加熱之含碳水化合物多的食品，如烘焙食品、咖啡、茶等，這些致變化合物具相當弱的致突變性物質，以微粒體(microsome)將其代謝失去活性（無害）。

三、IQ 化合物

1. 致變性物質從加熱肉類食物，如燒烤、油炸，伴隨梅納反應所形成的汙染成分，所得到之致變性物質稱為 IQ 化合物，可與其他性質接近的物質統稱為雜環胺(heterocyclic amines, HCAs)化合物。當 IQ 化合物經由飲食直接攝取的方式進入人體後，會被迅速吸收與均勻分布，僅有 2~5%的極少部分會透過尿液或糞便的方式排出體外，其他絕大多數則是經由人體酵素系統進行生化轉換之代謝作用。
2. IQ 化合物來源可分為：肌酸成分、梅納反應產物及胺基酸化合物。常見三種化合物，可見圖 8-2。

   a. IQ＝【2-amino-3-methylimidazo(4.5-f)quinoline】

   b. MEIQ＝【α-amino-3.5-dimethylimidazo(4.5-f)quinoxaline】

   c. MeIQx【2-amino-3.8-dimethylimidazo(4.5-f)quinoxaline】

   此化合物具有 imidazole、quinoline、pyridine、pyrazine 等基體結構。

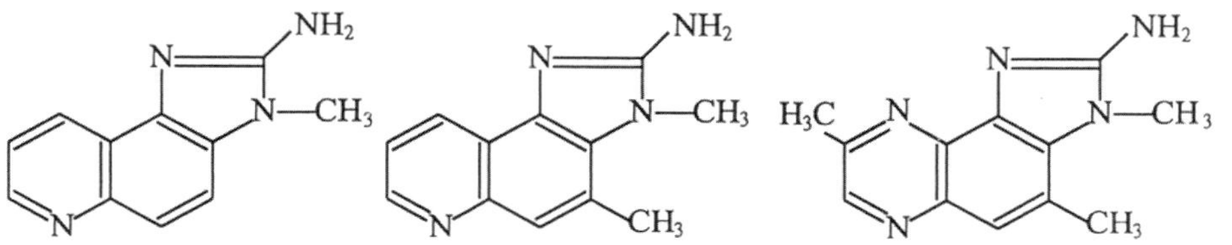

IQ　MeIQ　MeIQX

（烤魚）　（炸牛肉）

▲圖 8-2　從加熱處理食品分離的突變原性物質

3. IQ 化合物之主要部分咪唑(imidazole)，可推斷肉中之成分肌酸(creatine)可能為普通之前趨物質，而其餘部分由梅納反應而來。其形成機制見圖 8-3。

4. 預防 IQ 化合物的汙染與危害方法

a. 對加熱程度劇烈或煮熟度高的燒烤肉品，降低或減少其攝取率。

b. 加熱調理溫度盡可能控制在 200°C 以下。

c. 增加烹調過程中肉片翻動的頻率與次數。

d. 先以微波加熱預處理待調理的肉品至少 2 分鐘。

e. 加熱烹煮之前盡可能瀝乾食物中的肉汁。

f. 先塗抹一些有助於移除具危害性前驅物質之滷汁醬料，再進行肉片燒烤。

g. 多攝取富含膳食纖維及抗氧化的食物，因能干擾 IQ 化合物的代謝活化進而減少其對人體的負面效應。

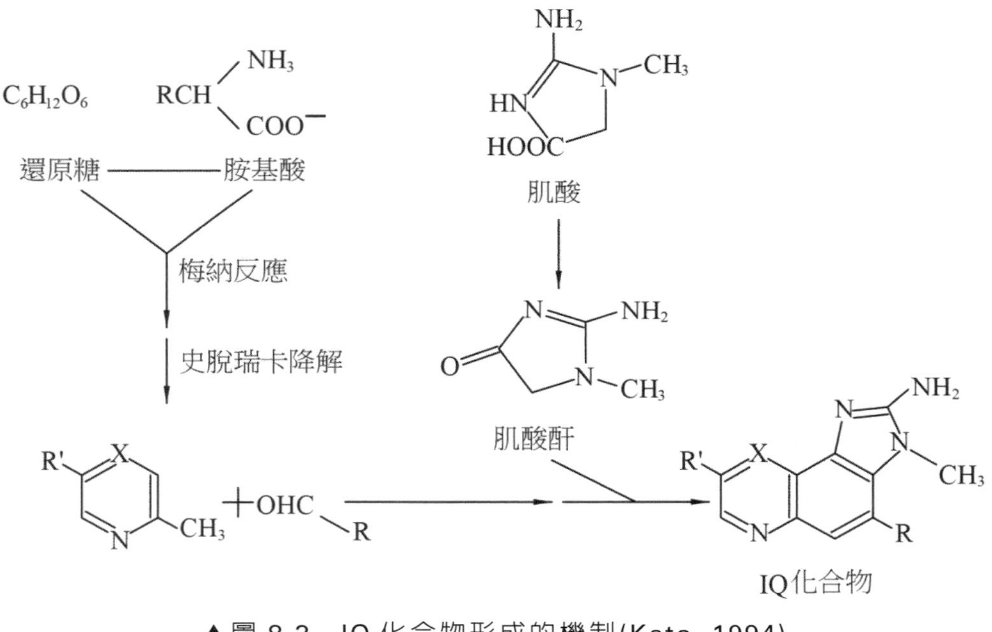

$C_6H_{12}O_6$ 還原糖 —— 胺基酸 $RCH(NH_3)COO^-$

梅納反應

史脫瑞卡降解

肌酸

肌酸酐

IQ化合物

▲圖 8-3 IQ 化合物形成的機制(Kato, 1994)

8-2 梅納反應

梅納反應生成物的步驟與其重要性：

1. 梅納反應生成步驟
   a. 梅納反應物初期生成物，生成得到無色物質，本身無致癌性，且致突變異性弱。
   b. 反應中間產物才見突變性。
   c. 反應終產物 melanoidine、premelanoidine（與頭髮色素同），亦不見突變異性。
2. 梅納反應生成與富含蛋白質物質中和後生成 IQ、MeIQ 及 MeIQx。
3. 可與硝化劑作用，生成致癌性物質。如 amadori compound (fructose-1-tryptophan)+nitrate→N-nitro amadoric 具有很強之致變性。
4. 梅納褐變產物之亞硝化反應
   a. $NO_2^- + H_2O \rightarrow HNO_2 + OH^-$
   b. $R, R_1 > NH + H_2O \rightarrow R, R1 > NH_2 + OH^-$
   c. $2HNO_2 \rightarrow N_2O_3 + H_2O$
   d.

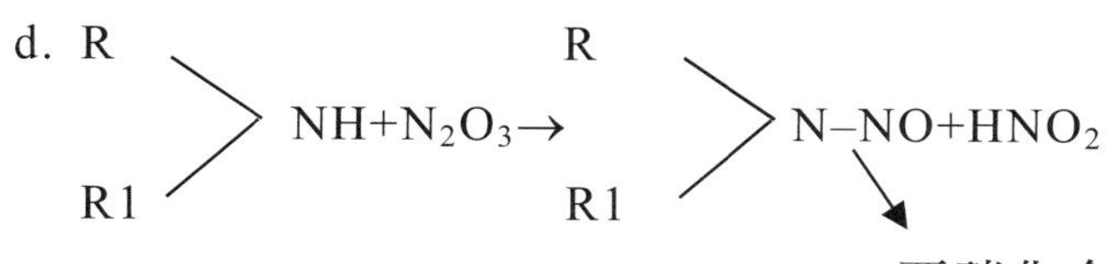

亞硝化合物（致癌性）

5. 丙烯醯胺是梅納反應的化學產物，產生過程是經由糖和天冬醯胺(Asparagine)的胺基酸相互作用。通常丙烯醯胺於 120℃、低濕度下易生成。容易出現在烘焙食品和油炸食品，碳水化合物含量高的食品會產生高量的丙烯醯胺，而且會使老鼠致癌。有些蔬菜水果中亦會產生丙烯醯胺，即使是以低溫高濕度下仍會產生丙烯醯胺。

CHAPTER

多氯聯苯

多氯聯苯是由209種以上的氯化合物（已知為同性質）所混合而成的。目前還沒有已知的多氯聯苯天然來源。多氯聯苯(PCBs)的構造代表不同氯化酚類化合物，以及異構體之複雜混合物，所謂異構體即在雙酚分子中有相同數目之取代氯化合物，但是所取代位置不同。多氯聯苯不是油狀液態也不是固態，顏色由無色至淺黃色。一些多氯聯苯會以蒸氣的形態存在於空氣中，且沒有氣味及味道。在美國Monsanto公司製造之多氯聯苯混合物以Aroclor做為商品名稱。

其種類係以四個數字加以區分，例：Aroclor 1,254 or 1,260其前二個數字代表12個碳原子，來構成雙酚分子，而後兩個數字則代表氯含量占整個混合物之重量百分比(%)。構造與有機殺蟲劑、DDT、BHC相似，在工業上曾用於絕緣油、熱煤可塑劑等，目前被視為最有害的環境汙染物質，在日本九州(1968)及台灣中部(1979)曾發生米糠油多氯苯汙染中毒事件。

9-1 構造與衍生物

一、構　造

多氯聯苯(polychlorinated biphenyl, PCBs)的結構，請見圖9-1。

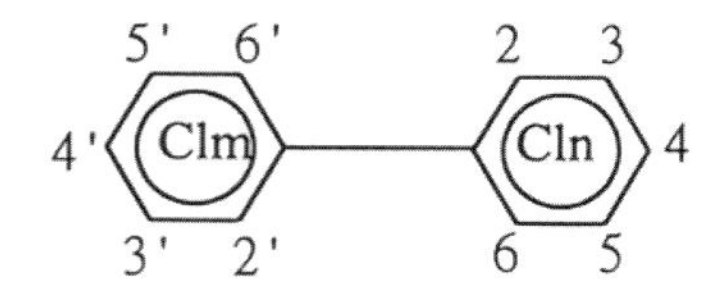

▲圖 9-1　多氯聯苯(polychlorinated biphenyl)之結構式

二、多氯聯苯的衍生物

1. PCT(polychlorinated terphenyl)。
2. PCN(polychlorinated naphthalene)。
3. PCDF(polychlorinated dibenzofuran)：毒性較PCBs強。
4. PCDD(polychlorinated dibenzodioxin)。

9-2 理化特性

1. 對熱相當安定，沸點高達攝氏 200~300℃仍能保持液狀而不沸騰。
2. 熱容量大，為良好之熱媒。
3. 絕緣常數高，對電之絕緣能力強。
4. 在常溫下為黏稠狀液體，富有接著性及延展性。
5. 不燃性，但含有兩個氯以下的化合物具有可燃性。
6. 化學性不活潑，能耐酸、耐鹼。
7. 微溶於水，但能溶於多種有機溶劑中。

9-3 用 途

1. **絕緣油**：如變壓器、電容器。
2. **熱媒體**：如化學工業、食品工業、製紙工業、塑膠工業等所使用之加熱媒體。
3. **可塑劑**：如電線的表層保護劑、絕緣用材料、防水或防火物質的含浸劑。
4. **塗料印刷油墨**：如不燃性塗料、耐酸或鹼塗料、無碳性複印紙。
5. **潤滑油**：如高溫用潤滑油、水中潤滑油、切削油。
6. **其他方面**：如紙或毛織物之防火保護層、農藥等。

9-4 多氯聯苯的毒性與中毒事件

一、多氯聯苯的毒性

(一)對人類

1. **主要症狀**：造成嚴重而持續性皮膚傷害。
   a. 眼瞼腺分泌增多。
   b. 臉上長滿皮疹。

c. 手心冒汗增多。

d. 指甲發黑。

2. 次要症狀（懷孕婦女）

a. 死產。

b. 黑娃娃：嬰兒全身漆黑、暗褐色皮膚色素沉積、指甲、牙齦發黑、手腳發硬、肚子膨脹。

c. 後腦門有不正常擴大現象。

d. 眼球突出症。

其主要症狀及次要症狀與等級請見表 9-1。

▼表 9-1　PCBs 中毒等級及症狀

等　級	主要症狀	次要症狀
第 1 級 （極輕症）	1. 眼瞼腺分泌增加 2. 皮膚色素沉積	1. 發汗增多 2. 口腔內黏膜及牙齦發黑、皮膚乾燥
第 2 級 （輕症）	長滿面皰、顆粒性皰疹	關節部位、四肢內側毛孔角化
第 3 級 （中等級）	1. 痤瘡樣皮疹出現 2. 外陰部分泌腺囊腫 3. 頸部、胸部、背部之毛孔明顯增加	1. 眼瞼腫脹 2. 關節部位腫脹、痠痛
第 4 級 （重症）	1. 痤瘡樣皮疹布滿全身 2. 全身毛孔明顯增大	1. 臉孔、小腿腫脹 2. 嚴重的二次感染

（二）多氯聯苯對動物的影響

1. 致癌性：針對大鼠的研究指出，大鼠在食用受高濃度多氯聯苯汙染的食物兩年後誘發產生肝癌。

2. 皮膚角化情形損害增生。

3. 性荷爾蒙分泌受損。

4. 對免疫系統具抑制作用、行為的改變以及生殖能力受損。

5. 會導致生育受損。

6. 動物若在短時間之內食用大量被多氯聯苯汙染的食物，會出現輕微的肝臟損傷，有些則會死亡。
7. 動物食用小量受多氯聯苯汙染的食物，若超過好幾周或好幾個月，則有可能出現不同類型的健康危害，包含：貧血、類痤瘡的皮膚問題，以及肝、胃、及甲狀腺的損傷等。

二、食品中 PCBs 限量暫行標準

▼表 9-2　食品中多氯聯苯的限量

食品種類	限　量(ppm)
肉類、養殖魚介類、近海沿岸、淡水	1.0
鮮乳、乳製品	0.5
遠洋性魚介類	0.5
蛋類	0.2
包裝	5.0
嬰兒食品	0.2

三、PCBs 的汙染途徑

1. 製造工廠廢棄物因處理不當而造成環境汙染。
2. 製造或銷售過程中發生意外事故：例如米糠油事件。
3. 食品包裝容器之汙染，使用含有 PCBs 的包裝紙造成食品汙染，此為造成主要食品汙染原因。

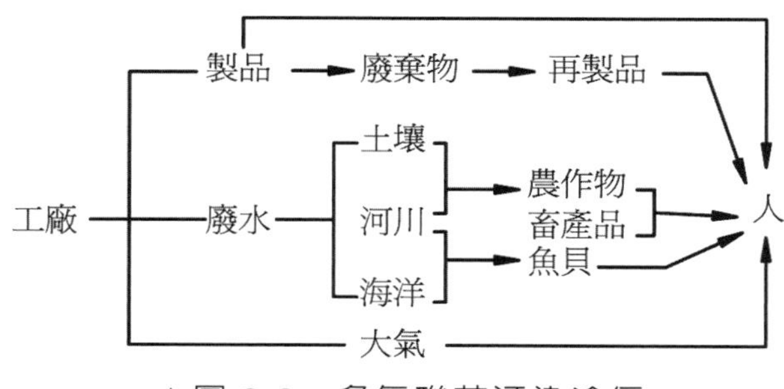

▲圖 9-2　多氯聯苯汙染途徑

四、PCBS的中毒事件

1. 1968年日本北九州 Kanemi Storage 在製造米糠油時，作為熱媒的多氯聯苯不慎從管線中漏出，造成 14,000 名民眾不幸中毒，稱為「油症事件」。這是人類首次因食用多氯聯苯而中毒的事件。
2. 1979 年台灣發生於的油症事件，為台灣環境公害史上最嚴重的事件，是因為彰化油脂公司在製造米糠油的過程中，使用毒性極強的多氯聯苯作為熱媒。後因管線破裂，讓多氯聯苯滲入油裡面，造成全台灣至少兩千人中毒，其中以台中、彰化、苗栗等地區最為嚴重。
3. 多溴聯苯(polybrominated biphenyls, PBBs)對人的毒性研究主要源於1973~1974 年發生在美國密西根州，防火劑與乳類飼料添加物 MgO 之包裝袋互相誤用，多溴聯苯被不經意地添加到動物食物中，造成當地被多溴聯苯嚴重汙染。這些物質的潛在影響主要因血液中吸收的數量、暴露期間，以及暴露途徑而異。暴露於多溴聯苯之中可能會增加罹患癌症的風險。在動物實驗中，這些物質和對於成長與生殖的副作用有關係。對動物之中毒症狀：
   a. 使牛、豬流產。
   b. 牛隻體重下降。
   c. 牛隻之產乳量減少。
   d. 牛肝腫大，拒食人工飼料。

食品的汙染物

10-1 前 言

蔬果及肉品中的殘留農藥因使用不當，未依安全採收而殘留，包括：

1. 有機氯殺蟲劑。
2. 有機磷殺蟲劑。
3. 胺基甲酸、鹽類。
4. 殺菌劑。

此外間接經水、土壤轉入食品者亦有，其過程如圖 10-1。

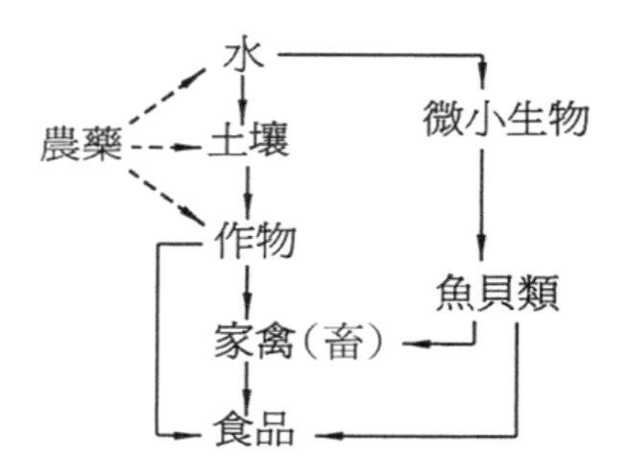

▲圖 10-1 食品中殘留農藥流程

10-2 產生汙染的主要農藥

一、有機氯殺蟲劑

1. DDT(dichloro diphenyl trichloroethane)：有機氯殺蟲劑最初用於毛織品防蟲劑。二次大戰使用於消滅害蟲、防蟲藥劑（如瘧疾）DDT 一般毒性屬神經及實質臟器毒物，對人和大多數其他生物體具有中等強度的急性毒性。它能經皮膚吸收，是接觸中毒的典型代表，容易在動物脂肪中積累，造成長期毒性。此外，DDT 還具有潛在的基因毒性、內分泌干擾作用和致癌性，也可能造成包括糖尿病在內的多種疾病。目前被禁止使用。

Cl—C₆H₄—CH(CCl_3)—C₆H₄—Cl

1,1'-(2,2,2-trichloroethylidene)bis(4-chlorobenzene)

(DDT, dichloro diphenyl trichloroethane)

2. **BHC(benzene hexachloride)**：其工業原體含有 α、β、γ、δ、ε 等五種異構體。把具殺蟲效果之 γ－異構體抽出者，稱為靈丹(lindane)。1969 年從牛乳中檢出 β－異構體來自飼料稻草，其對人體具有慢性毒性，殘留性高，目前被禁止使用。

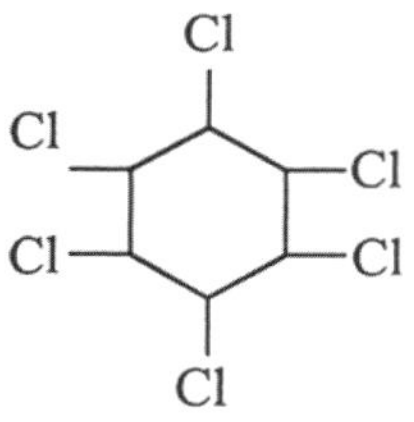

1,2,3,4,5,6- hexachlorocyclohexane
(BHC, benzene hexachloride)

3. **阿特靈(aldrin)**：特靈劑(drins)含阿特靈、地特靈(dieldrin)、安特靈(endrin)。對地下防蟲具有功效，同 DDT。其非常安定，如長期殘留土壤易被胡瓜、胡蘿蔔等吸收，地特靈具有生物濃縮性。這些特靈劑目前被禁止使用。

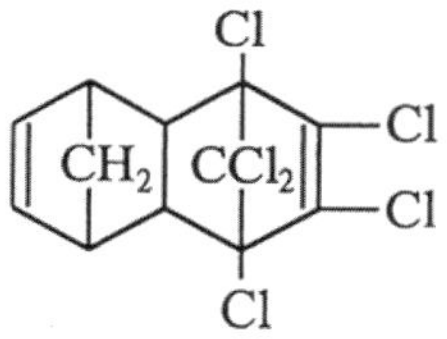

1,2,3,4,5,6-hexachloro-1,4,4a,5,8,8a-hexahydro-1,4,5,8 endo-exo-dimethanonaphtalene

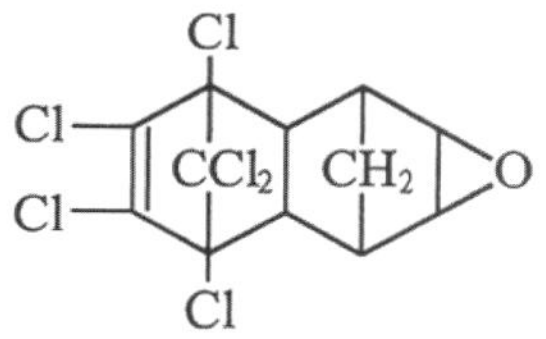

1,2,3,4,10,10-hexachloro-6,7-epoxy-1,4,4a,5,8,8a-octahydro-1,4,5,8-endo-endo-dimethanonaphtalene

4. **有機氯農藥毒性**：有機氯農藥與其他不容易在環境中分解的農藥一樣，容易經由食物鏈而蓄積且呈百萬或十萬倍數的增加濃度。
   a. 中毒作用部位：有機氯農藥急性中毒，一般毒性發作以中樞神經症狀為主。
   b. 初期症狀：有倦怠、頭痛、噁心、嘔吐以及腹瀉。
   c. 攝取毒性較強或多量時：會產生意識不清、呼吸困難、全身抽搐、抖動、感覺異常、昏迷、甚至死亡。
   d. 其他：會產生濕疹、皮膚炎、肝炎、結角膜炎、噁心、嘔吐、疲倦、肺部則會有肺水腫、吸入性肺炎的併發症。

二、有機磷殺蟲劑

1. **巴拉松(parathion)：** 急性毒性很強。
   a. 在生物體內快速分解，蓄積產生慢性毒性的可能性下降。
   b. 對水稻的二日螟蟲防除有效。
   c. 中毒事件：多因使用不當所致。
   d. 中毒時之解毒劑為 PAM、atropin。

$$(C_2H_5O)_2P(=S)-O-C_6H_4-NO_2$$

0,0- diethyl-o-P-nitrophenyl thiophosphate
(Parathion methyl parathion)

2. **有機磷農藥毒性：** 有機磷劑與 cholinesterase 結合阻害 acetycholine 分解酵素作用，對神經的化學傳導產生有害毒性作用。中毒症狀如下表所示。

類蕈毒鹼(muscarine)症狀	類尼古丁(nicotine)症狀	交感神經症狀	中樞神經症狀
輕症常見症狀：食慾不振、噁心、嘔吐、多汗	輕症常見症狀：肌纖維性攣縮（眼瞼、顏面、全身）	血壓上升、頻脈	輕症常見症狀：眩暈、倦怠感
重症常見症狀：腸胃陣痛、流涎、氣喘蒼白、瞳孔縮小、強制排尿便、支氣管分泌增強、呼吸困難、肺浮腫、不安感	重症常見症狀：全身痙攣、肌力減退（呼吸肌）、麻痺		重症常見症狀：不安感、頭痛發燒、失眠、多夢、震顫、精神錯亂、昏睡

三、有機汞殺菌劑

1. 在二次大戰前，以有機汞為有效成分的殺蟲劑已被使用於種子消毒用途，後來因對稻熱病之效果被確認而快速的流行。1953 年，在日本水俁灣由於甲基汞汙染，引起附近居民發病。1955~1959 年約有 6%的該地區出生的嬰兒發生腦性麻痺及舞蹈症，運動失調，震顫以及精神發育遲緩等神經系統癥狀。就其原因乃是孩子的母親均有吃了被甲基汞汙染的魚，表明神經系統的症狀是來自子宮內的毒性作用所致。故對於有機汞劑的使用已不再被認為是安全的，因此已被保來黴素(Blasticidin-S)所替代。

2. 2, 4, 5-T (2, 3, 5-trichlorophenoxy acetic acid)：為非常強力的植物枯殺作用劑，因此用為除草劑。在越戰的枯葉作戰中大量的被使用過，不久有人提出其具有致畸胎性。目前已確認本劑在製造過程中所產生的副產物戴奧辛有致畸胎性，至於 2, 4, 5-T 本身是否有致畸胎性作用尚有待查證。

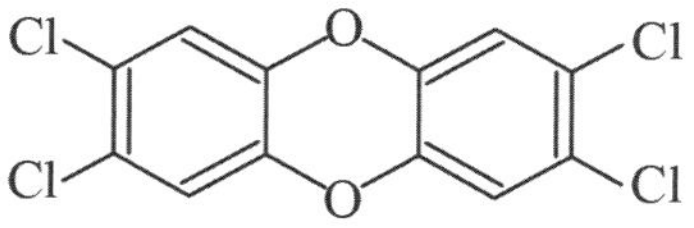

戴奧辛 (2,3,7,8- Tetrachlorodibenzo-p-dioxin)

3. 有機汞農藥毒性
   a. 苯基汞(phenyl mercury)急性毒性強，會引發全身中毒，多為皮膚炎，生物體內快速分解後與具有 SH 基酵素結合，阻礙其作用，而引起中毒。
   b. 有機汞劑慢性中毒症狀：初期時，意志無法集中、記憶力減退、頭痛、失眠、手足震顫、腎臟障礙、尿中蛋白增多。
   c. 甲基汞作用於中樞神經，會引起水俁病。

四、有機氟劑－殺蟎劑

1. 有機氟劑如氟化乙醯胺 (monofluoro acetamide)、氟化乙酸鈉 (sodium monofluoro acetate)，可中斷克雷伯氏循環(Kreb's cycle)，使能量的生成受阻礙而引起中毒。
2. 對任何動物之急性毒性均很強。
3. 中毒時以意識不明開始，症狀為痙攣，重症時為昏迷、血壓下降、脈搏不規則，最後因呼吸困難致死。

11 CHAPTER

穀物類

11-1 穀物的種類

穀物類(cereals)是主要的能量來源，主要的營養素是醣類和一部分蛋白質，而維生素 B 群與膳食纖維的含量亦相當豐富，其種類包括：

1. 小麥(wheat)：約占世界總產量第二，大致可依麥粒顏色（紅或白）、麥粒組織（硬或軟）及播種季節（春或冬）區分，其中硬麥蛋白質含量約 11~18%，軟麥為 8~11%。
2. 米(rice)：稻米排名占第三，依胚乳種類可分為秈米、粳米及糯米。
3. 裸麥(rye)：產於東歐、蘇俄，蛋白質高，但質地硬。
4. 玉米(corn):是世界上總產量最多的糧食作物,玉米中維生素含量請見表 11-1。
5. 燕麥(oats)：產於寒帶，蛋白質很高，適用於嬰幼兒及病人添加於食物中，其組成見表 11-2。
6. 高粱(soghum)：可製造成酒、飼料等。
7. 大麥(barley)：可製造成啤酒、釀醬酒。
8. 粟(millet)：小米。

▼表 11-1　玉米中維生素含量（100g 中 mg，其中 A 單位為 IU）

	A	B_1	B_2	菸鹼酸	B_6	泛酸	葉酸	C
黃色種	800	0.4	0.1	2.0	0.6	0.5	0.03	7~10
白色種	00	0.5	0.1	1.6	-	0.4	-	7~10
甜味種	0	-	0.2	3.2	0.7	0.8	-	-

▼表 11-2　燕麥及其加工產品之組成成分（100 公克）

	水分	粗蛋白	脂肪	醣類	纖維	礦物質
原燕麥	11.3	12.4	5.4	57.4	10.6	3.0
碾白者（收穫率 58%）	12.1	17.2	5.3	62.6	0.7	2.1
碾白者（收穫率 50%）	13.7	17.3	5.1	61.5	0.6	1.8
燕麥片（收穫率 50%）	11.4	15.5	4.8	65.4	1.1	1.8

11-2 穀粒的結構（見圖 11-1）

一、細胞壁(Cell wall)又稱糠(Bran)

細胞壁含有纖維質、半纖維質。

1. 含有多細胞和半纖維質，一些蛋白質、礦物質（鐵）、維生素(Vit. B_1、B_2)及菸鹼酸。
2. 主要組成分為體內難以消化的物質，會產生大量的膳食纖維。
3. 占穀類全部的 5%。
4. 米糠由外往內細分可分為：果皮、種皮及澱粉層(aleurone)等三層。果皮又可分為：外果皮、中果皮及交叉層。

二、原生質(Protoplasm)

原生質是植物實際生長的部分，包含水、蛋白質、穀類澱粉、脂肪球、維生素、礦物質和色素。

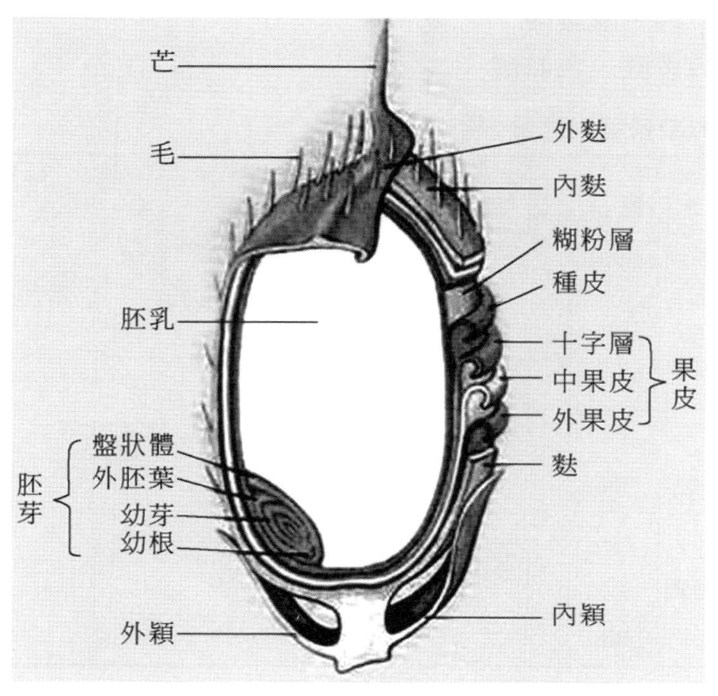

▲圖 11-1　稻穀的縱面解剖圖

1. 胚芽(germ)
   a. 占穀類的 2~3%。
   b. 在穀類中，含豐富的不飽和脂肪酸，容易產生油耗味。
   c. 含有蛋白質、鐵、菸鹼酸、Vit. B_1 和 Vit. B_2。

2. 胚乳(endosperm)
   a. 穀粒的主要部位。
   b. 是由澱粉貯存細胞(starch-storing cells)組成的，穀類澱粉包含於蛋白質層之中。
   c. 胚乳中的營養成分是澱粉和蛋白質。

三、營養物(Nutritional contribution)

1. **碳水化合物(carbohydrate)**：占 70~80%，澱粉是主要的部分，纖維素次之。

2. **蛋白質(protein)**：6~14%占適量，為不完全蛋白質，主要存於胚乳中。
   限制胺基酸(limiting amino acid)包括：
   a. 穀類：離胺酸。
   b. 玉米：色胺酸、離胺酸。
   c. 豆類：甲硫胺酸、色胺酸。

▼表 11-3　各種穀類營養物含量分析（100 公克）

種　類	水 (g)	熱量 (cal)	蛋白質 (g)	脂質 (g)	醣類 (mg)	鈣 (mg)	鐵 (mg)	維生素		菸鹼酸 (mg)
								B_1 (mg)	B_2 (mg)	
小麥（硬麥）	12	332	13.8	2.0	70	37	4.1	0.45	0.13	5.4
小麥（軟麥）	12	333	10.5	1.9	74	35	3.9	0.38	0.08	4.3
米	13	357	7.5	1.8	77	15	1.4	0.33	0.05	4.6
玉米	12	356	9.5	4.3	73	10	2.3	0.45	0.11	2.0
大麥	12	332	11.0	1.8	73	33	3.6	0.46	0.12	5.5
裸麥	12	319	11.0	1.9	73	38	3.7	0.41	0.16	1.3
燕麥	9	388	11.2	7.5	70	60	5.0	0.50	0.15	1.0

蛋白質＝氮×5.83

3. **維生素(vitamins)**：在麩皮和胚芽中有大量的維生素(Vit. B_1、B_2)和菸鹼酸。

4. **礦物質(mineral)**：1~2%的灰分，大部分為鐵。

5. **脂肪(fat)**：占 1~2%。

6. **水分(moisture)**：占 10~15%。

11-3 商業上的加工

一、精製(Refining)

是常見的加工方法，目的是去麩皮和去胚芽，使更容易烹煮和增加貯存的壽命，但亦會失去纖維素和一些維生素。

二、碾磨(Milling)

1. 去除了外層，麩層（米糠層）可讓小麥更可口。
2. 完整小麥胚仁可分成粗糙小麥顆粒、細乾小麥顆粒和全麥粉。
3. 將小麥的核仁高速的通過捲軸，可從其胚乳中分出麩皮和胚芽。
4. 由滾輪轉動所產生的熱將使小麥胚乳融化，而使胚乳和麩皮成薄片捲出。

三、強化(Enriching)

為了彌補穀物精製所造成的維生素損失，可添加維生素 B_1、B_2、菸鹼酸和鐵，維生素 D 和鈣，以強化穀類。

四、其他處理(Other treatments)

1. 全穀粒中以不同方式破碎成較小的顆粒，以利於烹煮。6 個基本類型：擠壓、壓成薄片、顆粒、膨發、滾壓、切碎。
2. 穀物的快速烹煮：在烹煮期間，穀物以磷酸二鈉處理會加速軟化。
3. 即食穀物：在預煮時，使澱粉糊化然後脫水，其製成之產品食用時復水即可。
4. 膨發米：在高溫、高壓下，使其去壓，而造成質地改變，但會破壞維生素，可快速食用。

▼表 11-4 依照聯合國標準改善米和通心麵的製作

營養物	通心麵的製作（原料／麵粉磅數）	米（成分／磅數）
必需物		
維生素 B_1	4.0~5.0 mg	2.0~4.0 mg
維生素 B_2	1.7~2.2 mg	1.2~2.4 mg
菸鹼酸	27.0~34.0 mg	16.0~32.0 mg
鐵	13.0~16.5 mg	13.0~26.0 mg
適　量		
鈣	500~625 mg	
維生素 D	250~1,000 USP unit	

1 個 USP unit = 1 個國際單位(I,U.)

11-4 穀類的烹煮

一、目　的

1. 增加其消化率及可口性。
2. 軟化纖維素。
3. 促使澱粉糊化。

二、液體的比率

依顆粒大小、結構、吸水率來決定穀物和水的比率，如長米粒(6mm↑)比短米粒(<5mm)更容易膨發。

吸水率：最初的 5 分鐘約 10%；在 1 小時以內約 80%；達到 3 小時約完全飽和。

12 CHAPTER

稻米與小麥麵粉

12-1 稻　米

一、分　類

1. 大小

a. 長粒米（在來米）：長度 6mm 以上。

Ⅰ.具有高比例的直鏈澱粉(amylose)。

Ⅱ.烹調時會呈蓬鬆狀。

Ⅲ.在烹調時會吸收大量的水。

Ⅳ.如果適當地調製，會有不黏著的特性。

b. 中粒米：5.0~5.9mm。

c. 短粒米：米粒長度小於 5mm。

Ⅰ.有一定的黏性。

Ⅱ.含較少的直鏈澱粉，較多的支鏈澱粉(amylopectin)。

2. 品種(species)

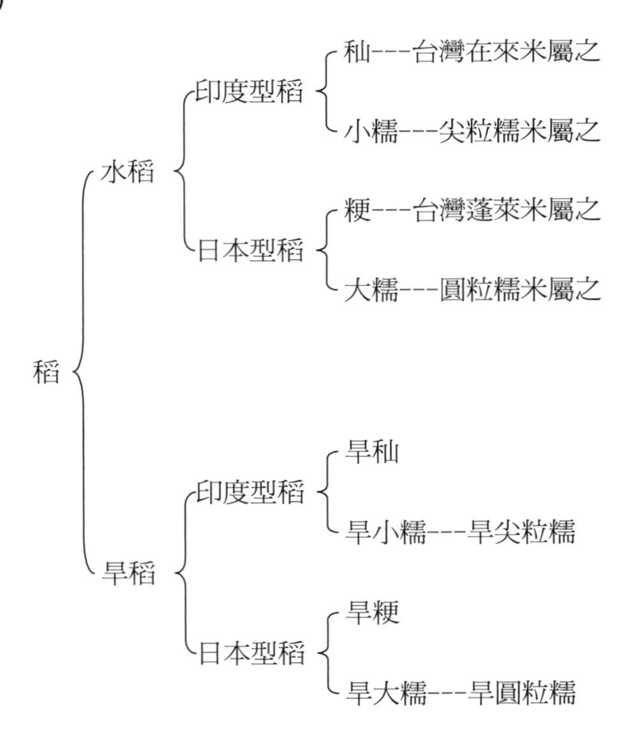

依據表 12-1 可知目前台灣生產之稻米主要品種約有下列三種：

a. 秈稻：無黏性，較早熟，俗稱在來米，黏性低、味道淡、直鏈澱粉含量較高，主要係供食用或製米製品、米粉、米苔目、河粉。

b. 糯稻：富予黏性，俗稱糯米，分圓糯和長糯，以支鏈澱粉約 25%為主，可釀酒，製米糕、米果。

c. 粳稻：為不黏性之晚熟稻，俗稱蓬萊米，顆粒圓滾而短、味道濃厚、黏性高、直鏈澱粉含量 20%，主要係供直接食用。

3. **處理**：米又依其碾磨程度及處理方式之不同可分為下列幾種（表 12-2）：

a. 糙米：稻米的果實由外殼（粗殼）及內殼（果皮）所包著，稻米除去外殼之後，保留胚乳、胚芽及米糠層，即為糙米，富含各種維生素、礦物質及膳食纖維，營養價值極高，約占稻總量 80%，但缺點是米飯較硬較難消化。

b. 胚芽米：糙米再樁碾，除去果皮、種皮、澱粉粒層、外胚乳而保有胚芽者，稱為胚芽米，保存期限較短，但仍有較高的營養價值，且口感較好。

c. 精白米：在碾磨過程中，將胚芽一起除去者稱為精白米，約占稻總量 76%，顏色和口感極佳，但缺點是少了大部分的胚芽營養成分。

d. 營養米：在白米之外層添加維生素 B 與菸鹼酸，以提高其營養價值者，稱為營養米（加料米）。

e. 蒸穀米：將穀米放入蒸籠中蒸煮，水沸後續蒸 1 小時，穀米出籠使其速乾、焙乾、曬乾均可，如此製得之米稱為蒸穀米。

▼表 12-1　粳稻、糯稻及秈稻的外型與用途比較

	種　類	外　型	熟後性質	用　途
粳稻	蓬萊米	米粒粗短，均勻，晶瑩剔透	米飯黏韌可口	煮飯、粥、壽司等
	在來米	長型、碎米多，米粒不整齊	飯粒鬆散，無黏性	碗粿、河粉、蘿蔔糕、米苔目
糯稻	長糯米	米粒細長，色粉白，不透明	黏性強，出飯量少	油飯、粽子、酒釀、年糕、麻糬、湯圓
	圓糯米	圓短，整齊，不透明		

▼表 12-2 糙米及碾白程度不同者之成分(%)

	水分	粗蛋白質	粗脂肪	醣類	粗纖維	灰分
糙米（粳）	13.03	8.80	2.20	73.40	1.0	1.30
糙米（糯）	14.03	8.50	3.20	72.10	1.0	0.90
白米（去米糠 8%）	13.91	7.72	0.77	76.79	0.25	0.70
白米（去米糠 4%）	15.72	6.69	1.81	73.63	1.16	0.99
胚芽米	15.05	7.99	1.60	73.62	0.94	0.83
米糠	11.46	15.08	20.07	37.64	7.32	8.43

4. 稻米的特性：可從其物理性質及化學性質加以說明，茲分述如下：

a. 物理性質

Ⅰ.剛性：米之壓碎耐力稱為剛性，也就是米的軟硬性，新鮮乾燥米粒豐碩富有蛋白質者，剛性大，為品質優良之米。

Ⅱ.重量：米係以其重量大小區分大中小粒者，2,014 粒重 28 克以上為最大粒，26~28 克為大粒，22~26 克為中粒，20~22 克為小粒，20 克以下者為最小粒。

Ⅲ.比重：隨稻米產地、栽培法（水陸稻）、乾燥法而異，如品質優良者，其比重大。

Ⅳ.容量：以米 1 公升之重量表示之，隨米的品種產地而異，凡品質優良者其容量大。

Ⅴ.脹性：即米煮成飯所增加之體積稱之，再萊米之脹性大於蓬萊米，糯米最小。

b. 化學性質

Ⅰ.白米中含磷化合物約 0.2~0.3%，故米為酸性，pH 值在 4.9~6.9 之間。

Ⅱ.對碘之呈色反應：粳米澱粉對碘之吸附力較大，通常呈藍色，糯米澱粉對碘之吸附力較小，通常呈紫色。

Ⅲ.米澱粉膠液遇酸及鹽類會起凝固作用，而以粳米最快。

Ⅳ.稻穀中含液化酵素及糖化酵素，分別對澱粉行液化及糖化作用。

5. 營養價值

a. 脂肪

Ⅰ.脂肪大約占 2%。

Ⅱ.存在於米糠和胚芽中。

Ⅲ.包含：油酸、棕櫚酸、亞麻油酸及其他物質。

Ⅳ.包含維生素 E，當作一種抗氧化劑。

b. 蛋白質：大約占 5~7%，限制胺基酸(limiting amino acid)：離胺酸。

▼表 12-3　IR8 品種的各蛋白質組成分及精白米中蛋白質內所含必需胺基酸之含量

胺基酸	胺基酸之含量(g/16.8gN)				
	白蛋白	球蛋白	醇溶蛋白	穀蛋白	精白米之蛋白質
異白胺酸	4.0	3.0	4.7	5.3	4.1
白胺酸	7.9	6.6	11.3	8.2	8.2
離胺酸	4.9	2.6	0.5	3.5	3.8
甲硫胺酸	2.5	2.3	0.5	2.6	3.4
甲硫胺酸+胱胺酸	5.4	2.3	0.8	4.1	5.0
苯丙胺酸	3.0	3.3	6.3	5.4	6.0
丁胺酸	4.6	4.6	2.9	3.9	4.3
色胺酸	1.9	1.3	0.9	1.2	1.2
纈胺酸	8.7	6.2	7.0	7.3	7.2

c. 醣類：大部分是澱粉，一些含有可幫助消化食物的纖維素。

d. 礦物質：P 是最主要的，也包含 Ca、Mg、K、Na、Cl、Fe 等。

e. 維生素：含較多的維生素 B_1、B_2、E。

6. 消化性：增加 1.2~1.5 倍的水，可更容易被消化。

7. 貯存

a. 含有脂肪，於貯存階段會產生氧化物而導致油脂酸敗。

b. 在穀類中含有脂肪分解酵素，將導致油脂分解。

c. 如果溫度和／或濕度增高，會導致黴菌生長，所以稻米必須貯存在冷、低溫的地方，以維持品質。

12-2 小麥與麵粉(Wheat and Flour)

一、小麥的類型

▼表 12-4 美國小麥的種類與特性

種　類	占總量的百分比 (%)	每英斗的重量 (磅)	蛋白質	
			範圍(%)	平均(%)
硬紅冬麥 (hard red winter)	52	62~64	9.6~14.8	11.7
軟紅冬麥 (soft red winter)	16	60~64	8.8~11.1	10.3
硬紅春麥 (hard red spring)	15.5	63~64	10.5~15.8	13.4
硬質白麥 (hard white)	14.5	61~63	10.5~11.4	10.8
軟質白麥 (soft white)	--	60.1	8~10	9.0
杜蘭麥 (durum)	2	63~64	--	13.0

二、麵粉的類型

1. **硬質小麥麵粉(hard wheat flour)**：也被稱為麵包麵粉(bead flour)，超過 12% 的蛋白質含量。質地粗糙及砂礫狀的組織。
2. **全功能的或家庭麵粉**：含有 9~12%蛋白質，用於製作麵條等。
3. **軟質小麥**：也被稱為蛋糕麵粉(cake flour)。蛋白質含量少於 9%，為精細和粉末狀的組織。
4. **杜蘭麥**：一種非常硬，高蛋白質的小麥，最初用來做生麵糰、通心麵和義大利麵等。
5. **自發性麵粉**：添加鹽或／和膨發劑，如烘焙蘇打，方便使用在硬麵包、餅乾等之製作。

▼表 12-5　小麥、麵粉及胚芽的成分

	水分 (%)	蛋白質 (%)	脂肪 (%)	碳水化合物 總含量纖維(%)	灰分 (%)
小麥					
硬紅春麥	13.0	14.0	2.2	69.12.3	1.7
硬紅冬麥	12.5	12.3	1.8	71.72.3	1.7
軟質紅麥	14.0	10.2	2.0	72.12.3	1.7
白麥	11.5	9.4	2.0	75.41.9	1.7
杜蘭麥	13.0	12.7	2.5	70.11.8	1.7
麵粉（統粉）					
硬麥	12.0	11.8	1.2	74.50.4	0.46
軟麥	12.0	9.7	1.0	76.90.4	0.42
精製麵粉	12.0	11.8	1.1	74.70.3	0.44
胚芽	11.0	25.2	10.0	49.52.5	4.3

6. **營養強化麵粉**：強化添加一些營養素，如維生素 B_1、B_2、鐵、菸鹼酸。
7. **全麥粉**：由整顆小麥碾磨而成，質粗，營養高，但不利於貯存。

三、小麥和麵粉的成分

1. **碳水化合物**：占 70%，為最主要的營養素，包括：
   a. 澱粉：為主要成分。麵粉含 70~75%的澱粉，澱粉經澱粉酵素作用轉變成單醣，為麵糰發酵時酵母菌養分的來源。澱粉顆粒在發酵過程及烘烤初期具有吸水力。
   b. 其他碳水化合物尚包括：糊精、可溶性醣類、五碳醣及纖維素。
2. **脂肪**：含少量。因除去胚芽，脂肪含量很低。麵粉含 1.5~2%的油脂，主要為亞麻油酸(linoleic acid)及棕櫚酸(palmitic acid)，麵粉於貯藏中由於受麵粉中脂肪分解酵素(lipase)的水解作用釋出脂肪酸而酸敗變質，導致缺乏延展性，不易操作，麵類食品體積、風味及可食性變差。

▼表 12-6　小麥與麵粉之維生素含量(mg/100gm)

營養素種類	小　麥	麵　粉
硫胺素	0.40	0.104
核黃素	0.16	0.035
菸鹼酸	6.95	1.38
生物素	0.016	0.0021
膽　鹼	216.0	208.0
泛　酸	1.37	0.59
葉　酸	0.049	0.011
肌　醇	370.0	47.0
P–胺基苯甲酸	0.51	0.050

3. **維生素**
   a. 脂溶性維生素：包括維生素 A、K、E。
   b. 水溶性維生素：包括維生素 B_1、B_2、菸鹼酸、泛酸、葉酸。
4. **礦物質**：麵粉完全燃燒後的殘留物為灰分，主要含鉀、鎂、鈣等硫酸鹽、磷酸鹽及氧化物，灰分含量在 0.5~1%之間。
5. **蛋白質**：麵粉蛋白質含 7~14%，主要為溶於酒精的醇溶蛋白(gliadin)及溶於酸或鹼的麥穀蛋白(glutenin)，這兩種成分在麵筋中含量大約相等。另外，水溶性的球蛋白(globulin)及白蛋白(albumin)含量則很少。

$$\text{蛋白質} + \text{水} + \text{捏拌} \rightarrow \text{麵筋(gluten)}$$

主要的蛋白質被稱為麵筋。90%是麵筋，10%是可溶性蛋白質。

▼表 12-7　麵筋蛋白質的種類與性質

分　類	蛋白質種類	百分比(%)	性質說明
不溶於水中	麥穀蛋白(glutenin)	20	可溶解於 70%的酒精
	醇溶蛋白(gliadin)	36	
	酸溶蛋白(mesonin)	17	可溶解於稀醋酸
溶於水中	白蛋白(albumin)	7	溶於水中
	球蛋白(globulin)		

a. 麥穀蛋白(glutenin)：有好的彈性，但缺乏延展性。
b. 醇溶蛋白(gliadin)：有好的延展性，但缺乏彈性。
c. 主要的胺基酸含有麩質為麩胺酸，占 40%。
　Ⅰ.胱胺酸：影響麵粉氧化和老化的因素。
　Ⅱ.離胺酸：為最缺乏的胺基酸。

6. **水分**：最高含水量 14%，在貯藏期間，空氣中濕氣會影響麵粉含水量。

7. **酵素**

a. 澱粉酵素：澱粉酵素可把澱粉分解成麥芽糖，再由麥芽酵素變成葡萄糖。麵粉中澱粉酵素量可以在磨粉前先適當選擇小麥種類或在磨粉過程中加入酵素調整。過多的澱粉酵素會使麵糰黏而軟。
b. 蛋白分解酵素：能減低麵粉筋性，其活力隨長時間貯藏而減低。水中礦物質能抑制蛋白質分解酵素的作用。

8. **色素**

a. 葉黃素(xanthophylls)－黃體素型(lutein type)。
b. 葉黃素酯化物(xanthophylls esters)。
c. 胡蘿蔔素(carotene)。
d. 香黃素(flavone)。
e. 隱黃素(kryptoxanthin)。
f. 葉綠素之分解物(decomposition products of chlorophyll)。

四、麵粉特性的分類

分　類	蛋白質含量	麵筋品質	粒　度	原料小麥	主要用途
特高筋粉	13.5~	強韌	粗	紅硬春麥、紅硬冬麥	麵包、土司
高筋粉	12~13.5%	強	粗	紅硬冬麥	義大利麵、春捲、鬆餅
中筋粉	9~12%	稍軟	稍細	紅軟冬麥	麵條、家常麵食
低筋粉	7~9%	軟	細	春及冬白麥	蛋糕、餅乾

五、我國國家標準(CNS)對麵粉的分級

類　別	顏色	水分（最大量）	粗纖維（最大量）	灰分（最大量）	粗蛋白質	主要製作的麵食
特高筋	乳白	14%	0.8%	1.0%	13.5%以上	高級麵包、春捲皮
高筋	乳白	14%	0.75%	1.0%	11.5%以上	油炸麵食、發酵食品
粉心	白	14%	0.75%	0.8%	10.5%以上	麵條、水餃
中筋	乳白	13.8%	0.55%	0.63%	8.5%以上	麵片、餅
低筋	白	13.8%	0.5%	0.50%	8.5%以上	蛋糕、點心

CHAPTER

澱粉的理化特性

13-1 前　言

大約在 3 萬年前，人類開始懂得利用植物貯藏的澱粉質當作食物，於 1 萬多年前，進入農業時代後，栽培作物，收穫五穀，以之為澱粉食物的便捷來源。但一直到半世紀以前，才漸漸瞭解澱粉化學本質及各種多樣化之利用。

澱粉係植物體之主要貯存碳水化合物，常自米、麥、玉米及高粱之種子及樹薯、馬鈴薯及葛之地下莖中抽取而得，由於價格低廉，且能做為能源，故長久以來即為主要食品。又由於其具有特殊性質，食品工業上常用天然澱粉或不同性質之化工澱粉作為食品添加劑，配合各種加工方法，以改進食品品質。文獻對於澱粉粒之基本性狀多有敘述，本文僅將天然澱粉與修飾澱粉，澱粉的糊化與老化，及其影響因素加以綜合敘述，以作為往後食品工業之參考。

13-2 天然澱粉與修飾澱粉

一、天然澱粉

天然澱粉常見有穀類澱粉（地上澱粉）如小麥澱粉、米澱粉及玉米澱粉等，以及塊根澱粉（地下澱粉）如馬鈴薯澱粉、番薯澱粉及樹薯澱粉等。天然澱粉隨其種類來源而有不同特性（表 13-1），依其加工時之條件不同會表現出顯著差異的物理性質及加工適性。傳統之應用均是以手工調理食品，並且不要求長期貯存，因此只要因經驗選擇適當的澱粉種類即可，對加工品質並不構成重大困難。

天然澱粉均以直鏈澱粉及支鏈澱粉為兩大主要成分，除了糯質澱粉(waxy starch)如糯玉米或糯米不含直鏈澱粉或特育種而得之 high amylomaize 玉米含70~80%直鏈澱粉外，其餘的澱粉均含 20~40%的直鏈澱粉，直鏈澱粉的聚合度為數百，而支鏈澱粉可高至數百萬，主要是以 α-1,4 或少量 α-1,6 糖苷鏈將葡萄糖基(glucose unit)聚合而來。

目前由於食品加工設備的連續化、品質均一化、耐低溫、耐老化性及其他種種特殊加工條件，天然澱粉的理化特性已無法勝任這種要求，必須利用物理的、化學的或酵素的修飾技術予以改變性質後，而賦予其一些特殊的功能，由於修飾澱粉之種類繁多、功能廣泛，故其在許多工業上，如造紙工業、紡織工業、食品工業上等廣被使用，而成了不可或缺之重要物質。通常亦有將修飾澱粉分為食品用及非食品用兩大類，而後者稱之為工業修飾澱粉(industrial modified starch)。

▼表 13-1 各種植物澱粉理化特性之比較

<table>
<tr><th rowspan="3">澱粉種類</th><th colspan="5">地上澱粉</th><th colspan="3">地下澱粉</th></tr>
<tr><th colspan="4">穀　實</th><th>莖　幹</th><th colspan="2">塊　根</th><th>塊　莖</th></tr>
<tr><th>小麥</th><th>稻米</th><th>玉米</th><th>糯玉米</th><th>Sago</th><th>甘藷</th><th>樹薯</th><th>馬鈴薯</th></tr>
<tr><td>平均粒徑(μ)</td><td>10~35</td><td>3~8</td><td>5~20</td><td>7~25</td><td>20~100</td><td>10~40</td><td>10~25</td><td>15~80</td></tr>
<tr><td>糊化溫度(℃)</td><td>62~83</td><td>70~80</td><td>65~76</td><td>67~78</td><td>63~75</td><td>65~73</td><td>59~70</td><td>56~65</td></tr>
<tr><td>平衡水分(%)</td><td>13~15</td><td>13~14</td><td>13~14</td><td>13~15</td><td>15~18</td><td>16~19</td><td>13~15</td><td>18~20</td></tr>
<tr><td>黏度</td><td>低
安定</td><td>低
安定</td><td>低
不安定</td><td>低
安定</td><td>低
不安定</td><td>中
安定</td><td>中
不安定</td><td>高
不安定</td></tr>
<tr><td>膨潤力(95℃)</td><td>21</td><td>19</td><td>24</td><td>64</td><td>67</td><td>–</td><td>71</td><td>1000</td></tr>
<tr><td>溶解力(95℃)</td><td>41</td><td>18</td><td>25</td><td>32</td><td>39</td><td>–</td><td>48</td><td>82</td></tr>
<tr><td>Amylose 含量(%)</td><td>33</td><td>17~20</td><td>24~26</td><td><1</td><td>20~26</td><td>20</td><td>17~20</td><td>22~23</td></tr>
</table>

二、修飾澱粉

最早化工澱粉均朝降低聚合度的方向開發，例如糊化（α化）處理、氧化處理或酸浸漬處理，均可使天然澱粉的聚合度略為降低，而改變各種物性。若加入少量硝酸或鹽酸並於低濕高溫(120~200℃)下焙燒處理，可得白色、黃色或高黏質糊精等中度降低聚合度的澱粉分解物。若用強酸水溶液(pH1.5~2.0)或酵素方法將澱粉水解可得高度降低聚合度之產品，如粉飴、水飴或葡萄糖等澱粉充分水解之產品。近代的化工澱粉開發則朝不同的取代置換反應進行。因為澱粉分子中的葡萄糖基只有留下第二、三及六碳原子位置的羥基為游離態，故發生醚化或酯化修飾反應的置換度(DS)，對葡萄糖基而言，最多只能達 DS=3.0，物性的改變也愈大。一般而言，置換度在 DS=1.0 以下時，所得澱粉衍生物仍可被生物體的糖化酵素水解代謝，而置換度超過此限，則甚難在體內消化，所以通常食品加工用的大宗化工澱粉之置換度均控制在 0.1 以下，可同時兼顧發揮其機能特性(functionalities)及消化性。但有時使用量小，又必須巨大改變其物性時，不妨也可忽略消化性而採用高置換度的化工澱粉。

依照聚合度及置換度處理各種化工澱粉的方式，可以將其製法分成三類：

1. 氧化處理、酸浸漬處理及低置換度醚化和酯化修飾屬於輕度化工處理。是將澱粉乳和必要反應劑在不均一濕式條件下反應後，經過濾乾燥而得產品。

2. 黃色糊精、白色糊精及英國膠(british gum)則屬於不均一乾式反應，即澱粉乳→反應→過濾→乾燥或焙燒→製品。其加水分解度及化學反應均較為激烈。

3. 高度置換度及低聚合度衍生物則多半採用均一濕式反應。澱粉乳→糊化或反應→濃縮或乾燥→製品。應用這種分類法，可以將全部化工澱粉的製法特性予以區分。

（一）修飾澱粉之分類

修飾澱粉大部分是經由化學方式修飾的，如酸修飾(acid modified)、架橋(crosslinked)、取代(substitute)、氧化(oxidized)等。亦有以物理方式修飾，如加熱或溼熱處理(heat-moisture treatment)或酵素方法修飾。在食品中常用的化學修飾澱粉很多，可綜合歸納於圖 13-1。

1. **以物理方式修飾之澱粉**：澱粉之性質能以加壓、研磨、加溫、施以剪力或以照射等物理方法而加以改善者。澱粉加入少許催化劑，在 100~200℃ 下乾式焙烤(roasting)，冷卻後之產物稱之為糊化(dextrinization)，所產生之產物相當複雜，故無法以化學的方法將之明確的分類，而只能依製備之方式將它分為白色糊精、黃色糊精及英國膠等。製備糊精的澱粉原料幾可取自任何植物來源，但選擇所用之澱粉種類，對產品有相當大之影響，其原因主要由於澱粉中所含之微量礦物質及顆粒結構不同所致。

   預糊化澱粉(pregelatinized starch)又稱預煮澱粉或 α 澱粉。它是將澱粉懸浮液以鼓形乾燥器加熱、糊化、乾燥後粉碎而得。可在室溫下加冷水糊化，並且水結合力增加，經預糊化之澱粉其研磨顆粒大小與否，會影響其產品之品質，一般顆粒較大者，較易懸浮於水液中，且使產品之組織彈性不會太強。顆粒較小者，產品會較均勻且黏度較高。Home 等學者研究指出熱及濕熱處理對小麥澱粉之影響，除了改變其連續糊化黏度之性質外，同時也發現熱處理較強烈時，其澱粉之平均分子顯著減小，而小麥經各種不同形式之熱處理，澱粉之酵素利用率增加，且依處理的方式及程度不同，酵素利用率亦有顯著之不同。

2. **以酵素方式修飾之澱粉**：將澱粉以酵素分解後，可得許多種類產品，如結晶葡萄糖、葡萄糖漿、麥芽糖漿、麥芽糊精、結晶麥芽糖、果糖及高果糖漿等。其中低 DE(dextrose equivalent)的產品，可用於糖果產品、烘焙產品及擠壓點心產品，當作充填劑及賦予產品組織之物質。且當充填劑時，其並不會占太大之體積。高 DE 值之產品，與上述產品之用途類似，但較甜，可用來調整味道，

天然澱粉
- 1.分解產物
  - 焙燒糊精：(Roast dextrin)
    - White dextrin*
    - Yellow dextrin
    - British gum
  - 氧化澱粉：(Oxidized starch)
    - Hypochloride 氧化澱粉*
    - Periodate 氧化澱粉(Dialdehyde starch)
  - 低黏度變化澱粉：(Thin boiling starch)
    - 酸浸漬澱粉*
    - 酵素處理澱粉*
- 2.預糊化澱粉 (Pergelatinized starch)
- 3.誘導體：(Derivatives)
  - 澱粉酯：(Starch ester)
    - Phosphate ester*
    - Acetate ester*
    - Succinate ester
    - Nitrate ester
    - Sulfate ester
  - 澱粉醚：(Starch ether)
    - Carboxymethyl ether*
    - Carboxyethyl ether
    - Hydroxyethyl ether*
    - Hydroxypropyl ether*
    - Allyl ether
    - Methyl ether
    - Cationic starch
  - 架橋澱粉：(Cross-linked starch)
    - Sodium trimetaphosphste*
    - Formaldehyde
    - Epichlorohydrin*
    - Acrolein
- 4.分劃：(Fractionation)
  - 直鏈澱粉(Amylose*)
  - 支鏈澱粉(Amylopectin)
- 5.物理處理：
  - 放射線處理 α、β、γ 及中子線
  - 高周波處理
  - 溼熱處理(Heat moisture treatment)*
  - 油脂複合澱粉*
- 6.酵素修飾：環形糊精(Cyclodextrin)*，偶合糖、寡醣或其他澱粉糖

▲圖 13-1 各種修飾澱粉分類（打*號者為食品化工澱粉）

在點心食品中高 DE 之產品可因褐變反應而予產品所需要之顏色。其產品之甜度較使用蔗糖者低。在嬰兒食品中，它是易消化的碳水化合物來源。澱粉經酵素作用，而產生澱粉糖後，再經由氫化反應，而將之轉變成為糖醇產品，這種氫化技術在 1952 年即已發現，但是一直到第二次世界大戰後，因對山梨糖醇(sorbitol)之需要，才開始用此技術生產糖醇。山梨糖醇是最重要的多醇類，其用途是做為生產維生素 C 之原料，在化妝品中添加以穩定其濕度、供為糖尿病患者之甜味劑及作為製造界面活性劑之原料。

3. **以化學方式修飾之澱粉**：在各種修飾澱粉中，這一類可視為最重要的，它既保持修飾澱粉之基本特性，並可將澱粉依所需之功能進行修飾。

a. 酸修飾澱粉(acid-modified starch)：酸處理是最早的化學修飾方法，早在 1800 年代末期，Lintner 及 Naegeli 兩人就曾經以酸處理並改變澱粉性質，目前工業上製備之方法，是將很濃的澱粉漿以 1~3%的鹽酸於 50℃下經 12~24 小時處理，再將之中和，並且過濾回收，處理過程中澱粉會侵入澱粉顆粒的非結晶部分(amorphous part)並將糖鍵(glucoside bond)水解，而減縮了澱粉之分子量，但酸並不會侵入澱粉的苷結晶區，其可能因為結晶區之澱粉鏈為雙螺旋結構之故。經酸修飾之澱粉，其膨潤減少，溶解提高，糊化溫度升高，且由於澱粉鏈的減短，故黏度下降，而再冷卻時澱粉的鏈與鏈之間傾向於互相結合，形成凝固的膠體。

b. 架橋修飾澱粉(cross-linked starch)：架橋澱粉是以多功能的試藥與澱粉分子上之 OH 基反應，而形成分子內或分子間之一種架橋結合。通常在澱粉顆粒內，由於澱粉分子之緊密排列，使得分子內之架橋反應較不易，而使其為分子間之反應，因而亦使分子量在架橋反應後急遽增加。

通常試藥之使用量很少，約為澱粉量之 0.005~0.1%，種類亦頗繁多，但一般常用者有 Phosphoryl chloride($POCl_3$)、Sodium trimetaphosphate ($Na_3P_3O_9$) 及 eqichlorohydrin($H_2C\text{-}CH\text{-}CH_2Cl$，以 O 連接 H_2C 與 CH)等。

架橋澱粉之最大特點即能限制澱粉顆粒之膨潤，對於加熱或加鹼而膨潤之抵抗性高的澱粉顆粒有下面所述之性質：

Ⅰ.能耐強烈攪拌。

Ⅱ.在酸鹼或在鹽濃度高之溶液中安定。

Ⅲ.在高壓蒸汽中膨潤抵抗性強。

於Ⅰ、Ⅱ兩點顯示澱粉糊之性質，因此隨著天然澱粉膨潤性之改善，在製紙、纖維用糊劑、食品用黏度安定劑、捺染糊、乾電池分離等方面更可推廣。第Ⅲ項為粒之性質，架橋鍵結程度增加時，因其共價鍵之效果增強，使得澱粉顆粒不易膨潤，致使黏度降低許多，可作為醫療器具之手套防黏劑。

通常澱粉經架橋修飾後會改善其冷凍—解凍之穩定性，但張和呂(1982)指出，經架橋修飾後，其離漿之程度提高，冷凍、解凍之穩定性變得較差，可能因架橋修飾加速了老化速率。此外，架橋澱粉亦能使產品之澄清性及安定性提高，使得產品較均勻，並能保持與原來澱粉相同之營養價值。於點心食品類中，架橋澱粉的加入可使得膨發食品之孔洞結構較均勻，並可充當很好的香味載體。

c. 穩定化澱粉(stabilized starch)：此類澱粉包括了澱粉分子與化學試藥間之酯化及醚化反應，亦稱為取代反應(substituted starch)。其原理是在澱粉分子中植入一個取代基，通常是 acetate 或是 hydorxypropyl，由於此基之介入，使得澱粉分子間或分支間之結合趨勢減少，而令形成凝膠之趨勢減小，以避免煮過之糯性澱粉失去其透明度。蔡(1974)研究指出，以蓬萊米澱粉為原料之 hydroxypropyl 澱粉，醚化之程度增加時，澱粉之碘親和力與糊化溫度會降低，老化作用也會受到限制，且澱粉對水之溶解度及澱粉糊之透光度也有增加之傾向，而酵素水解之程度有降低之現象。

Jarowenko(1986)指出乙醯澱粉之黏度及糊化變化情形，其糊化溫度較未修飾之澱粉低了約 6℃，且最高黏度之溫度較未修飾澱粉低了約 10℃，冷卻下來時，乙醯澱粉糊之黏度較低，顯示其在冷處理之情況下，有較佳之安定性。較高程度之乙醯澱粉修飾後，其具有較佳之澄清度。

由於穩定化澱粉其穩定性相當高，所以在食品工業上之應用相當廣泛，加上上述諸多特性，故可應用於甜點、番茄醬、調味醬、派餡、冷凍 pizza 及 gravies 等加工產品上。

13-3 澱粉的糊化(Gelatinization)

由於澱粉顆粒具有多量氫氧基，故吸水性強，於正常大氣壓下平衡時，通常含 10~80%的水分，澱粉顆粒吸水後會慢慢因吸水而脹大，但此種膨脹為可逆性，當乾燥後即收縮。各種澱粉在水飽和情況下(water-saturated atmosphere)，其顆粒直徑之平均增加及吸水量並不相同，以 100g 乾澱粉為例，玉米澱粉顆粒直徑平均增加 9.1%，馬鈴薯澱粉之顆粒直徑平均增加 12.7%；而其吸水量分別為 39.9g 及 50.9g。當澱粉懸浮液加熱超過一臨界溫度（56℃以上，依種類而異）時，造成顆粒之氫鏈開始破壞，而使顆粒脹大至原來大小之數倍，此現象稱為澱粉的糊化(gelatinization)。

不同種澱粉具有不同之糊化溫度，同種澱粉之所有顆粒亦非在同一溫度下，同一時間內膨脹，其差距有達 10℃左右者。以根莖類澱粉與穀類澱粉比較為例，前者膨脹較快，且溫度範圍狹窄，此外根莖類澱粉在烹煮時黏度之增加較穀類澱粉快，此等在到達相當高之黏性頂峰後，如繼續烹煮時，則黏性迅速下降，此與直鏈澱粉之含量有關。黏性玉米(waxy maize)澱粉幾乎不含 amylose，故與一般典型穀類澱粉不同：而類似根莖類澱粉，其溶液冷卻後無顯著之濃厚現象。高含量 amylose 澱粉對膨脹之阻力大，需加壓力方能糊化，而冷卻後易形成不透明堅硬膠狀物。

測定澱粉糊化溫度的方法有多種：粒的膨潤使用顯微鏡和測定膨潤力，複屈折性的消失使用偏光顯微鏡，結晶構造的消失使用 X-ray 繞射法，黏度的上升使用 amylograph 或其他黏度計，透明度的增加使用 photopastegraph，而 amylase 消化性的提高則用來測量消化性。一般用來檢測出糊化溫度的標準是複屈折性的消失、透明度的增加和黏度的上升三者。測定複屈折性的消失為測定澱粉最初糊化之最靈敏準確的技術，透明度的增加和黏度的上升較不靈敏。Kofler hot stage microscope 用來檢測出複屈折性的消失，簡單而且快速，利用此儀器可以得到 S 型的糊化曲線，此圖乃由失去複屈折性的澱粉粒百分比和溫度所畫成。若由 amylograph 來觀察糊化之特性，則可由澱粉糊化時系統黏度之增大，而造成扭力之增加，由紀錄表黏度之變化，即可判定某種澱粉之糊化溫度。

一、影響糊化的因素

（一）水

澱粉糊化除了特殊情形外，水與熱是必要的條件。在常壓下水分如果在30%以下要完全糊化確實有困難，水分少常造成糊化不均一的現象。此乃在低溫糊化的粒子吸收了周圍的水所致。Wang 等(1989)於報告中指出當水分含量低於 40%時，糊化溫度隨著水分減少而呈直線關係升高，水分含量高於 40%時，糊化溫度維持一定。Priestly(1975)以 X-ray 繞射法及鹼液溶解法來研究米澱粉之糊化與水分間的相關性，當澱粉糊化時，birefrigence 消失，即其澱粉顆粒內結晶區域被破壞之結果，所以用 X-ray 繞射法由結晶保留與否，即可判定澱粉是否糊化。當水分低於 20%時，米澱粉之結晶性未受影響，即在此水分下澱粉無法糊化，此時水分可能與澱粉鏈結合，而不夠供糊化之進行。當水分含量高於 20%時，則糊化之程度隨水分之增加而增加，在 40%以上之水分含量時，則澱粉之結晶完全失去，即達完全之糊化。以鹼溶液法來測定米澱粉之糊化度與 X-ray 繞射法可得相同之結論。此二法均顯示了水分在澱粉糊化過程中，扮演了極重要之角色。

（二）CMC (carboxyl methyl cellulose)

蛋白質、CMC、MC 等親水性高的分子，水分較少（如水分 40~60%）時，常會妨礙糊化，尤以 CMC 為最，因其促使澱粉膨潤必要的水分減少。水分多時，CMC 卻促進糊化，不同濃度之 CMC 或不同品質之 CMC，對澱粉糊化之影響亦有不同之結果。

（三）蛋白質

含有澱粉的食品大都含有蛋白質，或本與澱粉同存或添加、或人工添加牛奶或蛋而來。雖然親水性高的分子會妨礙糊化，但蛋白質在澱粉糊化溫度時變性，放出其保有之水分，有利於澱粉糊化的均一。如以糯米粉製成之 white sauces 比用糯米澱粉製成者，在凍結和解凍都較安定，可能是蛋白質的關係。

（四）脂　質

不含脂質的馬鈴薯添加脂肪酸的影響很大。觀察其結晶構造的變化，複屈折性和粒膨潤度等加以探討其結果，發現有否添加脂肪酸糊化溫度均在 59~62℃，可能是糊化後粒的膨潤就受到脂肪酸的影響。這種脂肪酸的膨潤抑制作用，使 amylogram 上的黏度上升變慢，也使所成糊的黏度較具熱安定性。這可解釋為粒子糊化時，amylose 和脂肪酸形成錯化物(complex)而具安定性，以抵抗澱粉顆粒全體的膨潤。安定性高的錯化物在高溫時，仍有粒子膨潤抑制作用，而使得黏度具有安定性，防止所成的糊被破壞。

高橋禮治(1974)指出脂肪酸對澱粉糊的影響各有不同，主要因子是：

1. amylose 的濃度和種類。
2. amylose—脂肪酸。
3. 均勻中係脂肪酸的位置。

（五）界面活性劑

界面活性劑對於澱粉烹調時具有顯著之反應，此與界面活性劑之化學組成與澱粉之種類有關，如澱粉尚未烹調，則界面活性劑之加入將阻礙澱粉膨脹速度，提高糊化溫度，有時或可引起顯著之效應。Suggs 和 Buck(1980)利用飽和及不飽和脂肪酸甘油酯之混合物抑制澱粉膨潤力和吸水性，以解決麵類食品(pasta)之黏性，Mohri(1980)添加脂肪酸甘油酯及脂肪酸山梨糖酯(sorbitan fatty acid ester)於粉絲，結果發現這些粉絲具有良好的分離效果，究其原因為這些乳化劑先吸附在澱粉的表面，然後進一步作用，而顯現降低黏度的結果。

磷脂質的 lecithin 作用異常有趣，以 amylogram 比較 lecithin 對各種澱粉糊化的作用，發現其對小麥澱粉的作用特大，例如 8.8%澱粉加入 0.1%的 lecithin，糊化溫度從 78.3℃降到 63.5℃；添加至 4%時則降到 45.6℃，可見 lecithin 對小麥澱粉的糊化膨潤有促進作用。又其在高溫時，黏度變化不大，亦見其對膨潤粒有安定作用。此種作用在玉米、米、甘藷澱粉也有同樣效果，唯其馬鈴薯澱粉則有抑制作用。lecithin 含有脂肪酸，分子內含有陰陽離子的雙極離子，因而對澱粉作用也較複雜。如馬鈴薯內含磷酸脂澱粉，也許因而所受的作用也就和其他不一樣。

（六）醣　類

醣類如蔗糖、dextrose、invert syrup 和 corn syrup 等常利用在食品加工上，一般都較注意於蔗糖之影響。蔗糖阻礙澱粉在熱水中的膨潤，早已有相關之研究，醣類及類似之水溶液含氫氧基化物與水具有極大之親和力，可干擾顆粒之膨潤與水化，減低顆粒破壞之傾向，但若在烹調後加入則可穩定澱粉糊，阻止其老化(retrograde)，因此糖可阻止澱粉氫氧基之結合。由於它的水結合力會奪取澱粉的水分。利用顯微鏡觀察，增加蔗糖濃度會更加阻礙澱粉的膨潤，高濃度的蔗糖明顯提高複屈折性消失的溫度。Yan(1987)報告指出加入葡萄糖及食鹽會提高澱粉之糊化溫度，且在系統中加入食鹽、葡萄糖、蔗糖或調整其 pH 值，會影響最高黏度(peak viscosity)、熱糊黏度(hot paste viscosity)及冷糊黏度(cold paste viscosity)。Chungch Aroen 及 Lund(1987)用 DSC 法研究稻米澱粉之糊化，加入食鹽及蔗糖時，其得到與 Yan(1987)相同之結論，此影響因系統中水分之減少而更為顯著。

（七）酸

大部分的食品 pH 值在 4~7 之間，pH 4~7 之間的變化對於澱粉－水系烹煮的時間影響很小，添加檸檬酸於小麥澱粉糊到 0.05~0.2N 的濃度，在 amylogram 上得到較高的最高黏度，溫度也較低，但糊的破壞較快，添加高濃度的蔗糖到酸糊中，由於蔗糖減低澱粉粒的膨潤作用，阻止水解，結果使最黏濃度仍高於無加糖者，但溫度則較高。citrate 和 bimalate 緩衝液用來控制 pH 值時，黏度有較大的變化，顯然是陰離子的影響，因為該兩種緩衝液的結果不一樣，較複雜的含澱粉系反應又有不同，可能在於 pH 值影響其他成分所致。

某些食品（如 salad dressing 等）為較低 pH 值者，一般使用特別的澱粉，尤以架橋澱粉，來抵抗酸的水解。

13-4 澱粉的老化(Retrogradation)

完全糊化後的澱粉，若在室溫或低於室溫的溫度下，放置慢慢冷卻時，則澱粉分子長鏈間又可再度發生氫鍵結合，並形成半固體狀的膠狀物(gel)，時間一久，膠質又會漸漸乾燥脫水，此時氫鍵結合亦盛，終至成為無法復水的高度結晶物，此即為老化的澱粉。另外若是糊化的過程中，溫度過高（如殺菌溫度 121℃），則澱粉分子被過度水合作用，當再冷卻時，原先被水合吸附的水分子可再釋出，而使澱粉層與水層分開，此現象稱為離水作用(synersis)。

澱粉在發生老化時，其物性也會隨之引起種種變化，目前測定澱粉老化程度的方法有 X-ray 繞射法、酵素消化法、光散亂法、沉澱測定法、冷水抽出法、電流滴定法、膨潤度、膠體剛性法、膠體離水量或熱糊化等。這些方法都是在側面評價澱粉老化的現象，當然其結果會略有出入。澱粉老化對澱粉食品有非常大的影響。有些食品會因澱粉的老化而破壞品質，有些食品必須藉由老化以達到該有的品質，因此在澱粉加工過程中，如何控制或運用老化機制實為一重要工作。想要利用或改善製品老化後的品質，首先必須瞭解影響澱粉老化的因素。澱粉老化受種種因素的影響，如溫度、水分含量、pH 值、分子構造、共存物質（如油脂、聚戊糖）或糊化程度等。

一、影響澱粉老化的因素

（一）澱　粉

不同來源的澱粉其老化速率有顯著差異，綠豆澱粉、豌豆澱粉、馬鈴薯澱粉及甘薯澱粉均是極易老化之澱粉，而糯米澱粉則因完全不含直鏈澱粉，故最不易老化，穀類澱粉老化速度最快（圖 13-2）。年糕或粿粽以之為原料，加入鹼滷製成，久放而不會變質，就是取其不易老化的特性。同時也利用鹼液可以抑制澱粉老化的作用而成。此外直鏈澱粉含量愈高者愈易老化。直鏈澱粉在老化的過程中所扮演的角色，乃當作形成再結晶的氫鍵媒體。當澱粉分散液加熱時，直鏈澱粉的螺旋體極易水合崩解(unfolding)，而將舒展開的長鏈介入不定型非結晶區內，使不定型區也開始有更多機會產生新的氫鍵結合及結晶形，這也是老化現象的開端。Whistler 和 Johnson(1984)發現同一種澱粉，分子量愈小，老化速率愈快，但若將其水解成很小的分子時，老化反而不易進行。此外 Zeleznak 和 Hoseney(1986)報告認為澱粉濃度對老化亦有影響，約 60%左右老化情形最為嚴重（圖 13- 3）。許多修飾澱粉如氧化澱粉、醚化澱粉或酯化的取代澱粉，會抑制老化的進行。氧化澱粉因氧化導致破壞聚合(depolymerization)而形成低黏度的分散系，而且形成

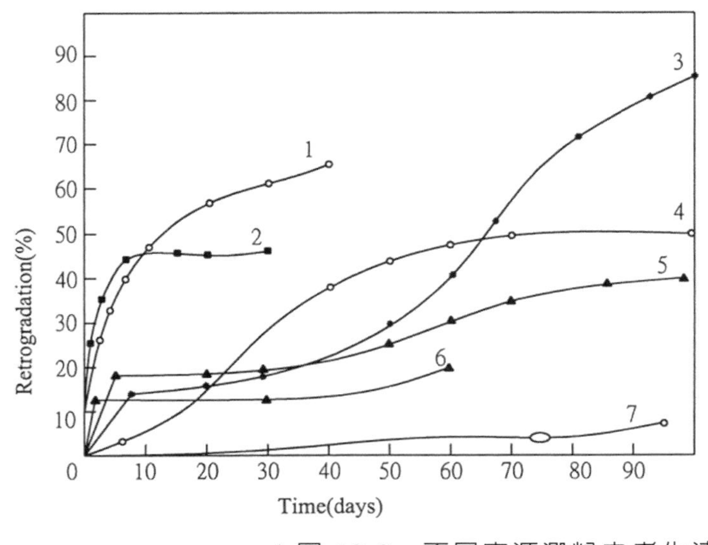

▲圖 13-2　不同來源澱粉之老化速率比較

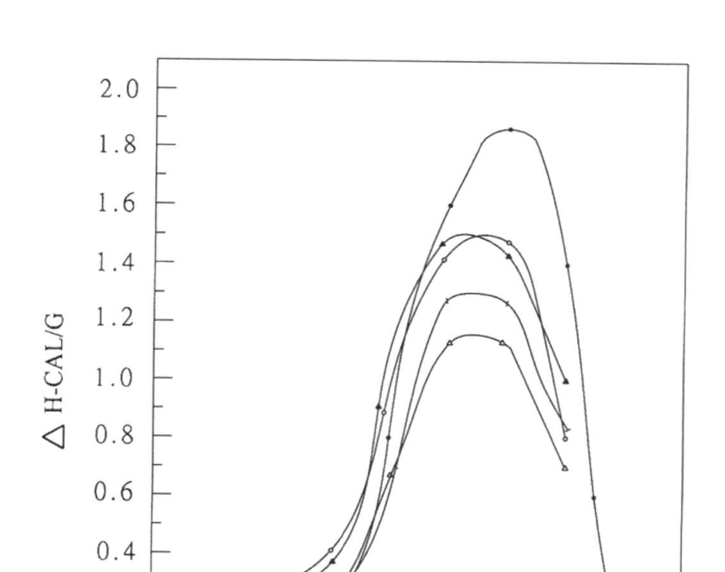

Starch gels (●—●). control bread (☆—☆). bread with Crisco shortening (○—○)

bread with Durkee D-10 shortening (△—△). bread with Durdee. Dureim monoglyceride (×—×).

▲圖 13-3　澱粉濃度或相對水分對澱粉老化程度之影響

羧基及羰基。此二種官能基能減輕直鏈澱粉的老化現象。酯化澱粉具有陰離子及陽離子，能阻礙澱粉分子的老化和結晶。如磷酸酯化澱粉具有抗老化及冷凍解凍的安定性，醚化澱粉具有良好的分散安定性(dispersion stability)和非離子性，低取代度的羥乙基和羥丙基澱粉醚與醋酸澱粉相似，具有良好的低溫安定性，在醫藥學上亦可做為抗凍劑。

（二）溫　度

溫度對老化速率有明顯的影響，於高溫狀態時，澱粉分子會產生布朗運動(Brown notion)的亂度效應(disordering effect)，使得澱粉分子之間難以結合，阻礙老化的發生，小分子量者尤然。而溫度很低時，澱粉分子移動很慢，甚至停頓，老化亦無法進行。Ellis(1988)等學者指出在 1~20℃之間，溫度愈低，澱粉老化愈快。以小麥澱粉為例，當其貯存於 4℃時，12 小時內快速老化的約 60%，之後速率減慢，而於 20℃貯存者，老化速率與時間呈正相關，進行緩慢。

(三)水　分

一般而言，溫度 2~4℃，水分含量 30~60%，酸性條件及高直鏈澱粉含量等均容易促進澱粉的老化。伴隨澱粉老化發生的是離水現象，也就是說水分子能否維持於澱粉鏈之間，對澱粉老化有莫大的影響。Longton 和 Legrys(1986)研究指出澱粉膠體再結晶的現象受到膠體含水量之影響，利用 DSC 熱焓量值當作熟膠體指標時，發現膠體水分在 50%時，再結晶波峰最強，而置於非常稀(10%)或高濃度(80%)之膠體狀況下，波峰完全消失，Hellman 等學者(1945)亦發現相同之結論，X-ray 繞射顯示 50%膠體產生最強的 X-ray 模式，其強度卻隨著高或低濃度之膠體而降低。

(四)時　間

澱粉的老化與貯存時間呈正相關(time-dependent)，黃等(1988)學者指出鳳片糕的老化現象會隨著貯存時間的延長而日益加深。林等(1978)亦發現未經油炒處理的米飯，於常溫放置一段時間後，澱粉分子內之水分子，因沒有螺旋結構加以保護，使澱粉分子彼此間容易形成氫鍵，而使羥基活性降低，已崩解膠束再重新配置或規則排列，澱粉對水的溶解度因而遞減，水分子慢慢被排擠出去，而發生離水現象，β 型的 X-ray 繞射圖譜亦緊接顯現，澱粉便因此呈現老化現象，至於其他的學者在不同的研究中，亦有相同的結論。

(五)添加物

有些添加物會與澱粉發生作用或是保持水分，進而影響澱粉的老化，除了硫酸鎂外，澱粉的老化可受到其他共存的無機化合物抑制，適當的蔗糖濃度也可抑制老化作用；而許多界面活性劑，如單甘油酯(glycerol monostearate)、硬脂酸聚乳酸酯(stearoyllactylate)或蔗糖酯(surose ester)等也可如碘分子與直鏈澱粉的螺旋環嵌合而抑制老化。Maningate 和 Juliano(1980)研究報告指出米澱粉中主要的游離脂肪酸為亞麻油酸、棕櫚酸、油酸及肉荳蔻酸。Ohashi(1980)等人則根據此發現米澱粉抽油後，其糊化溫度降低，brabender amylogram 的尖峰黏度減少，冷卻之黏度增加，但將脂肪酸重新嵌入，則會恢復其部分性質，且由實驗得知米澱粉中脂肪飽和量不會超過 1%。

一般在烘焙食品加工時，常對麵粉添加 0.1~0.5%的乳化劑，可以改善麵糰的性質，防止澱粉老化變硬及延長貯存壽命，其目的就是利用乳化性分子中疏水性的長鏈脂肪酸基嵌入直鏈澱粉之螺旋環中，一則防止螺旋體在加熱時解離，二則以疏水性減少水分子介入水合。植物澱粉中天然存在的微量磷脂質，相信也可與直鏈澱粉形成相似的複合物，但因存量太少，不足以表現防止的實質效果。唯這種複合作用可以提高澱粉之糊化溫度，如果將澱粉用甲醇洗滌除去極性的磷脂質後，即可發現其糊化溫度較原先未處理者低了 5~10℃之多。

關於糖與澱粉老化之關係，聚戊糖(pentosan)也有抑制澱粉老化的功用。聚戊糖可以吸附大量的水分，因而抑制澱粉的離水與老化。聚戊糖又分為水溶性(water-soluble)及非水溶性(water-insoluble)，水溶性聚戊糖只抑制支鏈澱粉的老化，非水溶性聚戊糖則不但對支鏈澱粉有較好的抑制效果，還可以抑制直鏈澱粉的老化。糖也有同樣效用，黃等(1988)指出鳳片糕之糖量愈高，則水活性愈低，老化速率愈慢。但糖亦可與澱粉競爭水分，若在糊化後再加入糖，則可能促進澱粉加速老化。

CHAPTER

豆類與堅果

14-1 前 言

一、分 類

根據營養含量分：

1. 蛋白質與脂肪含量多
   a. 大豆(soybean)：35%蛋白質，18%脂質，20~30%醣類。
   b. 大胡桃(pecan)。
   c. 胡桃(walnut)。
   d. 杏仁果(almond)。
   e. 腰果(cashew net)。
   f. 花生(peanut)：24%蛋白質，47%脂質，20~30%醣類。
   g. 向日葵種子：脂質含量亦高，可製作葵花油。
2. 以蛋白質及澱粉為主，含少量脂肪：60%醣類，21~25%蛋白質，0.7~1.7%脂質，如綠豆、紅豆、蠶豆。
3. 含少量蛋白質及脂質，例如：皇帝豆、長江豆、四季豆等；含蛋白質 1~9%，脂肪 0.1~0.5%。

二、組 成

1. **蛋白質**：性質較優於穀類，缺乏甲硫胺酸，含多量的麩胺酸、離胺酸。
2. **醣類**：為複合碳水化合物，包含纖維素和澱粉。
3. **維生素**：為維生素 B 群，包含菸鹼酸、葉酸、生物素及泛酸，不含維生素 C。
4. **礦物質**：其中 K 占大多數。
5. **脂肪**：不含膽固醇。富含多元不飽和脂肪酸和單元不飽和脂肪酸。多元不飽和脂肪酸／飽和脂肪酸之比率是肉的 2~4%。

▼表 14-1　硬殼果類之百分比組成(%)

種　類	水　分	蛋白質	脂　肪	醣　類
杏仁（乾）	5	19	54	20
巴西胡桃	5	14	66	11
大胡桃(butternut)	4	24	61	8
新鮮栗子	53	3	2	42
乾栗子	6	11	7	74
榛子	6	16	65	13
北美胡桃	4	14	67	13
熟花生米	3	27	44	24
橄欖形胡桃	3	9	73	3
黑胡桃	3	18	58	19
英國胡桃	3	15	64	16
美洲熱帶硬果(cashew nut)	4	19	48	27

14-2　黃　豆

一、組成（見表 14-2）

富含蛋白質、脂肪、維生素 B 群。

1. **蛋白質**：約 38~40%。
   a. 80~88%溶於水：大部分為水溶性的球蛋白。
   b. 限制胺基酸：除甲硫胺酸之外，其他胺基酸均含有且豐富。
   c. 生黃豆有生理活性蛋白質(physiologically active protein)，有害人體，如：
      Ⅰ.胰蛋白酶抑制劑(trypsin inhibitor)：使腸道胰蛋白酶作用損失，降低蛋白質的消化及利用。
      Ⅱ.血球凝集素(hemagglutinin)：能使血液的紅血球凝集的蛋白質，常會引起噁心、嘔吐等症狀，主要會抑制動物生長。
      以上兩種皆可被熱破壞，加熱 100℃可失去活性。

2. 脂質：占 18~20%

a. 含較多多元不飽和脂肪酸(PUFA)：油酸、亞麻油酸、次亞麻油酸。

b. 磷脂質：大多為卵磷脂。

c. 一些色素和維生素 E。

3. 碳水化合物：約 25%

a. 含纖維素和半纖維素、蔗糖和少量澱粉。

b. 寡醣：如棉籽糖(raffinose)可被腸內微生物分解；水蘇糖(stachyose)可產生氣體，引起脹氣。

4. 維生素：維生素 B 群。

5. 灰分：占 4~6%，大部分為 K 和 P。

6. 特殊成分

a. 皂素(saponin)：導致豆漿煮沸產生泡沫，在黃豆中均含 0.5%。

b. 有機酸：檸檬酸、草酸鈣等。

c. 植酸(phytic acid)：會與鈣、鐵結合，形成不溶性鹽類，減少礦物質的利用。黃豆本身含植酸分解酵素。

d. 色素：黃酮素(flavone)、葉綠素(chlorophyll)。

▼表 14-2 黃豆之化學成分(%)

成　分	整顆黃豆		子　葉	種　皮	胚　軸
	含量	平均量			
水分	5~17	9.0	10.6	12.5	12.0
蛋白質	36~50	40.0	41.3	7.0	36.9
醣類	14~24	17.0	14.6	21.0	17.3
脂肪	13~24	18.0	20.7	6	10.5
灰分	3~6	4.6	4.4	3.8	4.1

▼表 14-3　黃豆之一般成分（可食部 100g 中）

廢棄率(%)	0	維生素		
熱量(cal)	392	A (IU)	A 效力	6
水分(g)	12.0		A	0
蛋白質(g)	34.3		Carotin	20
脂質(g)	17.5	D(I.U)		–
醣質(g)	26.7	B_1(mg)		0.50
纖維(g)	4.5	B_2(mg)		0.20
灰分(g)	5.0	菸鹼酸(mg)		2.0
鈣(Ca)(mg)	190	C(mg)		0
鈉(Na)(mg)	3			
磷(P)(mg)	470			
鐵(Fe)(mg)	7.0			

▼表 14-4　Mattil 分析濃縮黃豆蛋白及分離精煉黃豆蛋白之營養價值

營養素種類	濃縮黃豆蛋白(%)	分離精煉黃豆蛋白(%)
蛋白質(N x 6.25)	10.0~12.6	96~97.7
脂質	6.3~2.0	0.2~1.2
水分	2.6~8.0	3.9~7.0
灰分	3.0~5.8	2.5~4.5
纖維	2.9~5.0	2
礦物質		
鈣	0.22~0.67	0.14~0.39
磷	0.45~0.87	0.8~0.9
鈉	25	0.15~1.5
鉀	0.3~2.1	0.07~1.0
鐵	01	014
重金屬	1<1ppm	0.3ppm

▼表 14-5　黃豆外觀之蛋白質及脂質含量關係

	品種間				同一品種內粒的大小
	粒的大小	粒的形狀	粒的顏色	粒的光澤	
蛋白質多者	無關係	橢圓狀種	濃青色種	無光澤種	大粒
脂肪多者	無關係	球狀種	帶青黃色種	光澤種	大粒

二、大豆的利用

1. 黃豆的用途

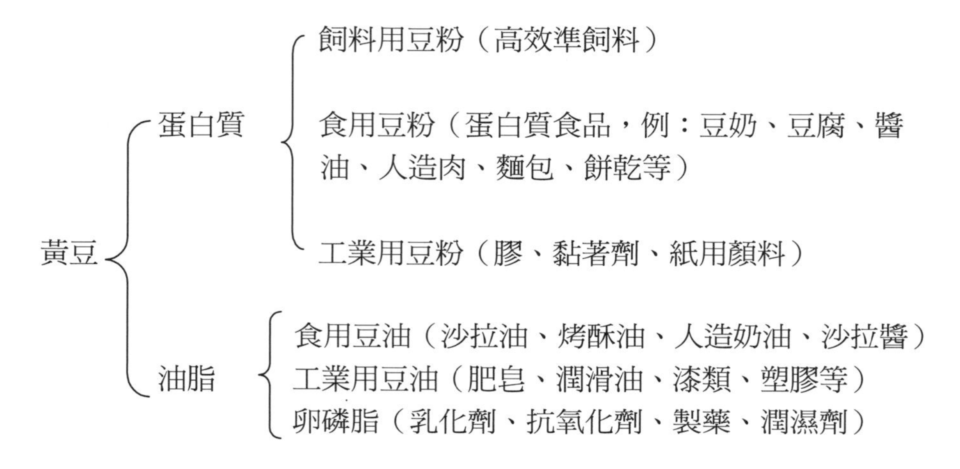

▼表 14-6　豆奶之營養價值

熱量 (Cal)	水分 (%)	蛋白質（公克）	脂肪（公克）	醣質（公克）	鈣（毫克）	磷（毫克）	鐵（毫克）	維生素 B_1（毫克）	維生素 B_2（毫克）	菸鹼酸（毫克）
25	94.0	3.3	0.9	1.4	12	40	0.7	0.04	0.02	0.2

2. 油脂：使用於沙拉油、人造奶油(margarine)、蛋黃醬(mayonnaise)、沙拉醬(salad dressing)等。

a. 含多量的多元不飽和脂肪酸，在室溫為液態形式。

b. 含天然抗氧化劑：維生素 E。

c. 不良品質：深色、黏度增大、在油炸時起泡。

3. **全穀粒**：全粒使用，例如：毛豆、筍豆。

4. **大豆凝乳群(soybean curd family)**：磨成豆漿，製成豆腐、豆乾、豆皮；發酵製成味噌、醬油等。

5. **黃豆蛋白(soybean protein)**：抽取油脂→脫脂黃豆粉。
   抽取蛋白質→黃豆濃縮蛋白質。

▼表 14-7　用於烘焙食品中的黃豆產品

脫脂黃豆粉	(defatted soy flour)
分離黃豆蛋白	(soy protein isolate)
全脂黃豆粉	(full fat soy flour)
低脂黃豆粉	(low fat soy flour)
高脂黃豆粉	(high fat soy flour)
蛋磷脂黃豆粉	(lecithinated soy flour)
黃豆粒	(soy grits)
黃豆麩	(soy bran)
濃縮黃豆蛋白	(soy protein concentrate)

▼表 14-8　烘焙食品的應用情形

	白麵包 麵包捲	特製麵包 麵包捲	蛋糕	蛋糕式 圈　餅	發酵式 圈　餅	甜點	餅乾
脫脂黃豆粉	○	○	○	○	○	○	○
活性酵素黃豆粉	○						
低脂黃豆粉			○	○		○	
高脂黃豆粉			○	○		○	
全脂黃豆粉			○	○		○	
蛋磷黃豆粉			○	○			○
黃豆粒		○					
濃縮黃豆蛋白		○					
分離黃豆蛋白		○	○	○	○		
黃豆纖維		○					

三、黃豆加工產品

1. 西式黃豆加工步驟

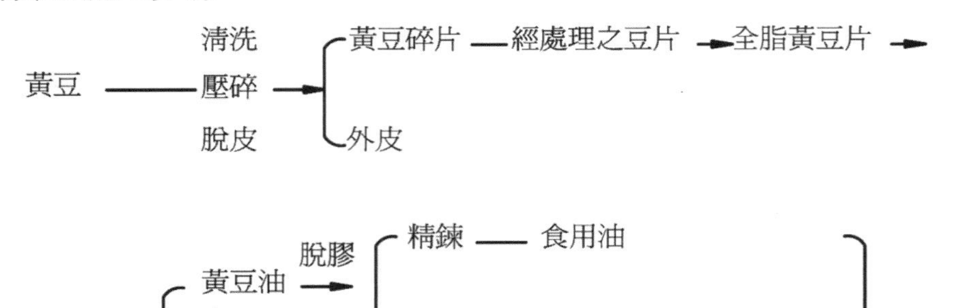

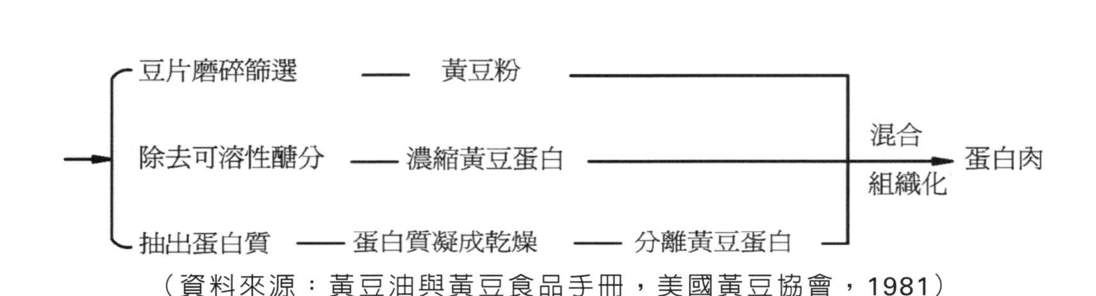

豆片磨碎篩選 — 黃豆粉
除去可溶性醣分 — 濃縮黃豆蛋白
抽出蛋白質 — 蛋白質凝成乾燥 — 分離黃豆蛋白
混合
組織化
蛋白肉

（資料來源：黃豆油與黃豆食品手冊，美國黃豆協會，1981）

2. 中式黃豆製品

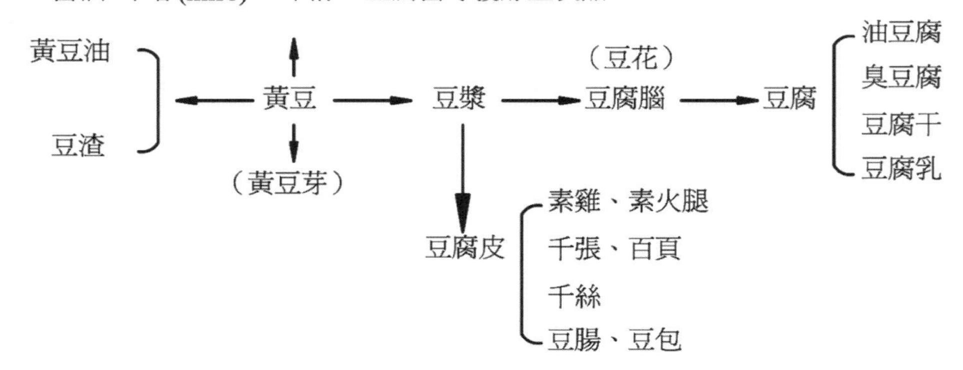

14-3 花　生

一、成　分（見表 14-11）

花生(groundnut)約含蛋白質 25~30% ，脂肪 40~50%，醣類 15~20%，亦為維生素 B_2、E 及礦物質（如鉀、磷、硫）的良好來源。含有必需脂肪酸與必需胺基酸，營養價值很高。

▼表 14-11　落花生加工品之一般成分

	奶油花生 (Butter Peanut)	花生醬 (Peanut Butter)
廢棄率(%)	0	0
熱量(Cal)	571	589
水分(g)	3.0	1.5
蛋白質(g)	26.3	27.0
脂質(g)	47.5	49.7
醣質(g)	18.8	17.7
纖維(g)	1.5	1.8
灰分(g)	2.9	2.3
Ca(mg)	60	59
Na(mg)	600	3
P(mg)	380	380
Fe(mg)	2.2	2.9

		奶油花生 (Butter Peanut)	花生醬 (Peanut Butter)
維生素			
A (IU)	A 效力	0	0
	A	0	0
	Carotin	0	0
D (I.U)		-	-
B_1(mg)		0.20	0.60
B_2(mg)		0.07	0.08
菸鹼酸(mg)		2.0	2.0
C(mg)		0	0

二、品　質

1. 選購花生時，需要注意下列條件
   a. 花生仁的表皮光滑，有新鮮光澤，顆粒飽滿肥大，沒有皺紋或凹陷。
   b. 帶殼時，內部的花生仁與殼分開，搖動時有聲音。
   c. 花生仁易於分開 2 瓣。
   d. 表面乾燥，不含冷凝水或潮濕。
   e. 水分 10%以下。
   f. 加熱焙炒時，顏色不變深。

2. CNS 1448 對於花生仁訂定有如下標準
   a. 成熟粒：本品之成熟粒不得低於 85%。
   b. 水分：本品之水分含量不得超過 9.0%。
   c. 損害粒：係指花生仁之子葉及胚之破傷，種皮脫落及病害等損害。
   d. 未成熟粒：本品之未成熟粒不得超過 4.0%。
   e. 異色粒：本品之異色粒混合率不得超過 2.0%。
   f. 夾雜物：本品之夾雜物係指花生仁以外其他外來物（包括花生殼、砂粒）。

三、加工應用

1. 落花生以炒煎食用或做成果醬(peaunt butter)或做餅乾之材料。
2. 脂肪含量很多，榨油後可得良質之不乾性油，落花生油使用在食用人造奶油、肥皂、其他工業原料等。
3. 剩餘之落花生粕含蛋白質 47%、脂質 7%、醣類 24%，可做蛋白質來源。粉碎後可作為餅類、麵包、味噌、醬油等原料。

14-4 紅　豆

一、成　分

以澱粉為主，蛋白質中有 80%為球蛋白，特稱之為菜豆球蛋白。含有較多的重要胺基酸。但缺乏胱胺酸及甲硫胺酸，在加工過程中，球蛋白多變成難溶性者，但蛋白質不變。

二、品　質

良好的紅豆，必須具下列條件：

1. 經磨光後，需鮮紅而富光澤，能反光而耀眼。
2. 形狀和大小需均勻一致，種皮完整，子葉和胚芽的發育完全。外型整齊而飽滿。
3. 種皮薄而心室小，製粉率才會高。
4. 不得含過量的皺縮粒。
5. 破損率少。

6. 不含異作物種子或泥沙、枝葉、雜草等。

7. 不含鮮紅色以外的色粒。

8. 水分含量 15%以下。

14-5 綠　豆

屬豆科植物，原產印度，英文名為 mung bean。

成　分

子實可供做冬粉，因其所含戊糖、半乳聚糖、糊精及半纖維素等較多，故韌性較強，久煮不爛，但因綠豆價昂，市售冬粉不少改用馬鈴薯澱粉等來製造，亦可製成豆芽，供作蔬菜，亦可煮成綠豆粥。

▼表 14-12　100 公克之紅豆、綠豆的營養成分

	水分（公克）	蛋白質（公克）	醣類（公克）	纖維（公克）	灰分（公克）	鈣（毫克）	磷（毫克）	鐵（毫克）	維生素				
									A（毫克）	B_1（毫克）	B_3（毫克）	菸鹼酸（毫克）	脂質（公克）
紅豆	14.5	21.3	56.6	3.5	3.7	83	318	4.1	0	0.34	0.26	2.1	0.7
綠豆	11.1	22.9	56.9	4.2	3.6	86	320	4.9	70	0.52	0.29	3.1	1.1

14-6 毛　豆

品　質

毛豆因含有良質蛋白質達 40%，其離胺酸與色胺酸比例可媲美肉類，德國學者稱之為「植物肉」，毛豆可說是最便宜的綠色蛋白質，食物又含有豐富的維生素 A、C，應多食用。

▼表 14-13　100 公克毛豆所含的營養成分

營養成分	含　量	營養成分	含　量
熱量	432 卡	磷	143 毫克
水分	69.0 公克	鐵	1.5 毫克
蛋白質	11.2 公克	維生素 A	+
脂肪	6.4 公克	維生素 B_1	0.59 公克
碳水化合物	9.8 公克	維生素 B_2	0.14 毫克
纖維	1.6 公克	菸鹼酸	1.3 毫克
灰分	1.5 公克	維生素 C	8 毫克
鈣	50 毫克		

14-7 萊　豆

俗稱皇帝豆、觀音豆、白扁豆、雪豆、大馬萊豆，英文名由秘魯的 Lima 市名而來。

萊豆中的營養成分含粗蛋白質 23%左右，粗脂肪約 10%，粗纖維約 4.2%，粗灰分約 3.0%，含氰酸量高，應加熱後食用。

15 CHAPTER

蛋　類

 15-1 蛋的結構（如圖 15-1）

一、外　殼

1. 主要是由暫 90%碳酸鈣($CaCO_3$)的晶體構成。
2. 作為蛋內容物的保護作用。
3. 包含了數千個氣孔，可由氣孔揮發水分及空氣。
4. 厚度約 0.26~0.36mm。
5. 提供脆度和硬度(brittle and rigid)，具有防止微生物入侵、減少汙染及避免受外力作用等保護作用。

二、蛋殼膜

1. 是由角蛋白(keratin)和黏蛋白(mucin)製造。
2. 幫助運送物質的原料通過蛋殼。
3. 包含兩個部分
   a. 外蛋殼膜：在外部。
   b. 內蛋殼膜：在內部，含較多之溶菌素(lysozyme)。
4. 外蛋殼膜厚度約 0.05~0.07mm，內蛋殼膜厚度約 0.015~0.017mm。

三、蛋白(Egg albumin)

1. 大約占一顆蛋總重的 58~60%。
2. 一般分為三層
   a. 外表稀的蛋白層：約占總蛋白量之 20~55%。
   b. 厚蛋白層；約占總蛋白量之 27~56%。
   c. 內部稀的蛋白層：位於最靠近蛋黃，約占總蛋白量之 11~36%。
3. 貯存條件會影響蛋白厚度及厚蛋白與稀蛋白之比例，若貯存時間太久，則厚蛋白量會減少，而稀蛋白量增加。

四、蛋黃(Vitellus)

約占整個蛋重量之 26~33%，分為三部分：

1. **蛋黃膜(vitelline membrane)**：蛋黃的周圍覆有一層膜，使蛋黃和蛋白分離。
2. **繫帶(chalaza)**：是一個堅韌的構造，在蛋黃的側面，延伸到蛋黃的每一側端，幫助蛋黃固定在內部的中心，並限制蛋的活動。
3. **蛋黃**
   a. 白蛋黃：0.4mm 厚，位於中心。
   b. 黃蛋黃：2mm 厚。

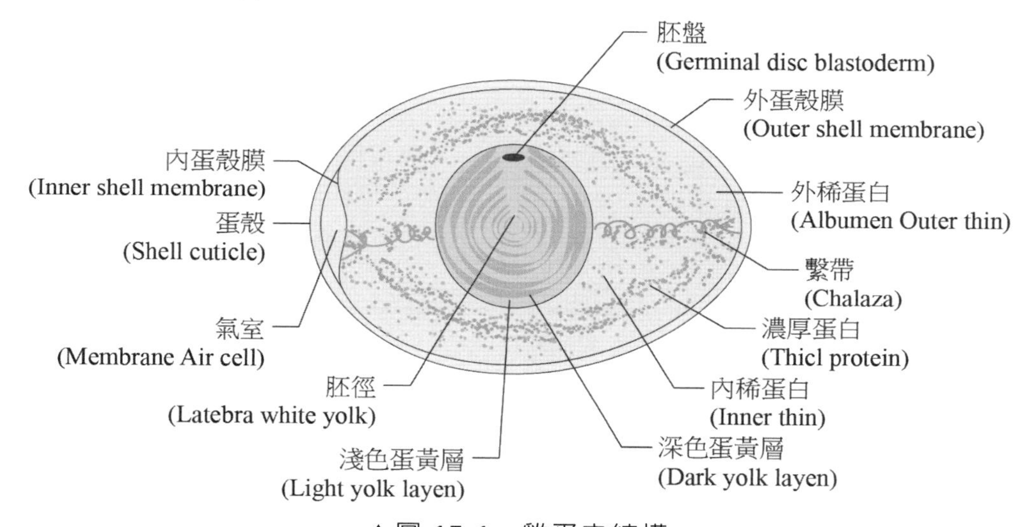

▲圖 15-1　雞蛋之結構

15-2　組成與營養的價值

一、蛋的重量

品　名	重量（g／每個）
鴿子蛋	14~16
雞蛋	40~60
鴨蛋	60~90
火雞蛋	80~100
鵝蛋	160~180

二、蛋的組成

	單　位	蛋　白	蛋　黃
重量	g	29	15
卡路里	g	15	52
蛋白質	g	3.2	2.4
脂肪	g	微量	4.6
碳水化合物	g	0.2	1
鈣	mg	3	21
磷	mg	4	85
鐵	mg	微量	0.8
維生素 A	I.U	0	510
維生素 B_1	mg	微量	0.8
維生素 B_2	mg	0.08	0.07
菸鹼酸	mg	微量	微量
維生素 C（抗壞血酸）	mg	0	0

三、蛋的營養價值

1. **蛋黃**：包含少量的水分，含多量的熱量和脂肪，豐富的維生素 A、鈣、磷，及更多的維生素 B_1、鐵。
2. **蛋白**：包含多量的蛋白質，維生素 B_2 含量豐富，少量的菸鹼酸和維生素 C（抗壞血酸）。

四、蛋白和蛋黃的組成分

1. **蛋白**：含少量碳水化合物（還原糖），主要為水溶性蛋白質(water soluble protein)。
   a. 蛋白質
      Ⅰ.卵白蛋白質(ovalbumin)：主要是醣蛋白（含磷）—phosphoglyco protein 占 54~60%，在烘焙食物中扮演很重要之角色，其會影響烘焙食物之質地，含量最高，會受到熱和機械性攪拌而產生變性。
      Ⅱ.伴白蛋白(conalbumin)：可與 Fe^{2+}、Fe^{3+}結合成粉紅色複合物。約占全部蛋白質的 14%，也會很快地受熱而產生變性。

Ⅲ.卵類黏蛋白(ovomucoid)：為一種蛋白質水解抑制劑(proteolytic enzyme inhibitor)，與維生素 B_2 (riboflavin)結合成 flavoprotein。約占 11%，其會影響整個蛋白對熱之抵抗力。量多較不易凝固，可使凝固點提高，不易產生變性。

Ⅳ.球蛋白(globulin)：約占 4%，其中溶菌素(lysozyme)為球蛋白之一種（將細菌溶解之酵素），球蛋白對蛋白混合起泡之影響很大。

<1> 卵球蛋白(ovoglobulin)：約占 8%，可以降低表面張力，穩定泡沫。

<2> 溶菌素(lysozyme)：約占 4%，能夠溶解細菌之細胞壁，具熱安定性，63.5℃加熱 10 分鐘，可破壞溶菌酶。

Ⅴ.卵黏蛋白(ovomucin)：屬於一種醣蛋白(glycoprotein)，位於厚卵蛋白之處。卵黏蛋白含 2%，含量愈多則黏度愈大。卵黏蛋白和溶菌酶構成厚蛋白(thick white)的厚度。

Ⅵ.卵白素或抗生物素(avidin)：會與生物素(biotin)結合（avidin 只在生蛋白中才會與 biotin 結合），盡量避免生食蛋白，加熱即可破壞卵白素。

b. 碳水化合物：約占 1%，主要是以醣蛋白形式貯存。

c. 脂肪：含量較少。

d. 礦物質：少量，硫＞鉀＞鈉＞磷＞鈣＞鎂＞鐵。

e. 維生素：微量，大部分是維生素 B_2。

2. 蛋黃：一半是水，一半是固形物：2/3 的脂肪、1/3 的蛋白質。

a. 蛋白質

Ⅰ.卵黃低脂磷蛋白(lipovitellin)：為主要的蛋白質，約占 43~44%，是脂蛋白複合物，也稱為脂卵黃蛋白。

Ⅱ.卵黃磷醣蛋白(phosvitin)：含高量的磷：約占 14~15%。

Ⅲ.卵黃球蛋白(livetin)：為水溶性蛋白質。

Ⅳ.卵黃高脂磷蛋白(lipovitellenin)：為脂蛋白，可當乳化劑，乳化後脂味較濃。

b. 脂肪：其中包含：

Ⅰ.三酸甘油酯。

Ⅱ.膽固醇(cholesterol)：每顆蛋黃約含 250 mg 之膽固醇。

Ⅲ.磷脂質：主要是卵磷脂(lecithin)，為水溶性蛋白質(water soluble protein)。

Ⅳ.脂肪酸：長鏈飽和脂肪酸。

c. 碳水化合物：少量。

d. 礦物質：包含豐富的鈣和磷及一些鐵。

e. 維生素：包含豐富的維生素 A 和一些維生素 B_1、B_2，以及類胡蘿蔔素 (carotenoids)。

15-3 蛋的品質

一、新鮮的蛋

1. 蛋白的比例很高，可以抵抗外殼被破壞，且其中會出現少量的透明液體。
2. 蛋黃懸浮於蛋中。

二、等　級

依照美國農業部門，分成 4 級：最好的 AA、A、B、C 級。

(a)

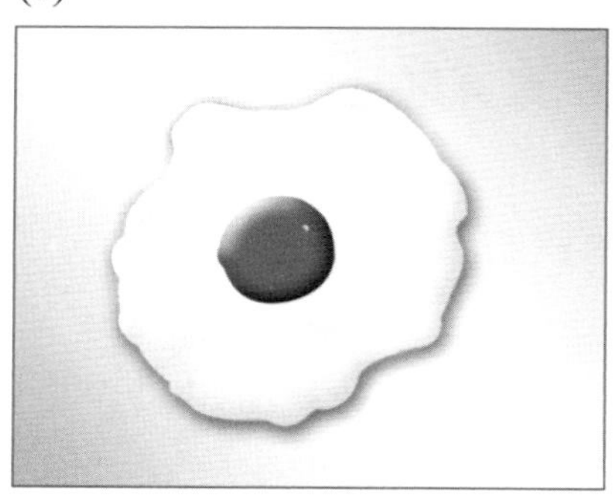

AA級：蛋占面積小
蛋白堅固、濃厚層多
蛋黃圓挺、直立、正中

(b)

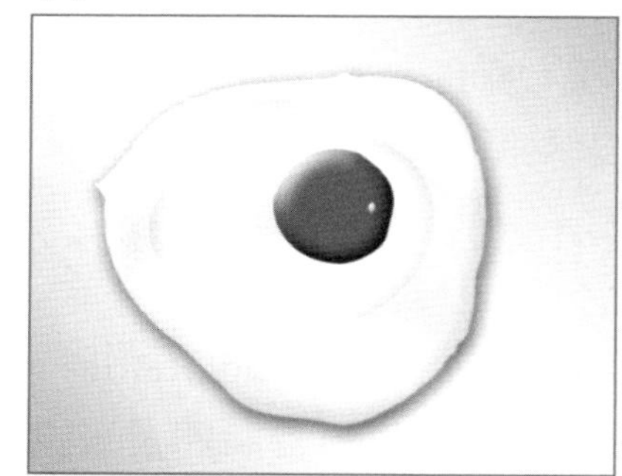

A級：蛋面積較大
蛋白堅固、厚度稍減
蛋黃圓、稍偏離中心

▲圖 15-2　蛋之等級依據

(c)

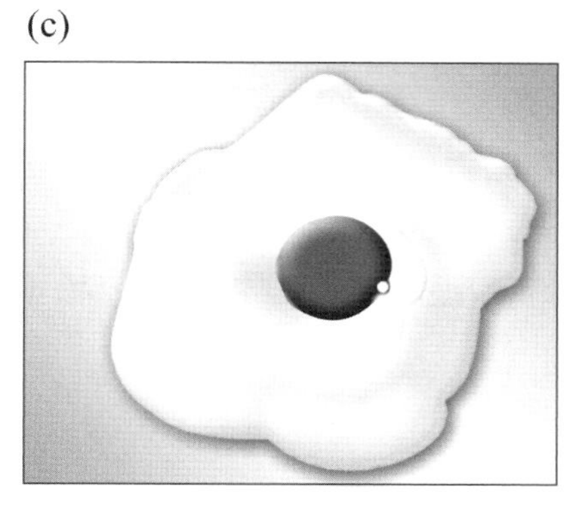

B級：蛋之面積更大
蛋白之濃厚層減少、欠堅固
蛋黃變大、扁平

(d)

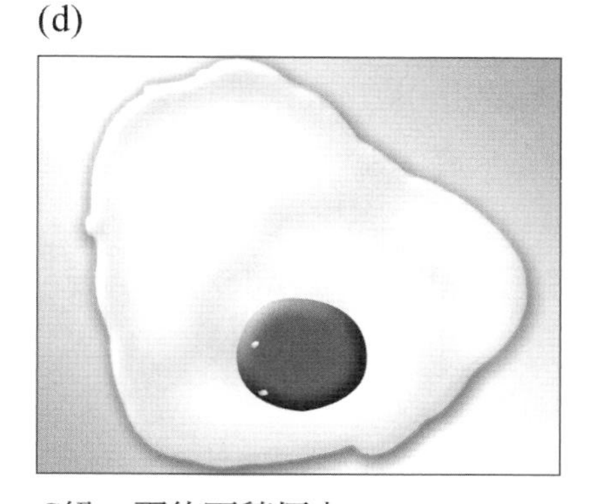

C級：蛋的面積極大
蛋白薄層與濃厚層之間
界限不明顯
蛋黃扁平、偏離中心、易破

▲圖 15-2　蛋之等級依據（續）
（蛋打開後之正面圖）

三、蛋品質的評估

1. 在外殼

a. 光照性：蛋被旋轉，先利用電子眼取代人的眼睛，觀察這些蛋被光線通過的情形，然後再觀察表面的跡象。

Ⅰ.氣室大小：利用燈光，氣室高度標準為 5~10mm，蛋黃位置居中。

Ⅱ.蛋黃的位置和移動度。

Ⅲ.看是否有外來物質的存在，如斑點、黴菌和血塊。如果血塊存在蛋黃中是可接受的，因它是容易被移開的。但是如果血塊存在蛋白中是不可接受的，此情況會引起蛋迅速損害。

Ⅳ.蛋白的清澈度。

Ⅴ.蛋殼的狀況。

b. 外觀：蛋殼粗糙者較新鮮。

c. 比重：新鮮蛋的比重約為 1.08~1.09；不新鮮的腐敗蛋其比重小於 1.02；比重愈小，代表愈不新鮮。可使用 6%鹽水（比重 1.073）觀察蛋的新鮮度，其中下沉者代表為新鮮蛋。

2. 外殼表面

a. 蛋黃指數(yolk index)：測量蛋殼的品質，以蛋黃高度除以蛋黃直徑，以 0.4 為標準，愈大愈新鮮；新鮮蛋之卵黃係數為：0.42~0.361，不新鮮者小於 0.3。

b. 蛋白指數(albumen index)：從蛋白中測量出高度。濃厚蛋白與稀薄蛋白層次清晰可見者為新鮮蛋。

c. 肉眼觀察

Ⅰ.外來物質的存在與否。

Ⅱ.濃蛋白的擴展能力愈大，愈不新鮮。

Ⅲ.蛋黃的位置。

d. pH 值的測量：pH 7.5~8.5 為標準，不新鮮蛋的 pH 值可達 9 以上。

	蛋　白	蛋　黃
新鮮蛋	7.6	6.2
不新鮮蛋	9~9.3	6.8

蛋黃的顏色在分級上是被忽視的，因其顏色只不過是飼料品質的指標，而不是蛋的品質。

3. 蛋的新鮮與否：可以照明觀察蛋之內部，檢查卵黃的位置、氣室大小、蛋殼汙染度及破損之有無等，也可打開蛋檢查卵黃、卵白外觀，一般分為 AA、A、B、C 等四級，以下是美國雞蛋規格的標準，可供做分級之標準：

分　類	蛋　殼	照明檢查標準		
		氣　室	卵　白	卵　黃
AA	清潔，無破裂，正常	位置正常，高度 1/8 吋以下	透明而黏稠	位置正中，輪廓隱約可見，無缺點
A	清潔，無破裂，正常	位置正常，高度 1/8 吋以下	透明而相當黏稠	位置正中，輪廓可辨認，無缺點
B	略清潔，微受汙染，無破裂，略異常	位置稍不正，1/8 吋以下	透明而稍水漾化	位置不正中，輪廓顯明，缺點不太大
C	極受汙染，無破裂，異常	位置自由移動	透明而水漾化，具斑點	位置不正或其他缺點，扁平，能見到胚，輪廓顯明

15-4　蛋在貯存時的變化與處理

一、蛋貯存時的變化

(一) 氣室(Air cell)增大

因水分及二氧化碳的逸失而導致。

(二) 水含量減少

水一部分由蛋殼出去，另一部分由蛋白跑進蛋黃，使蛋黃體積增大，黏度變稀，卵黃膜變脆弱，打開蛋黃呈為扁平。蛋白變較稀薄，當蛋損壞時則較容易散開（因為容易移動）。

1. 喪失 CO_2 導致 pH 值容易上升，而且會破壞在溶菌素與卵黏蛋白之間的靜電複合物，因溶菌素在鹼的狀況下是不安定的。
2. 破壞卵黏蛋白間雙硫鍵的結合。
3. 蛋黃沒有能力長久保留在中央。

(三) 卵黏蛋白含量(Ovomucin content)下降

1. 卵黏蛋白(ovomucin)與溶菌素(lysozyme)結合。
2. 卵黏蛋白之分子產生脫聚合作用(depolymerization)降低–S–S–鍵結，變成小分子，使蛋白黏稠度降低。

(四) pH 值上升

新鮮蛋之 pH 7.9，蛋於貯存過程中會進行代謝作用產生 CO_2，由於 CO_2 揮發，會使 pH 值上升(pH 9.0~9.7)。同時使蛋白結構不穩定而分解，導致蛋白指數變小與粘稠度下降。改變較多之地方為蛋白，蛋黃較不易改變。

(五) 不良味道原因

1. 蛋本身易吸收外界之空氣及味道所致。所以貯存於冰箱時最好用其他東西（如保鮮膜）包住。
2. 貯存時避免 CO_2 改變蛋的味道，可將蛋置於油中，雖然蛋殼本身有小孔，但塗油後，CO_2 跑不出去，蛋是活的，仍在進行代謝產生 CO_2，使 pH 下降產生廢氣，因封閉不能排出 CO_2 而有不良味道。

（六）蛋白的顏色可能會變成微黃和混濁

常見於陳舊蛋，貯存條件不良及細菌皆可能影響蛋白的色調變化。

（七）蛋白和蛋黃指數都會下降

蛋黃膜破裂且蛋黃指數變小。蛋白之蛋白質結構不穩定而分解所導致。蛋白指數也變小、黏稠度下降。

（八）由於外來微生物的分解導致風味改變

蛋殼膜、蛋偏鹼性的 pH 值、溶菌素、伴白蛋白及抗生物蛋白對微生物有防禦功效，但若嚴重汙染，蛋本身無法抑制細菌生長時，便開始產生腐敗。

二、防止蛋腐敗的因子

1. 蛋殼本身。
2. 殼之膜(shell membrane)。
3. 溶菌素 pH 值較低，較有效。
4. 其他的物質
   a. 抗生物素(avidin)和微生物中的生物素結合。
   b. 伴白蛋白。

三、蛋貯存時的處理

（一）浸泡於礦物油中或噴油以將蛋之小孔封閉

如此可防止水分及 CO_2 跑出、蛋白變稀、pH 值上升，但會使蛋產生不良風味(off-flavor)。

（二）將蛋置於熱水中或熱油中（54℃，15 分鐘）

其原理為使靠近殼之蛋白先凝固，形成保護膜與外界隔絕，此法使用之溫度及時間不可太高、太長，若做用溫度高，作用時間太長，已不是新鮮的蛋，會影響起泡及乳化作用。

（三）冷藏法

冷藏於0~5℃抑制微生物繁殖及化學反應之進生。並不是溫度愈低愈好，冷藏溫度最好不得低於0℃。若溫度太低，則蛋於凝固後，解凍過程中，蛋黃會呈現膠化而降低乳化程度。

（四）氣體貯藏與冷藏併用

其原理是改變其空氣組成分，降低 O_2 量，增加 CO_2 或 CO_2 與 N_2 混合氣體置換，並置於 0~5℃冷藏，以降低蛋之新陳代謝，延長貯存時間。

（五）製作鹹蛋(Salty egg)及皮蛋(Thousand-yearegg)

1. **鹹蛋**：製法有二：浸漬法及塗布法。
   a. 浸漬法：雞蛋或鴨蛋 100 枚浸漬於鹽 1.0kg，黃酒 1ℓ，紅茶汁 2 杯及石灰或爐灰約 3ℓ之綜合物，入甕密封，經一個月熟成。
   b. 塗布法：紅土與食鹽以 3：1 之比混勻，加水調成泥狀，塗布於蛋殼表面，滾轉蛋殼，入甕密封，經一個月熟成。

2. **皮蛋**：皮蛋為我國特有產品，其名稱依各地而異，如北平稱松花，南方稱彩蛋，西北稱泥蛋，亦有稱之為鹼蛋者。其製法可歸為三類：塗布法、浸漬法與混合法。
   a. 塗布法：係將所需配合劑調成泥狀，塗布於鮮蛋表面，密封於容器內熟成。
   b. 浸漬法：係將鮮蛋浸於配合劑溶液內，經一定時日後，取之包裝、熟成。
   c. 混合法：係上述 a、b 的混合法，將鮮蛋於配合劑溶液中經 10~14 日取出，而後以原漬液加泥調成泥漿，或另配塗布物布於蛋殼，厚約 1cm，其上附以稻殼，裝於甕中，密封，移置於陰暗處熟成。

醃製皮蛋使用的藥，其中以鹼性物質為最重要，種類大致有碳酸鈉、石灰、草木灰、天然蘇打、氫氧化鈉等。其中使用氫氧化鈉可縮短製造時日。又醃漬液中若僅含碳酸鈉一種，且由一般用量之 6~8%增加一倍，或如以上二種鹼性物質同時存在，而其用量並未達一定量以上時，均不能製成皮蛋。由此可知該二種鹼性物質在醃漬液中起化學反應，產生另一種物質而發揮其膠化蛋白之作用。此反應可用下列反應式表示：

$$CaO+H_2O \rightleftharpoons Ca(OH)_2$$

$$Ca(OH)_2+K_2CO_3 \rightleftharpoons CaCO_3\downarrow+2KOH$$

$$Ca(OH)_2+Na_2CO_3 \rightleftharpoons CaCO_3\downarrow+2NaOH$$

塗布於蛋殼之物質，無論使用何種方法，只要含有足量的鹼性物質即可防止有害細菌的侵入。石灰及碳酸鈉等可增加蛋內容物的鹼性，但若石灰用量過多則卵黃的黃色增加熟成迅速，氫氧化鈉過多則會生成苦味。

（六）乾　燥

利用噴霧乾燥法，無論是全蛋、蛋黃、蛋白可以製成乾燥形式。

15-5　蛋在食品製備的功能

一、變　性

食品中之蛋白質有某些組織和排列，但是在一些處理下可能會改變，如加熱和拌打是兩種常見的方法。變性蛋白質是較難溶解的，易於沉澱或不易移動。

二、熱凝固性(Coagulation)

蛋的凝結是一種吸熱失水的反應，蛋白會變韌，蛋黃則呈酥鬆，所以，醃蝦仁時加點蛋白，可增加蝦仁的脆嫩，炸肉塊前，加入一個蛋黃，可增加肉的香酥效果。

蛋類烹調以主要成分蛋白質加熱會凝固為主。由膠體化而逐漸呈硬性凝固，相當明顯，利用溫泉水煮蛋或將蛋放於 68℃之熱水保持 20 分鐘，可得蛋白、蛋黃都呈半熟的軟煮蛋，消化率最高。由於蛋的凝固溫度低，煎或炒時，若火力過久，將使蛋過度凝結，蛋白變性，質地粗硬難食。蒸蛋時，宜用中小火，否則蛋液過度沸騰，水分氣化時，留下蜂巢孔洞，質地粗糙。打蛋花時，假若湯的溫度太低，則蛋花呈白濁散開，湯溫過高，則蛋花瞬即呈硬塊，皆非適合。奶水、糖等混合蛋液攪煮時，宜用雙重鍋，避免直接強大火力，導致產生凝塊而呈焦糊。蛋在製備過程中，所添加的其他物質也會影響其凝固性。

影響凝固作用的因子：

1. 蛋白質形式

a. 蛋白：卵白蛋白、伴白蛋白、卵黏蛋白以及溶菌素酶。

b. 蛋黃：卵黃球蛋白和其他的脂蛋白。

蛋白是較可信賴的加熱變性蛋白質，蛋白於 58℃開始白濁，62℃變膠體，70℃則已相當凝固。蛋黃於 65℃開始黏著膠化，70℃流動性消失，80℃凝固。整個蛋凝固是從外側蛋白開始，要使蛋黃凝固，所需時間在 85℃下約需 30 分鐘，100℃時約 10 分鐘。

2. **稀釋**：全蛋液平均凝固溫度約為 68.9℃，添加適量液體後，則凝固點升為 79℃，蛋的凝固溫度將因添加其他液體如水或牛奶而升高，液體量決定蛋的軟硬度，適當的添加量為炒蛋時一枚蛋加 10~20c.c.液體，蒸蛋則添加 3/4 杯液體。添加過多液體烹煮時，水分容易分離析出。
3. **鹽類**：添加鹽類能促進凝固。布丁原料混合液成分中以水代替牛奶，則降低鹽類濃度，膠化較難發生。以食鹽水煮蛋，可避免蛋液流出，欲將鹽巴加入蛋液則應在烹煮加熱之前。
4. **糖**：蛋之熱凝固點將因糖的添加而升高，而糖添加愈多，凝固所需溫度愈高。例如：蛋白 100 克加蔗糖 0~99 克時，熱凝固溫度為 69.5~85.5℃。
5. **酸與鹼**
   a. 加酸使 pH 值趨近於蛋白等電點。pH 4.7 時，則 60℃為熱凝固點，變性很快。若繼續加酸，使 pH 值降至 4.3~4.4，須至 80℃才凝固，若 pH 值低於 4.0 則不會凝固。
   b. 加檸檬汁或醋於布丁餡或沙拉醬中會使凝固物變稀軟。
   c. 加鹼一般僅用於皮蛋之製造，蛋之 pH 值調至 11.9 以上時，將形成半透明膠體。

三、乳化性(Emulsification)

油水本不相容，加上機械力可使得暫時溶合，但是靜置一段時間後，終又分離，假如加上乳化劑(emulsifier)混合，可使油水長期保持乳濁液狀，即液相之一在另一液中分散成小滴狀，此作用稱為乳化。乳化劑構造的基本原理為具有親水基(hydrophilic)以及親油基(lipophilic)。乳化劑的分子排列使嗜油部分的分子對油，而嗜水部分的分子對水，形成相當安定的情勢。

乳化有兩種情形，一為油溶於水(O/W)的乳化，油成細小顆粒分散於水內，例如蛋黃醬。另一為水成小顆粒分散於油內(W/O)而成的乳化，例如奶油。

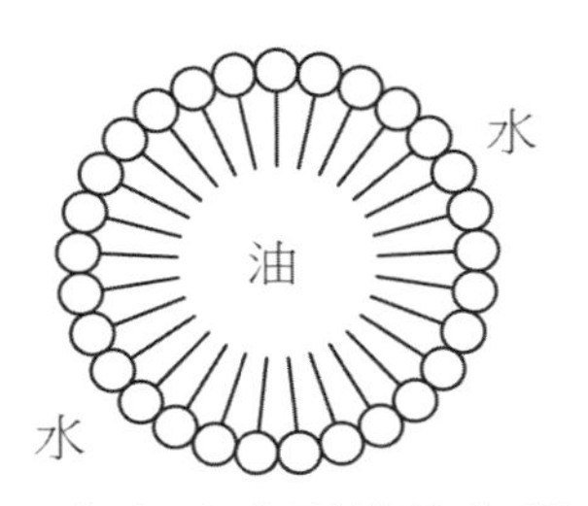

▲圖 15-3　水中油滴型被乳化劑作用情形

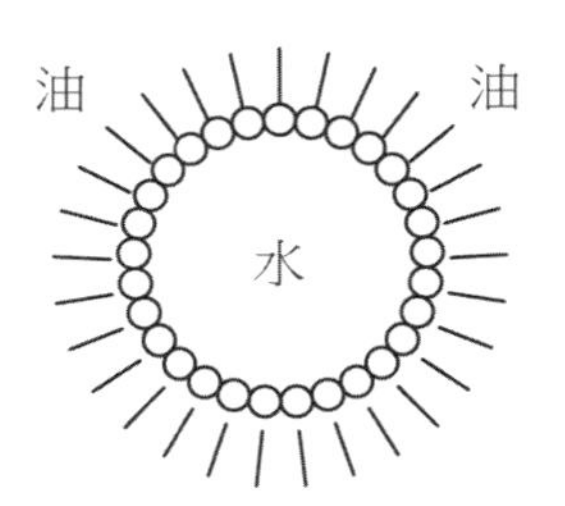

▲圖 15-4　油中水滴型被乳化劑作用情形

蛋黃因含有卵磷脂(lecithin)屬於磷脂類(phospholipid)，使其成為天然乳化劑，乳化作用為蛋白的 4 倍強，蛋黃醬(mayonnaise)是典型的利用蛋黃的乳化性作成的食品。一個蛋黃加一湯匙醋，慢慢打入一杯的沙拉油，再添加食鹽、糖、香辛料等調味，即成一分蛋黃醬。油量添加愈多，蛋黃醬愈濃稠。蛋黃醬是生的，但因使用醋、食鹽為原料，含水分少，所以具有防腐效果，根據報告，在蛋黃醬中接種沙門氏菌後，不但不會繁殖，反而死滅。不過，西餐常使用蛋黃醬為基底，混合以蔬菜、剁碎的蛋、奶水、番茄醬或芥茉醬調成各式具特色醬汁(dressing)，例如千島沙拉醬等。然而，因為醋或鹽的濃度被稀釋，必須趁新鮮時盡快食用，以防變質或腐壞，蛋黃醬對氧化比較敏感，打開使用後必須冷藏，否則油脂易產生原味復現和油臭味。

四、變色現象

蛋煮過久，蛋黃會出現墨綠色，則影響菜餚美觀，變色的原因是因蛋中的含硫基酸（例如胱胺酸(cystine)、甲硫胺酸(methionine)）在 70℃以上會放出硫化氫之故。硫化氫與鐵結合生成黑色硫化鐵(ferrous sulfide)，再與胡蘿蔔素(carotenoid)作用混合成墨綠色，隨加熱時間愈久，溫度愈高，顏色就愈深暗了。若是蛋不新鮮，加熱溫度雖然不高，也會有著色現象。

五、其　他

1. 蛋的膠黏性利用在烹調上，可以協助材料黏結，例如製作肉丸或漢堡肉餅時，加進蛋液，能使絞肉等黏附住，前後產生完整外型。
2. 利用蛋液黏附麵粉屑等作成外層裹衣油炸，可以增加食品外脆內軟的效果，提高食品組織與風味。

3. 生蛋液加於熱湯中，待凝固後濾出，使湯汁保持澄清的效果，如西餐清湯的作法，使蛋充當為澄清劑。

15-6 蛋白起泡的現象

一、蛋白起泡

蛋白是膠狀有黏性的液體，其蛋白質分布於水中。這液體可能藉由拌打或攪打空氣轉變為泡沫。蛋白由於球蛋白、卵黏蛋白和伴白蛋白的存在，提供小的空氣細胞而成細微地氣泡。

1. **白蛋白(albumin)**：因拍打而變性，使得空氣進入。白蛋白是液－氣(liquid-gas)的膠體分散相。
2. **球蛋白(globulin)**：提高黏度，表面張力(surface tension)，增加泡沫體積。
3. **卵黏蛋白(ovomucin)**：使泡沫變硬，安定性(stability)上升，延展性下降。

二、蛋白起泡階段

隨著拌打的程度，泡沫的特性呈多樣化，如果要獲取適當理想的產品，這些階段必須被確認，拌打可應用在很多蛋糕和其他的烘焙製品。

蛋白起泡分為四個階段，通常蛋糕的製作僅打到第三階段，若打至第四階段則做出的蛋糕體積縮小，適口性差。

1. **起始擴展期**：即剛打勻的蛋白液。剛開始氣泡呈不均勻分布，有少數大泡沫浮於液面，仍為液體。蛋白由透明狀慢慢變成不透明狀。主要用途為炒蛋、蛋皮、作為裹粉之黏稠劑、或加入肉中增加肉品嫩度。
2. **濕性發泡期**：氣泡體積變小，數量增多，富有光澤濕潤泡沫（半流體）。此階段前期泡沫約為 3/4，剩下 1/4 仍為蛋液，如不繼續拌打，則又恢復到液體狀態。蛋白泡沫由蛋黃液體而漸發白。後期所有蛋液都被打成了泡沫，但仍為半流動泡沫，繼續拌打則泡沫漸硬，但不能完全站穩，唯一光亮雪白而濕潤的泡沫。此階段常提供製作天使蛋糕。

3. **硬性發泡期**：打起之泡沫站立穩定，為一固態不流動仍富彈性的泡沫，氣泡很細小，富光澤而滑潤，如用打蛋器輕輕挑起，雪白泡沫即豎立於空中，此時體積最大（約為原來 5~6 倍），蛋白亦尚未變質。使用在派類、布丁之蛋白糖飾和戚風蛋糕、蛋白酥皮、冰淇淋等製作。

4. **乾性發泡期（棉絮期）**：若拌打過度，則蛋白質失去彈性，產生乾燥無光澤泡沫，蛋白已到凝固點，像棉花的碎塊出現，可用橡皮刮刀將之劈斷成碎塊，而且蛋白已有變性和脫水現象，如繼續拌打它則蛋白泡沫坍塌，體積縮小，久置空氣中，則有出水的現象。**乾性發泡期之蛋白並不適合於製造任何食品。**

三、影響蛋白氣泡的因子

一般評價泡沫的優良與否，視泡沫的大小是否均勻，是否膨脹達理想體積，泡沫是否硬而且穩定為準。影響起泡沫的因素如下：

1. pH 值

a. 新鮮蛋白 pH 值是 7.6，貯存後可升至 9.5。鹼性愈大，蛋白黏度愈少，則愈容易打發，但泡沫不安定。

b. pH 值小，泡沫形成較慢，但是一旦形成後，呈現相當穩定。

c. 打蛋白時常添加蛋白 0.5%量的塔塔粉(cream of tar-tar)，這是一種酸性鹽類，成分為酒石酸鉀為主，摻玉米粉配製而成，可以降低蛋白之 pH 值以增強蛋白打發後的韌度並使顏色潔白。

d. 亦可用檸檬酸、醋酸等取代。用量上，檸檬酸的濃度為塔塔粉之 4 倍，醋酸為 2 倍，但此二者效果皆不如塔塔粉理想。

2. 添加糖

a. 打發蛋白時，添加糖，可使泡沫細密有光澤，分離液減少，泡沫安定。

b. 加糖時機宜於打至濕性發泡時才徐徐加入少量，並邊加邊打，否則，於起始即添加或一次大量均會壓抑蛋白起泡。

c. 最理想加糖的數量應為蛋白量的 2/3，即約一個蛋白加入 2 大匙糖來拌打。若添加 4 大匙的糖可拌打硬性蛋白糖(hard meringue)，可用於糖霜、動物模型，此時宜用低溫（約 135℃）長時間（1.5 小時）來烤焙。

3. **拌打速度**：拌打蛋白應使用中速，因為高速下不待蛋白與空氣拌合形成氣泡，即被打出。同時黏蛋白受到快速機械作用提早凝固，失去彈性。

4. **蛋白溫度**：在 17~22℃拌打約 5~6 分鐘，體積最大。溫度過高，蛋白稀薄，無法保留住打入的空氣；反之，溫度過低，蛋白膠黏性太大，不易打入空氣，皆不能得理想體積。

5. **其他**

a. 即使少量油脂，也會妨礙蛋白起泡，所以，打蛋白時容器內忌有油脂、牛奶、蛋黃等。

b. 蛋白裡加水，雖有助泡沫成形，但也降低其穩定性，故打蛋白之器具不宜沾濕。

c. 加鹽可增加蛋白的韌性，但每個蛋黃的添加量不宜超過 1/8 小匙，否則，反因離子切斷蛋白鍵，而使泡沫破裂。

15-7　蛋的利用

一、軟煮蛋

冷水煮蛋，但保持沸騰只需 3 分鐘，蛋白、蛋黃切凝呈現如晃動的膠體，是消化率最高的食用法，適宜病患老少，此即歐美早餐桌上常見之軟煮蛋。

二、硬煮蛋

冷水煮蛋，沸騰後，繼續煮 10 分鐘，使蛋白、蛋黃凝固結實，以便切割成片狀、花型或剁碎利用等。

三、炒蛋(Scrambled egg)

蛋白、蛋黃打勻，倒入加適量油的鍋中，炒成散塊即成。大火快炒或加少許的水分可使蛋較滑嫩。

四、煎　蛋

鍋中加油，整個蛋打入，煎至蛋白之凝固後起鍋，如中式荷蘭蛋或西餐之火腿煎蛋。

五、蒸蛋(Steamed egg)

打勻之蛋液加水，以中、小火蒸至凝固，如日式料理的茶碗蒸。依所加調味汁的不同，可呈現多種風味。

六、臥蛋(Poached egg)

即水煮荷包蛋，必須挑選新鮮蛋製作，否則會散開。

七、蛋捲(Omelette)

為西式早餐所常見。倒入多量蛋液於加適量油的小型平底鍋內，在上層蛋液尚未完全凝結時，翻捲成長葉形並盛盤，也可以包裹炒香的培根、蘑菇、洋蔥等為內餡，口味繁多。

八、液體蛋(Liquid egg)

為方便業者，尤其是糕點烘焙師傅，可節省打蛋時間和降低蛋殼汙染蛋液的機會，加工業利用機器將蛋黃、蛋白分開裝成整罐冷藏出售，也有全蛋混合液體，依不同用途選用。在運送及貯存過程中，蛋液容易受汙染、腐壞的問題必須相當注意。

九、布丁(Custard)

將打勻之蛋液添加奶水、糖等以邊煮邊攪拌的方式至呈現軟質凝固，稱為軟布丁（soft custard 或 stirred custard），一般做為泡芙或甜麵包的內餡。若以低溫火力蒸或烤的方式，慢慢呈平滑面的凝固，稱為烤焙布丁(baked custard)，為許多人嗜好之甜點。

十、蛋粉(Dried egg powder)

將蛋液利用乾燥及脫水的方式，藉熱蒸氣除去水分而成蛋粉。食品工業常以乾蛋黃粉為冰淇淋之普通成分。乾蛋粉可加入各型餡餅為填充物，以改良黏度，乾蛋白粉則用來調合布丁、糖果的成分或作為果汁的澄清劑。

16 CHAPTER

肉　類

16-1 肉的分類

紅肉包括豬肉、牛肉、羊肉，其為蛋白質豐富及高生物價的食物。常見分類及特徵如下表：

名稱		年齡	特徵
牛	仔牛肉(veal)	13~14 週	肉顏色極淡，風味佳
	犢牛(calf)	14~52 週	肉顏色略深，結締組織較多
	牛肉(beef)	超過一年	肉呈深紅色，腥味重
豬肉		5~12 週	肉呈粉紅色，略呈大理石花紋
羊	仔羊肉(lamb)	未滿一年	肉呈櫻桃紅色，肉質較嫩
	成羊肉(mutton)	超過一年	肉呈深桃紅色，腥味極重，肉質較韌

16-2 肉的構造

一、肌肉組織（見圖 16-1）

1. **肌凝蛋白(myosin)**：肌肉中多數的蛋白質分子是最主要的蛋白質提供者，在死後僵直肌肉蛋白引起變化而柔軟。
2. **肌動蛋白(actin)**：在肌肉纖維中是一個重要球狀蛋白質。當肌肉收縮時，肌動蛋白和肌凝蛋白發生變化形成肌動凝蛋白(actomyosin)。
3. **肌紅蛋白(myoglobin)**：肉中的色素成分類似血紅素，可和不同物質反應，影響肌肉中肉的顏色變化，這種變化主要由於肌紅蛋白中的鐵離子所致。

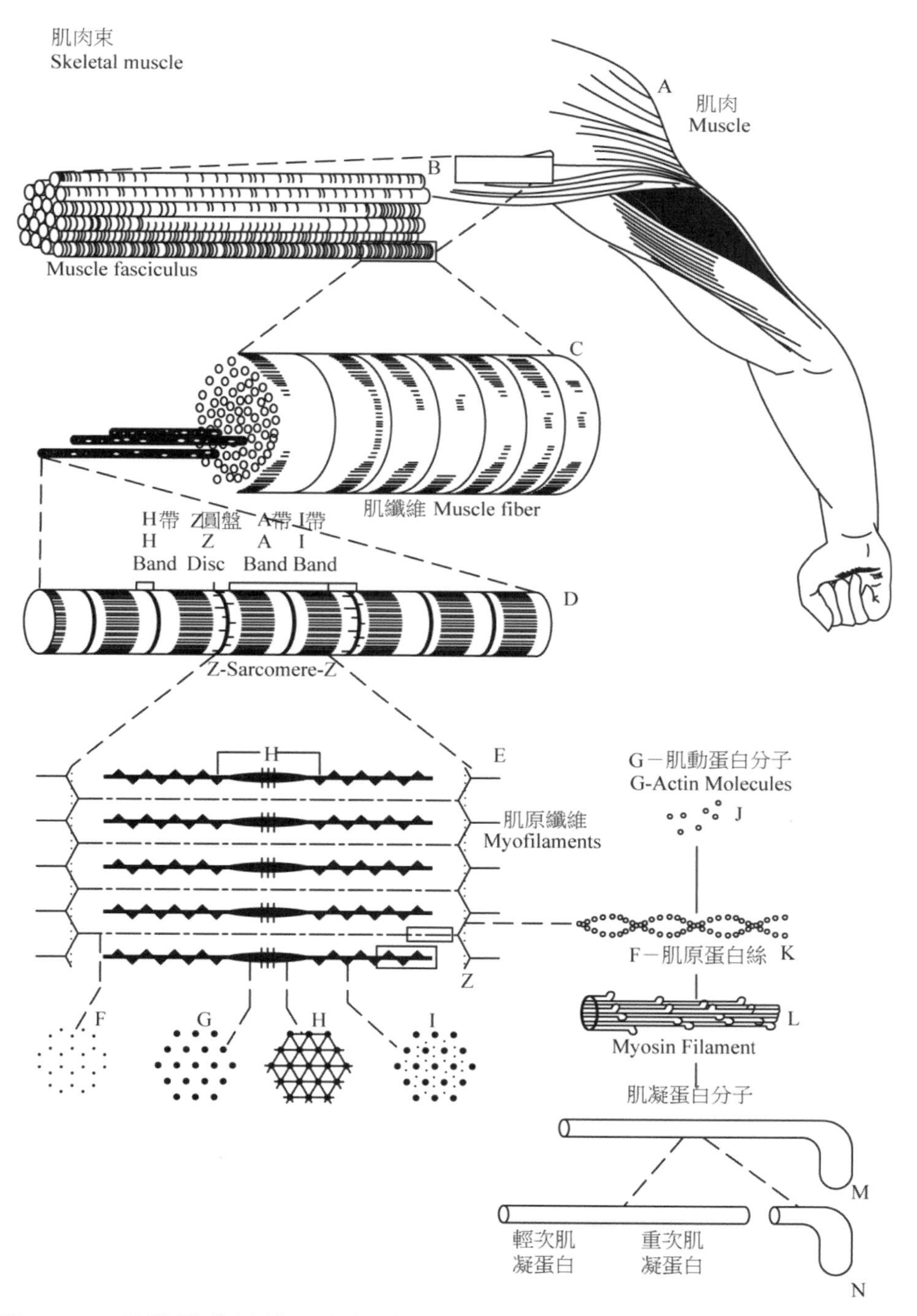

▲圖 16-1 骨骼肌的結構：由整體到分子層次。圖 F、G、H 和 I 是橫切面圖

二、結締組織(Connective tissue)

結締組織在動物體內分布非常廣泛，所含蛋白質有三種，即膠原蛋白、彈性蛋白和網狀蛋白。

1. **膠原蛋白(collagen)**：膠原蛋白含有多量的脯胺酸(proline)及 13%羥脯胺酸(hydroxyproline)，為其他蛋白源所缺少。膠原纖維是結締組織的主要成分，膠原纖維的主要成分是膠原蛋白，呈現白色，連接在肉中的組織；纖維性的蛋白質包裹著肌肉蛋白質，非常堅韌其結構須經加熱破壞而使其軟化。
2. **彈性（硬）蛋白**(elastic fibers)：彈性蛋白和膠原蛋白相似，在很多組織中與膠原蛋白共存。為極度強壯的結締組織，肉中一種淡黃色之不溶性蛋白質，在皮、腱、脂肪等組織中很少，存在韌帶中連接骨骼與關節、血管等組織中數量多，無法受熱或酸破壞，不會被烹煮而變柔軟。
3. 網狀蛋白(reticular fibers)：含有脯胺酸及羥脯胺酸，質地堅韌，須經加熱破壞其結構而使其軟化。

16-3 肉的營養素

一、水　分

水分約占 40~75%，與動物種類（牛肉水分含量＞豬肉）、年齡（幼齡者＞年老者）、部位及營養（營養狀態不良之瘦肉水分含量多）等有關。

二、蛋白質

1. 全部紅色肉都是完全的蛋白質重要來源：含量占 9~19%，依種類而異。可以高效率的利用，具有高生物價(biological value)。
2. 蛋白質
   a. 肌原纖維蛋白質(myofibrillar proteins)：占 52~56%，由 myosin A、actin、tropomyosin、troponin 等構成。
   b. 肌漿蛋白質(sarcoplasmic proteins)：占 30~35%，其中與肉品品質關係最大者為 myoglobin。

c. 肉基質蛋白質(stroma proteins)：占 10%，主要為 collagen、elastin 等硬性蛋白，影響肉品的柔軟度。

d. glanule proteins：主要為細胞核，sarcosome、microsome 等顆粒，是肌肉以低濃度鹽溶液處理而得。

三、油　脂

1. 卡路里及飽和脂肪酸的來源，特別是牛肉，含有人體所必需的脂肪酸，如亞麻油酸及花生酸，其脂肪酸中以不飽和的油酸最多，其餘為飽和的棕櫚酸、硬脂酸。
2. 具有可見與不可見的脂肪(has visible and invisible fat)。
3. 範圍 5~40%中，依動物種類、飼養方式、供給的食物和年齡有所不同。
4. 是介於肌肉和內側肌肉之中，圍繞在器官及皮膚之下。
5. 提供完整的肉類香味、肉的汁液及增加其柔軟度。
6. 位在內側肌肉中的脂肪對於造成大理石花紋的肉(marbling)很重要。
   a. 在牛肉中有大理石花紋的肉是優良的，多水分及美味的。
   b. 在豬肉中則是不良的，大理石花紋導致多脂肪而影響品質。
7. 由於存在胡蘿蔔色素導致淡黃色。

四、醣　類

在肉中是非常小的單位，含量少，低於 1%，大部分以肝醣存在。

五、無機物

約 1%，最好的來源是銅、鐵、鋅、磷，肉中的磷、鐵含量甚為豐富，且易於吸收。鐵質為合成血紅素、肌紅素及部分酵素所必需。在骨骼內含量最豐富的是鈣，但是在肉類中較少。

六、維生素

提供維生素 B 群的來源，如維生素 B_1、B_2 和菸鹼酸，其他如維生素 B_{12} 和維生素 A 存於肝臟，缺乏維生素 C。瘦肉中的維生素 B_1 含量約比其他肉類高 8~10 倍。

▼表 16-1　選擇切割肉類的組成（每 100g 可食蛋白質，生的部分）

	水分 Water	熱量 Calories	蛋白質 Protein	脂肪 Fat	醣類 Carbohydrate	鈣 Calcium	磷 Phosphorus	鐵 Iron	維生素 A Vitamin A	維生素 B_1 Thiamine	維生素 B_2 Riboflavin	菸鹼酸 Niacin	維生素 C Ascorbic acid
	(%)	(kcal)	(g)	(g)	(g)	(mg)	(mg)	(mg)	(I.U)	(mg)	(mg)	(mg)	(mg)
豬肉 (Pork,medium fat)	56.3	308	15.7	26.7	0	9	175	2.3	(0)	0.76	0.18	4.1	－
上等羊肉 (Lamb,choice grade)	61.0	263	16.5	21.3	0	10	147	1.2	－	0.15	0.20	4.8	－
前腿肩胛肉 (Arm from chuck)	64.2	223	19.4	15.5	0	12	180	2.9	30	0.08	0.17	4.7	－
腹肉(Flank)	71.7	144	21.6	5.7	0	13	201	3.2	10	0.09	0.19	5.2	－
丁骨(T-bone)	47.5	397	14.7	37.1	0	8	135	2.2	70	0.06	0.13	3.5	－
上腰脊 (Round bone sirloin)	55.7	313	16.9	26.7	0	10	155	2.5	50	0.07	0.15	4.1	－
肋腰 (Rib,11th~12th)	43.0	444	13.7	42.7	0	8	124	2.1	90	0.06	0.12	3.3	－
後腿肉 (Round)	66.6	197	20.2	12.3	0	12	203	3.0	20	0.09	0.18	4.8	－
低脂漢堡肉 (Hamburger,lean)	68.3	179	20.7	10.0	0	12	192	3.1	20	0.09	0.18	5.0	－
漢堡肉 (Hamburger,regular)	60.2	268	17.9	21.2	0	10	156	2.7	40	0.08	0.16	4.3	－
牛肝(Liver,beef)	69.7	140	19.9	3.8	5.3	8	352	6.5	43900[d]	0.25	3.26	13.6	31
小牛肝(Liver,calf)	70.7	140	19.2	4.7	4.1	8	333	8.8	22500[d]	0.20	2.72	11.4	36
豬肝(Liver,pork)	71.6	131	20.6	3.7	2.6	10	356	19.2	10900[d]	0.30	3.03	16.4	23
牛心(Heart,beef)	77.5	108	17.1	3.6	0.7	5	195	4.0	20	0.53	0.88	7.5	2
豬心(Heart,pork)	77.4	113	16.8	4.4	0.4	3	131	3.3	30	0.43	1.24	6.6	3

16-4 豬肉分切

進入菜市場，豬肉攤上掛的、擺的，琳瑯滿目，您想認識這些零售分切的豬肉是由豬的哪一部位來的嗎？肉豬屠體的分切，依消費習慣和經濟上的考慮，各地常有不同。目前零售豬肉攤上，是將買進的半片屠體，先給予「大部分切」，即分切成：頭部、肩胛部、背脊部、腹脇部及後腿部（請參閱分切圖 16-3 的標示）共五大部。

此外再視消費者需要給予「細部分切」（請參閱細部分切表 16-2），一般分為十二項：胛心肉、中排、前腳、大排、大里脊、小排、粗排、腰內肉、三層肉、後腿肉、蹄膀、後腳。

通常活體重 100 公斤（167 台斤）的毛豬，約有 80 公斤（133 台斤）的屠體重（指僅去除內臟、血與毛的體重），各大部、細部分割的一般重量（經過修整後）均標示於圖上。

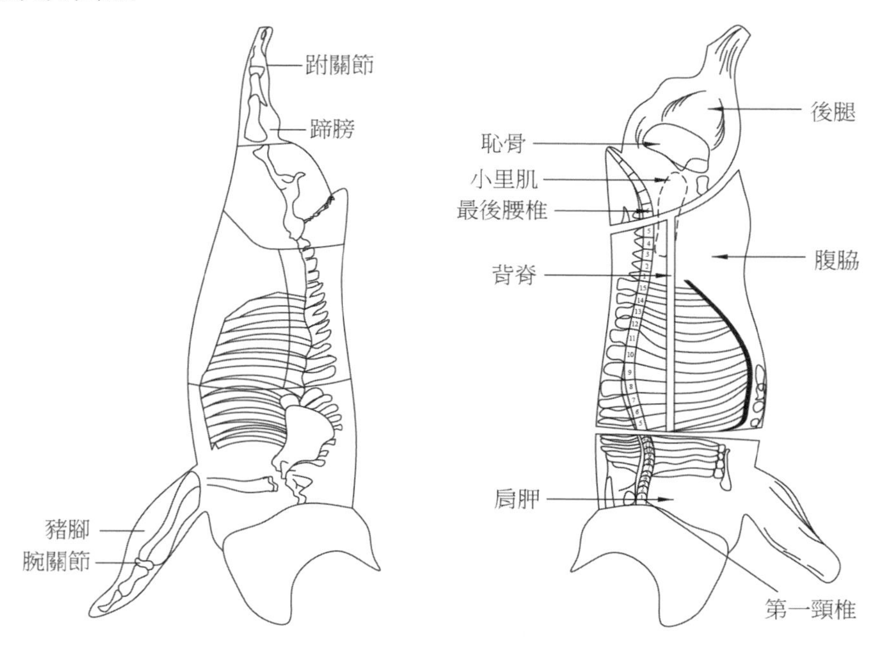

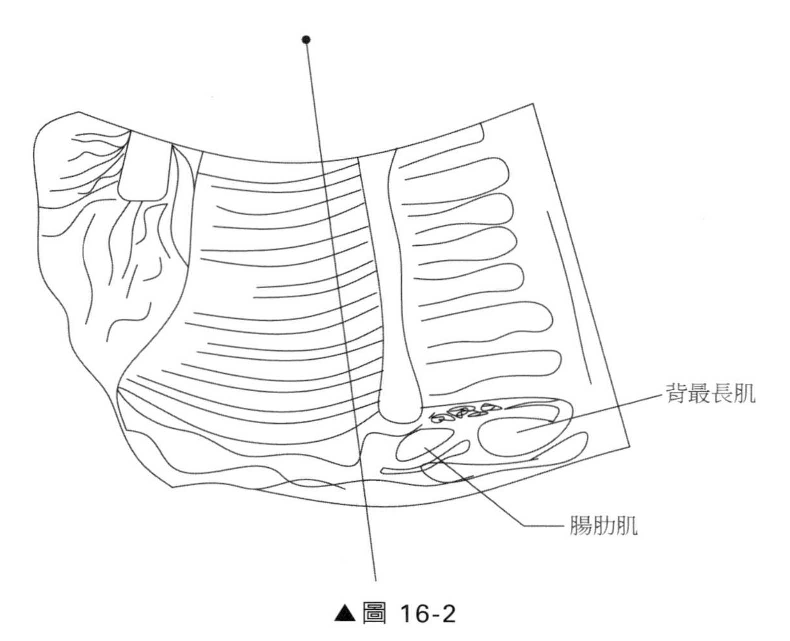

▲圖 16-2

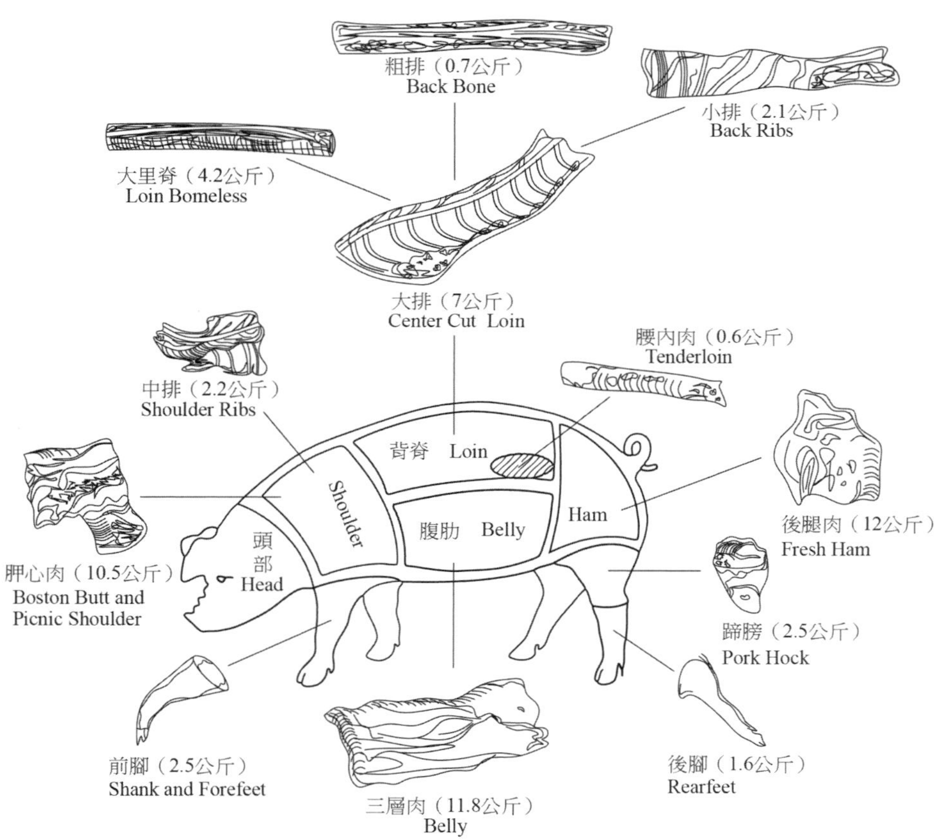

▲圖 16-3 肉豬屠體大部及細部分切

▼表 16-2 肉豬屠體大部及細部分切中英文名稱對照

<table>
<tr><th rowspan="2"></th><th colspan="2">大部分切</th><th colspan="5">細部分切</th></tr>
<tr><th>中文</th><th>英文</th><th colspan="3">最通俗名稱</th><th>其他名稱</th><th>英文</th></tr>
<tr><td rowspan="15">半片屠體</td><td rowspan="4">頭　部</td><td rowspan="4">head</td><td colspan="3">頭皮</td><td>—</td><td>head skin</td></tr>
<tr><td colspan="3">頭骨</td><td>—</td><td>head bone</td></tr>
<tr><td colspan="3">舌</td><td>—</td><td>tongue</td></tr>
<tr><td colspan="3">腦</td><td>—</td><td>brain</td></tr>
<tr><td rowspan="2">肩胛部</td><td rowspan="2">shoulder</td><td colspan="3">胛心肉</td><td>—</td><td>picnic shoulder</td></tr>
<tr><td colspan="3">中排</td><td>—</td><td>shoulder</td></tr>
<tr><td>前腳部</td><td colspan="4">前腳</td><td>—</td><td>shank</td></tr>
<tr><td rowspan="3">背脊部</td><td rowspan="3">loin</td><td rowspan="3">大排</td><td colspan="2">大里脊</td><td>大里脊</td><td>loin boneless</td></tr>
<tr><td rowspan="2">上排</td><td>粗排</td><td>—</td><td>back bone</td></tr>
<tr><td>小排</td><td>—</td><td>back ribs</td></tr>
<tr><td rowspan="2">腹　部</td><td rowspan="2">belly</td><td colspan="3">三層肉</td><td>五花肉</td><td>belly</td></tr>
<tr><td colspan="3">腩肉</td><td>肋排</td><td>spareribs</td></tr>
<tr><td rowspan="3">後腿部</td><td rowspan="2">ham</td><td colspan="3">後腿肉</td><td>—</td><td>fresh ham</td></tr>
<tr><td colspan="3">蹄膀</td><td>—</td><td>pork hock</td></tr>
<tr><td colspan="4">後腿</td><td>—</td><td>rear feet</td></tr>
</table>

16-5 肉的顏色

顏色的不同是依賴於色素的濃度。

一、肉的基本顏色

1. 肌紅蛋白(myoglobin)

a. 占體內紅色色素 3/4。

b. 牛肉包含更多的肌紅蛋白。

c. 肌肉運動而使濃度變化，顏色變深。

d. 新鮮肉顏色變化主要是由於肌紅蛋白的改變。

2. **血紅素或血基質(heme)**：是一種含鐵的輔因子，血紅素能夠幫助酶催化其底物分子。

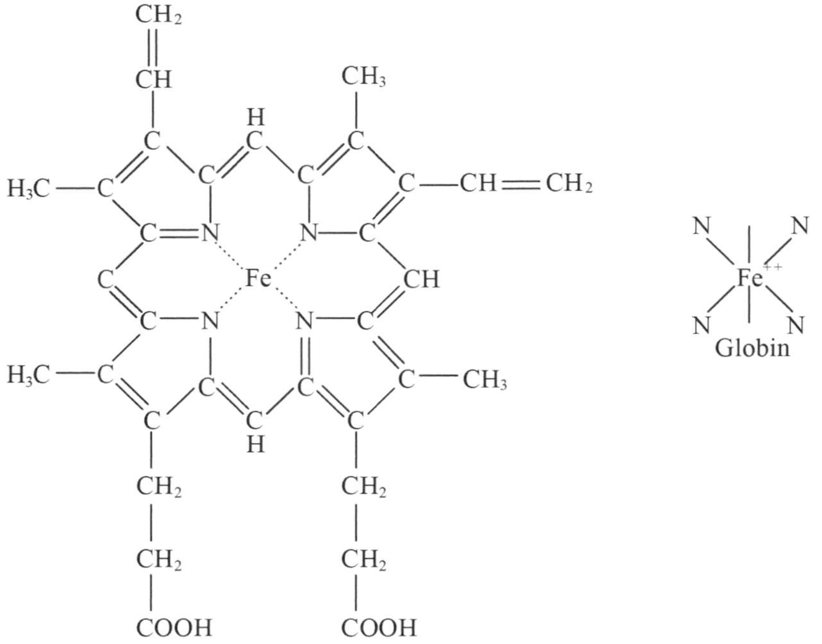

N, N, N, N — Fe^{++} — Globin

3. **新鮮肉的顏色改變**

肌肉顏色主要由三種形態的肌紅蛋白(myoglobin)所產生，當動物死亡後，由於組織中氧迅速消耗，肉色幾乎呈現紫紅色，是由去氧肌紅蛋白所造成，其分子結構具有還原態的亞鐵離子(Fe^{+2})和開放的第六結合位置。當切割後，肌紅蛋白與氧結合所形成的氧合肌紅蛋白，此時的鐵仍維持二價的還原態，肉色為所期待的鮮紅色。當肌紅蛋白中之二價的亞鐵離子被氧化成三價的鐵離子(Fe^{+3})，以及第六結合位置與水分子結合而形成了變性肌紅蛋白。導致棕色素沉著，高溫、微生物、鹽類及其他金屬存在時，亦可能導致變性肌紅蛋白形成。

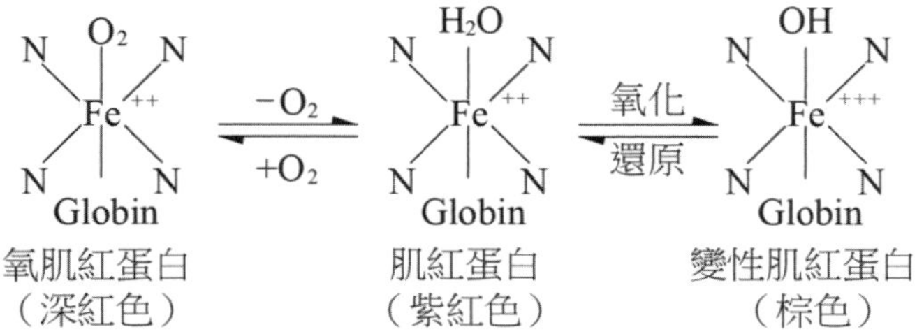

O_2 / Fe^{++} / Globin ⇌ ($-O_2$ / $+O_2$) ⇌ H_2O / Fe^{++} / Globin ⇌ (氧化 / 還原) ⇌ OH / Fe^{+++} / Globin

氧肌紅蛋白（深紅色）　肌紅蛋白（紫紅色）　變性肌紅蛋白（棕色）

二、pH 值的結果

1. 在死亡時 pH 微鹼性 7.0~7.2。
2. 屠體：pH 5.5（由於肝醣轉變為乳酸）。
3. 最終的 pH 值影響肌肉水合力及顏色變化。
4. 低於 pH 5.1~5.4 範圍的肉類，會產生水化肉(pale-soft-exudative, PSE pork)，肉外觀為淡白(pale)，組織軟(soft)，汁液易流失(exudative)，一壓水分就跑出來，稱水化肉。由於屠宰後肌肉醣解速度過快，造成肌肉 pH 降低過快，於夏季時屠體之 pH 值下降時，體溫還沒降，ATP 急速分解→僵直→保水性很差，屬於酸僵直之一種解。
5. 不正常高的 pH 值（pH 6.6 以上）：在屠宰前屠體過度驚嚇、運動或飢餓時，則肝醣量會消耗殆盡，造成 pH 值較高，一旦 pH 值偏高則可能使肉色改變，會產生暗乾肉(dark-cutting flesh meat)。顏色變暗、組織硬化、表面乾燥，使肉品質降低，故容易腐壞。

三、烹調的影響

1. 二價鐵離子轉變為三價鐵離子。
2. 血球蛋白進行變性，氧化作用轉變為棕色之變性肌紅蛋白。

四、醃製肉色

1. 用鹽、硝酸鹽(nitrate)和熱處理肉類，以達到顏色和風味的改變及提高貯存壽命和減少腐敗。
2. 添加硝酸鹽會產生亞硝胺(nitrosamines)，而有致癌之危險，但添加適量之亞硝酸鹽卻有以下的優點：
   a. 增加風味，改變風味。
   b. 提供 NO(nitric oxide)，以穩定顏色。
   c. 基於健康觀念，適度的添加會抑制肉毒桿菌(*Clostridium botulinum*)的生長和毒素的產生。
   d. 延長貯存壽命、減少腐敗。

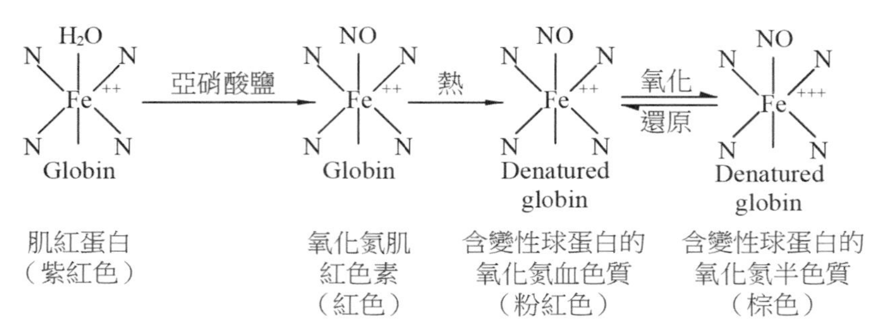

醃漬肉顏色變化

16-6 肉的嫩化(Tenderness of meat)

一、影響嫩化的因素

（一）肉的部分

腹部以上的柔軟度大於腹部以下。

（二）柔軟的基礎

1. 脂肪含量越多且分布均勻者，其嫩度越大。
2. 膠原蛋白含量
   a. 肉的柔軟度和膠原蛋白溶解度有關，而和膠原蛋白的含量無關。
   b. 動物的年齡增加，膠原蛋白溶解度下降，肉質較硬。
   c. 年輕的動物膠原蛋白含量多，具較高溶解度，因此肉質較軟。
   d. 年老的動物其膠原蛋白量不再增加，而且溶解性減少。

（三）嫩化及熟成(Tenderizing and aging)

1. **僵直作用(rigor mortis)**：在屠宰過程中，屠體會發生連續化學的變化。
   a. 動物中肝醣含量是非常重要的，因為這些醣類是化學反應能量的來源，會導致屠體死後僵直期產生乳酸。
   b. 屠宰過程中，由於肝醣適當地產生，使得屠體 pH 值下降至 5.3 左右。
   c. 肝醣含量降低，pH 值上升導致暗紅色肉(dark-cutting meat)。如牛肉顏色可能由紅棕色變成紫黑色，同時組織亦會變硬，此種牛肉稱之暗紅色牛肉。

(四) 熟　成

1. 熟成需要在低溫下進行。
2. 肌肉變軟是因為肌纖維斷裂所導致。
3. 肌纖維分解可能原因是肌纖維蛋白質被組織蛋白分解酵素所水解。
4. 熟成的期間依肉品種類、時間和屠宰前之物理條件而異。一般熟成時間豬大概 1~ 4 小時，牛大概 4~6 小時。
5. 改善保水性、風味和多汁性。

(五) 其　他

如動物運動量及飼養方式亦會影響肉的嫩化作用。

二、肉的嫩化作用

於肉品加工上很重要，嫩化主要是利用各種（機器性或酵素性）將肌肉纖維結締組織分解變成小分子，使其軟嫩，保水力較高，稱之嫩化。結締組織若被分解則較嫩，肌肉纖維原本很長，影響質地，但切短或切細後其保水力上升。

(一) 嫩化的方法

肉類經過適當的處理使得肉質軟化成最佳質地，若是烹煮不當將使肉質老硬，難以咀嚼嚥食，妨礙消化和吸收，皆非正確的食物製備方法。使肉質柔嫩的方法，有如下述。

1. 選擇屠體：屠體部位不同，肉質軟硬度也不同，一般而言：

a. 筋腱等結締組織多的部位，肉質較硬，例如腿肉、蹄膀等。
b. 脂肪組織多的部位，肉質較軟。
c. 動物年齡愈老，則纖維愈粗，肉質愈硬。
d. 運動量較多的動物，肉質較硬，例如土雞比肉雞肉質硬。
e. 運動部位肉質較硬，例如腿肉比其他部位硬。

2. 適當加熱

a. 肉質較軟之屠體部位，適合小火長時間慢慢加熱，肉質較硬的部位，則須大火短時間瞬間加熱方法。
b. 肉的切割體積及形狀也影響到加熱所需時間，愈小愈薄的肉需時較短；反之，則需較長時間才會得到適當的嫩度。

3. 機械拍打

a. 利用刀背、肉槌將肉拍打至某程度，肉亦變軟。

b. 利用刀剁碎或絞肉機絞碎都可使肉質變軟。

4. 添加酵素：嫩精、木瓜酵素(papain)、鳳梨酵素(bromelin)、無花果酵素(ficin)、胰蛋白酵素、真菌類、根狀莖等各種蛋白質分解酵素能使肉質變軟，此些酵素的作用會隨著高溫而消失，所以，烹煮前宜先行浸泡使其滲透，其發揮最大效力的溫度是 60~90℃，作用可深入肉中 2mm 處。酵素作用模式：

a. 酵素侵襲結締組織纖維狀的蛋白質，產生顆粒狀的膠原蛋白和造成彈性纖維斷裂。

b. 首先破壞樣品表面之肌纖維膜(sarcolemma)，然後水解肌動球蛋白，最後再分解肌纖維本身。

c. 不同的酵素有不同的結果。

d. 正確的應用酵素在肉類中能改善其嫩度，但也不能濫用。因為過度嫩化可能導致泥狀、易粉碎之質地。

e. 酵素作用方法

Ⅰ.注射法：動脈注射，於屠宰前 10 分鐘，將酵素溶液打入，會隨血液循環而流至全身，所以效果很好。

注射法須注意與屠宰之間隔時間，不可太早注射，如太早注射會產生不良風味。

Ⅱ.浸泡法：浸置於酵素溶液中，須保持一段時間。

Ⅲ.利用針刺：如釘床，此針可注入酵素溶液。

5. 調整 pH 值：肉在 pH 5~6 時硬度最高，超過或低於此範圍，肉質變軟，所以，利用加酸可使肉柔軟鮮嫩，肉色較潔白，縮短烹調時間（所加的酸不可太多，不然到 PI 時蛋白質沉澱下來，保水力下降，此為加工常用）。或是添加小蘇打使 pH 值提高，亦可使肉質變軟，例如餐館炒牛肉必先醃小蘇打。

6. 添加調味料

a. 蛋白質在稀鹽溶液是可溶性，添加鹽可使肉質柔軟，例如鹹水鴨或鹽焗雞之肉質很嫩，就是利用此道理。

b. 如果鹽的濃度太高時，則肉質發生脫水現象，肉質反變硬而粗糙。例如製作鹹水鴨時，4 斤重的鴨子約用 4 兩鹽巴醃製即可，加鹽量約為 5%左右，保水力最強，超過此鹽量肉質效果不佳。

c. 添加糖可增加肉的嫩度，但糖量過濃會有脫水現象，並且影響肉味。
d. 肉也可利用沾裹澱粉來減少纖維的過度收縮和肉汁的流失，並可增加肉的嫩度。

三、水煮肉(Cooking meat)

（一）原　因

1. 破壞微生物生長。
2. 顏色改變。
3. 改變保水性。
4. 影響柔軟性。
5. 風味的改變，以提供更具風味之產品，使脂肪、蛋白質改變。

（二）肉的色素和顏色影響

依據水煮肉顏色的改變判定煮熟的程度。

（三）牛肉塊的加熱溫度

1. **三分熟**：體內溫度為 60℃ (140℉)。肉質鮮紅色且多汁，表面光滑，表面由於含有變性球蛋白而變為棕色。
2. **中度處理階段（五分熟）**：內部溫度為 71℃ (160℉)。肉質少汁且不油膩，顏色為內部粉紅色，外表深棕色。
3. **完成階段（全熟）**：體內溫度為 77℃ (170℉)。肉質多汁且不油膩，內外顏色一致。
4. **過熟**：體內溫度為 90~95℃。

16-7 食肉屠宰後的變化

食肉於屠宰後，由於某些活細胞的生化反應停止，血液循環及氧氣的供應也停止，因此，產生各種變化。此變化有些可提高食肉的利用性，有些則可使漸生酸敗，進而腐敗。肉最初的 ATP 含量、肌酸磷酸(phospho-creatine)、肝醣之含量，跟 pH 值有密切關係，跟僵直形態過程亦有關。

一、品質變化

屠宰後→死後僵直→保水性差（品質不佳）→解僵→嫩化作用→熟成之過程→細胞自溶酶分解成小分子→肉變得更嫩、香味、組織良好。

二、死後僵直

1. **定義**：死後最顯著的變化是肌肉變硬，僵直而不可伸縮，稱為死後僵直(rigor mortis)。
2. **原因**：乃是肌球蛋白(myosin)及肌動蛋白(actin)形成交叉鏈而變硬，此時期的肉味不佳，保水性差。
3. **死後肌肉的僵直可分為三個階段**
   - a. 僵直開始時期(delay period)：屠宰初期為僵直開始時期，肌肉仍具有伸展性。
   - b. 僵直期(rapid phase)：當肝醣已耗盡，肌酸磷酸逐漸消耗以形成 ATP，則進入僵直期。
   - c. 僵直完成後期(post rigor phase)：隨著 ATP 的形成漸減，肌肉無法維持鬆弛狀態，於是失去彈性；當肌酸磷酸用完，ATP 不再形成時，進入僵直完成後期，此時，肌肉的伸展性完全喪失。
4. **死後僵直可分為三種形態**
   - a. 安靜狀態致死的屠肉，屠宰前相當安靜→死亡，因為沒有驚嚇，故肝醣很多→pH 值緩慢下降→最終 pH 5.7→正常，稱為酸僵直(acid rigor)。
   - b. 疲勞動物的屠肉牲體，死前相當疲勞、經過驚嚇，最終 pH 7 左右（相當於新鮮肉之 pH 值），稱為鹼僵直(alkaline rigor)。
   - c. 絕食狀態致死的屠肉(pH 6.3~7.0)，稱為中間型僵直(intermediate type rigor)。

5. 死後解僵

a. 僵直完成後的肌肉會逐漸軟化，此現象稱為解僵(off rigor or resolution of rigor)。

b. 解僵所需時間隨各種條件的不同而不同。

c. 解僵後的肉，變軟且味美，保水性佳。

d. 解僵的原因尚不明，但此分解已證明發生在肌原纖維的 Z–線帶區。

6. 熟成：解僵後的肉，在無菌狀態下，產生蛋白質分解，生成胜肽和胺基酸等，使肌肉組織軟化，風味變佳，稱為熟成(aging)。此種因本身的酵素引起分解的過程，稱為自家消化(autolysis)。

普通食肉保存於 2~4℃，約需 3 天才完成熟成，熟成期間長，則肉的香味、柔軟度增加。貯存溫度愈高，熟成速度愈快，在 36℃，12 小時即可熟成，但高溫熟成有產生腐敗的危險，一般均在低溫狀態實施。

7. 肉的變質：肉在貯存期間，品質漸漸變壞，稱為變質。其原因是：腐敗菌生長其上，細菌的酵素使蛋白質產生分解，導致肉的腐敗。主要腐敗生成物為氨、硫化氫、揮發性脂肪酸、二氧化碳，當進行至相當階段，更產生吲哚(indole)、酚、甲酚等，發出不快臭味。

- 防止法

  a. 在低溫狀態保存。

  b. 使用防腐劑，防止其腐敗。

8. 過熟肉：屠體貯藏法若錯誤，會引起肉的獨特變質現象。例如體溫溫度高的屠體與肉的間隙小、脂肪多的屠體急速凍結，脂肪多的大屠體、表面脂肪厚的豬肉和鳥肉，易產生特異的不快臭味，且肉色產生變化。

9. 低溫處理的物理變化

a. 為保持肉的鮮度和品質，常以低溫來處理，且低溫可進行熟成，以改良品質，適於加工處理。

b. 低溫處理的方式可分為

Ⅰ.冷卻：−1~−10℃。

Ⅱ.半凍結：−3℃左右。

Ⅲ.凍結：−15℃以下。

Ⅳ.深溫凍結：−18℃以下。

短時間即要使用的肉品，利用冷卻冷藏，但要保存較長時間時，則採用凍結冷藏。

c. 凍結的速率、貯藏的時間、貯藏條件均會影響肉的品質。凍結速度急速時，冰晶較小且數目多，肌肉受損程度較小。時間過長，香味、品質均不如新鮮肉，且有乾燥脫水現象，而造成凍燒(freezer burn)，品質變壞且失重。

d. 貯藏期間溫度要固定，不能上下變動，易發生再結晶，而形成較大冰晶，導致組織受損，在解凍時水分流失亦多。

10. **肉的解凍**：冷凍肉於使用前需經解凍處理，解凍太快則汁液流失多，解凍時間太長，則又有微生物生長的疑慮。因此，解凍時，應慎選能防止微生物生長、滴水發生，且又能使肌肉組織恢復原狀的方法。

16-8 肉類鮮度的判斷與選購的要領

一、肉類鮮度的判斷

肉類於屠宰後，放置適當時間，雖因自家消化作用而更可口，但是也因此而逐漸腐敗，嚴重者產生毒素。所以，在選擇肉類時，應注意鮮度。

1. **肉清冰點**：新鮮肉的肉清冰點為−0.94~−0.98℃，但腐敗者降至−1℃以下。
2. **電導度**：隨腐敗的進行，電導度愈大。
3. **氨含量**：新鮮肉的氨含量約為 3~10 mg%，室溫保持者若達 30~40 mg%，則為不良品；但在 0~5℃冷藏者，雖達 300mg%，仍可食用，因係於貯存期間生成。
4. **胺基酸量**：350mg%以上即為不良品。
5. **吲哚、酚、揮發酸**：含有此種成分的生肉不宜食用。
6. **碘吸收力**：碘吸收力愈高，則係腐敗愈嚴重。
7. **TBA 值**：生鮮肉若達 0.5 以上，表示已氧化酸敗，不可供食用。一般豬肉於 5℃冷藏 1 日，TBA 值約為 0.12~0.14。
8. **揮發性鹽基態氮**：肉類腐敗，其蛋白質會分解產生低分子的無機態氮，可當鮮度的判斷參考。

二、選購肉類的要領

由於屠宰方式及保存方式的不同，肉類的品質差異非常大，因此，購買肉類時必須慎選，其要領如下：

1. 牛肉呈鮮紅具光澤，豬肉呈淡紅。脂肪於牛、豬肉均呈現白色或乳白色，具適度彈性。
2. 要放血完全，不能有淤血現象，肉質要鮮潔，否則易於腐敗。肉色若呈褐紅或灰褐色時，表示貯存已久。
3. 肉質要富含彈性，肌纖維要質細。
4. 不買淡白色的水化肉(PSE)，此種肉保水性差，水分易流失，食之乾燥無味。
5. 不要買暗乾肉(DFD)，此種肉纖維緊密、乾燥，呈暗紅色，此種肉易腐敗。
6. 注意有無腐敗或脂肪酸敗臭、公豬臭或其他異味。
7. 一般老齡肉的肉色較濃，脂肪因色素的沉積會變黃。

CHAPTER

乳　類

17-1 前 言

牛奶中的蛋白質成顆粒狀，帶負電，稱 κ -casein。脂肪包含於水中呈現一種油滴狀(oil droplet)，也帶負電荷，因為同性相斥所以呈現布朗運動，而不至於凝集。若牛奶中有乳酸發酵：$CH_3CHOHCOOH \rightarrow CH_3CHOH\ COO^- + H^+$。因為有 H^+ 的產生迅速與蛋白質顆粒及油滴結合而凝結。

17-2 牛乳中的營養素

一、蛋白質

1. 牛乳中的蛋白質主要為酪蛋白(casein)、乳蛋白(lactoalbumin)與乳球蛋白(lactoglobulin)。
2. 牛乳中主要蛋白質之含量約為 3%左右，而酪蛋白在總蛋白之含量約 80%左右，而乳蛋白占 0.5%，乳球蛋白約為 0.05~0.2%。
3. 酪蛋白為磷蛋白(phosphoprotein)之一，常與鈣結合而成 calcium caseinate，但牛乳中有時會含有 magnesium caseinate 存在。
4. 酪蛋白由電泳法(electrophresis)可分為 α -casein (pH 4.4)、β -casein （pH4.5 左右）及 κ -casein（pH 約為 4.6 左右）。
5. 牛乳中酪蛋白膠體粒（質點）之直徑約為十萬分之一公分，約含 2/3 的水和 1/3 蛋白質。每一個酪蛋白膠體粒中含有數千個 α -casein、β -casein、κ -casein。calcium caseinate 對於人造肉可增加其光澤。
6. κ -casein 對蛋白膠體粒子（質點）具有保護作用，每一個 κ -casein 單體分成兩端，一端是帶正電，一端帶負電，且具甚強親水性質。在蛋白膠體粒子內帶正電一端與其他蛋白質相結合，而帶負電一端則覆在膠體粒子外表面，形成保護作用。而使蛋白膠體粒子不致起凝集作用。
7. α -casein 的特性為遇到鈣離子很容易凝結成塊，β -casein 對溫度很敏感，對鈣不易起凝結作用。

二、脂　肪

牛乳中的脂肪多為 palmitic acid ($C_{15}H_{31}COOH$)、oleic acid ($C_{12}H_{33}$ COOH)、stearic acid ($C_{17}H_{35}COOH$)、myristic acid ($C_{13}H_{27}COOH$)等主要脂肪酸所組成，牛乳中之脂肪分散於水中形成 oil droplet(o/w)並為球狀形，即所謂脂肪球(fat globules)或稱乳球。植物油脂中含不飽和脂肪酸多，且能攜帶維生素 A、D、E、K 等脂溶性維生素。動物性油脂中含膽固醇(cholesterol)高，對中年以上的人較不好。

1. 乳中之脂肪球在每 1c.c.牛乳中約含 $2.5\sim5\times10^9$ 個。
2. 乳球的大小約為 0.1~10 μ，一般平均數約為 2.5~3 μ。
3. Tersay 種牛所產乳中之乳球較 Holstein 所產為大。
4. 奶油(cream)中之乳球較大，故易溶於攪乳機(churn)而成奶油(butter)。
5. 牛乳中含有膽固醇(cholesterol)、磷脂質(phospholipids)，故磷脂質亦為主要成分之一，及胡蘿蔔素(carotene)。
6. 牛乳在 5~8 月間所產生乳脂肪含量，維生素 A、D、E 較低，而 1~2 月間所產生乳脂肪含量較高，又晨間所產之乳其中的所含脂肪較晚間為高。
7. 奶牛患有乳房炎(udder infection)時，所分泌之乳脂肪含量會減少。

三、礦物質

鈣	磷	鉀	鈉	鎂	鐵	硫
15.09%	11.22%	21.83%	6.7%	1.6%	0.14%	1.34%

灰分(ash)：

1. 初乳(colostnum)及授乳末期，乳中灰分含量較一般為高。
2. 鈣及鎂在初乳中含量較高。
3. 鈉及氯在授乳末期中含量較為增加。
4. 在秋季後所取之牛乳其灰分成分較高，而在春季 4 月間其灰分成分含量較低。
5. 患有乳房炎(mastitis)乳牛之乳中含氯化鈉增加。

17-3 牛乳中常見的病菌與一般殺菌法

一、牛乳中常見的病菌(Pathogenic organism)

牛奶之冰點(freezing point)為-0.55℃；將牛奶加溫至 70℃左右可殺死其內所含之病菌。

1. **結核病(tuberculosis)**：結核桿菌(*Mycobacterium tuberculosis)*。
2. **波狀熱(undulant fever)**：流產桿菌(*Brucella auretus*)，如：登波熱。
3. **化膿性喉嚨痛(septic sore throat)**：溶血性鏈球菌(*Hemolytic streptococcus*)。
4. **傷寒（長熱症）(typhoid fever)**：沙門氏菌(*Salmonella typhi)*。
5. **腸胃炎(gastroenteritis)**：金黃色葡萄球菌(*Staphylococcus aureus*)。
6. **白喉病(diphtheria)**：白喉桿菌(*Corynebacterium diphtheria*)。
7. **另外**：乳酸菌(*Lacto bacillus*)；假單胞桿菌(*Pseudomonas*)，使牛奶變成臭味及大腸桿菌(*E. coli*)。

二、牛乳的一般殺菌法

（一）利用高熱蒸氣殺菌

易破壞微生物，且放出熱氣。利用蒸氣殺菌基本的方法及其機具如下所述：

1. 巴氏滅菌法(Pasteurization)：或稱低溫長時殺菌法(low temperature long time, LTLT)可殺死牛奶中各種生長型致病菌，將牛奶加熱到 62~65℃，保持 30 分鐘或將溫度提高至 72℃加熱 15 分鐘之加熱殺菌條件法。滅菌效率可達 97.3~99.9%。
2. 高溫短時法(high temperature short time method, HTST)：將牛奶加熱到 75~90℃，加熱 15~16 秒，其殺菌時間更短，工作效率更高。
3. 超高溫法(ultra-high temperature, UHT)：135~150℃ 維持 1~4 秒的加熱滅菌法。保久乳(long life milk)即是用超高溫的加熱滅菌處理。130~150℃加熱 0.75~1 秒。

4. 殺菌機具

a. 內部管狀加熱器(internal tubular heater)。

b. 表面加熱器(surface heater)。

c. 電熱管加熱器(plane heater)。

17-4 乳的品質管制

一、飼養戶的品質管制

飼養戶對於乳的品質好壞擔當著重要的角色，如果一開始乳的品質即因管制不好而變壞，就是再高明的加工者，亦無法做成良好的乳品。飼養戶應確實做到下列幾點：

1. **飼養健康的產乳動物**：動物一旦受到疾病的感染，如肺結核病或布氏桿菌病，則其牛乳不得販賣。目前最常發生的是乳房炎，有乳房炎的牛乳則不能混入正常的乳中。
2. **保持搾乳設備的清潔**：搾乳設備應經常檢查，尤其搾乳機的乳尖罩與膠管部分要充分洗淨，以確保乳的潔淨。
3. **清洗器具**：使用不鏽鋼器具，用後並以 1%氯水或碘仿等消毒劑清洗。
4. **維持動物體的清潔**：定期修剪牛隻尾部和乳房的長毛，以保持乳房的乾淨。搾乳前，乳頭及乳房宜用微溫氯水或適當的洗滌殺菌劑清拭。
5. **搾乳工人必須注重衛生**：穿乾淨的工作服，工作場所備有肥皂和清水，搾乳工人不得患有結核病、下痢、化膿等疾病，否則隨時禁止搾乳。
6. **正確使用搾乳機**：避免乳頭受到傷害，減少乳房炎與不正常乳的發生，以維持乳的品質。
7. **迅速冷至低溫**：搾乳後，2 小時內應將乳冷至 4℃，減少細菌繁殖的機會，使乳不致變壞，或產生異味。
8. **以配管式輸送系統輸送**：減少搬運的勞力，並有助於冷卻。
9. **特殊氣味的飼料在搾乳後餵飼**：可免乳吸附異味。
10. **消毒畜舍**：消毒液消毒之後，可避免蚊蠅的滋生，減少病菌傳染的機會。畜舍要經常掃除，以保持清潔。

二、加工廠的品質管制

1. 加工廠在接收生乳時，要加以檢驗，如此不但可以正確地把握乳的品質，以為加工的參考，而且可作為指導飼養戶的參考。
2. 檢查的項目包括酒精試驗、比重測定、乳溫檢定、風味檢查、脂肪測定、酸度測定、非脂肪固物測定、細菌數以及塵埃檢查。另外，必要時，還需測定牛乳抗生素、農藥、異種脂肪、低溫細菌數以及乳房炎菌等病原菌。

17-5 乳的新鮮度檢定

一、外 觀

容器底部有沉澱物、色澤轉黃、乳油層有分離物、異味、酸味等，都是不新鮮的現象，不能使用於飲用、調理。

二、比 重

比重若較規格低，則有加水的可能。

三、茜素(Alizarin)－酒精試驗

取與牛乳同容量的 alizarin 試液（68%酒精中溶解 2% alizarin 色素），則牛乳之顏色隨酸度不同而變化，同時會生成凝固現象。

四、酸 度

1. **一般滴定法**：用鹼液滴定，以試料 100 公克中之乳酸含量來表示，新鮮者應在 0.18%以下。
2. **Soxhlet-Henkel 法**：牛乳 100mL，滴定所需之 0.25N NaOH mL 數，稱為 Soxhlet-Henkel 酸度。新鮮牛乳之 S.H.酸度為 5~8。

五、煮沸試驗

取 10mL 乳液於試管中，經過加熱煮沸後不新鮮的乳會產生凝固。以牛乳而言，酸度在 0.26%以上，Soxhlet-Henkel degree 10 以上，經煮沸後，即有凝固產生。但初乳及其他異常乳之煮沸凝固，均與酸度無關。

六、酒精試驗

加 70%酒精 1mL 中，若生成沉澱物或凝固，則表示有少量乳酸存在，引起酪蛋白的沉澱。以牛乳而言，加酒精引起沉澱時，牛乳的酸度已達 0.21%以上，或 Soxhlet-Henkel degree 已達 8.5 以上。但初乳、末期乳、病牛乳或鹽類不平常之異常乳等的凝固，均與酸度無關。

七、氫離子濃度

以 pH 值試紙或 pH meter 測定乳的氫離子濃度，可以知道乳的新鮮度。正常乳之 pH 值通常為 6.5~6.7，酸敗乳或初乳則在 6.3 以下，乳房炎乳或低酸度乳則在 6.8 以上。

17-6 異常乳的種類

一、酒精試驗陽性乳

如果牛乳的酸性高、陳舊或酪蛋白不安定，酒精試驗則會產生凝固。酒精試驗陰性乳的熱安定性高，是乳製品的適當原料。不安定性乳多半可用飼料來改善而恢復為正常乳。

二、乳房炎乳

乳房炎係由細菌感染產生。乳頭對細胞抵抗性減弱及乳牛飼養管理、搾乳技術或衛生管理不好，都會導致乳房炎的發生。

1. 乳房炎乳通常為酒精試驗陽性乳。
2. 乳糖、酪蛋白含量低，氯與鈉含量、球蛋白含量高，細胞數多，酵素活性高。
3. 脂肪含量不規則，無脂固形物低。
4. 酸度不是偏低就是異常高。pH 值 6.7 以上，可疑為非臨床性乳房炎，若 pH 值 6.8 以上，則是疑乳房炎陽性。
5. 礦物質含量方面，以氯、鈉含量多為特徵。

三、異物汙染乳

含有本來不存在的物質者，稱為異物。其發生的原因為：

1. 偶發混入。
2. 人為投入。
3. 由飼料或環境汙染牛體，然後移入乳汁。

四、其　他

1. **生理上異常乳**：初乳及末期乳因成分與正常乳的成分差異很大，因此視為異常乳。
2. **凍結乳**：由於乳化被破壞，產生脂肪分離、蛋白質沉澱的現象，而且在解凍後發生氧化臭。
3. **黴菌毒素汙染**：飼料中的黃麴毒素會移行到牛乳之中。
4. **人為異常乳**：人為特意將異種脂肪或異種蛋白質混入牛乳中者。

17-7 乳品烹調的特性

一、熱變性

加熱會使蛋白質起熱變性。65.5℃時，牛乳中所含白蛋白開始凝結。乳中含多量乳糖，當蛋白質與還原糖一起加熱，就會起褐色反應，濃縮奶水略帶金黃色，牛奶糖亦是利用這個原理來產生漂亮的金黃色，焦糖味與適當濃稠度。

二、加酸的變化

牛奶遇酸會凝固，這是因為牛奶膠體組織帶負電荷與酸性物質的氫離子(H^+)帶正電荷相遇，達蛋白質等電點而沉澱凝固，而有鹽類存在時，更促進此反應。

三、酸敗與腐敗

牛奶含豐富養分，極易為微生物作用變質，若將牛奶在室溫下放置一天或貯存期間過長者，乳酸菌逐漸繁殖分解乳糖產生乳酸，牛乳漸呈酸味，酪蛋白凝固，此乃牛奶不新鮮的警告。

四、貯　存

1. 未開瓶之牛奶若不立即飲用，應放 7℃以下冰箱冷藏保存期限 10 天左右。
2. 有些銷售店將鮮奶保溫在熱水中販賣，若溫度不保持在 60℃以上等於在作細菌培養，飲後會腹痛。
3. 蒸發奶未開罐可保持 6 個月，但一開罐也是 3~5 天的期限。
4. 奶粉則全脂可放 6 週，脫脂可放數月，鮮奶油可存至冷凍室數個月不會腐壞，但放冷藏室則最多 3 週。

17-8 各　論

一、一般飲用乳之種類

1. 巴氏奶(pasteurized milk)：直接供給消費者引用之商品乳，又稱市乳(market milk)，採用巴氏滅菌法加工而製程之鮮乳。
2. **均質化牛奶(homogenized milk)**：牛奶中所含有之脂肪被強迫地通過均質機，促使脂肪球體分離為微小的顆粒狀並且懸浮於液體內，而非累積於牛奶表面。
3. 脫脂奶(skim milk)：以離心方式去除上層乳脂肪，乳脂肪含量在 0.1%以下者稱之。
4. **酪乳又稱白脫牛奶(butter milk)**：是牛奶製成牛油之後剩餘的液體，有酸味。過去常直接飲用，目前多用作糕點的輔助材料。
5. 酸性酪乳(cultured butter milk)：牛乳或乳酪乳的乳酸發酵製品。一般使用之乳酸菌有 *Streptococcus lactis, Str. thermophilus, Str.cremoris, Lactobacillus bulgaricus, Leuconostoc citrovorum* 等菌種。若添加多量之砂糖及香料則可製成濃厚液狀之乳酸飲料。

二、飲用乳（市乳(City milk)或稱鮮乳）的製造程序

1. 牛乳 → 檢查（環境衛生：溫度 0~2℃）→ 感官檢查（色香味及黏度）→ 酒精檢查（70%酒精同體積：凝固者不合格）→ pH 值及比重檢查（pH 6.4~6.5 酸度約 0.16%左右；比重為 1.02~1.03）→ 細菌檢查（每 1c.c.中含菌數 50 萬以下為合格）→ 預熱(50~60℃) → 送入均質機中 $\xrightarrow{240\ kg/cm^2}$ 均質→

   殺菌：
   - 1.保持法；低溫殺菌法（62~65℃，30 分）和高溫殺菌法（75℃，15 分）
   - 2.高溫短時間殺菌法（71~75℃，15 秒）
   - 3.超高溫殺菌法（135~150℃，數秒）

   冷卻 → 檢驗及大腸桿菌檢查 → 包裝（瓶裝或紙器均經過殺菌處理）→ 冷藏（溫度一般為 0℃左右）。

   a. 特別牛乳：健康之牛，特別是以衛生處理品質高之牛乳，經特許而能不經殺菌，以「生」之狀態販賣。
   b. 均質牛乳：殺菌前把生乳以均質機通過，在高壓下使牛乳經過小孔，脂肪變細，放置後脂肪仍不分離，風味良好，消化容易。
   c. 強化牛乳：牛乳中缺乏營養者，加入微量之營養素而強化者，例如以紫外線照射能增加維生素 D，或可加入維生素 A 或 D 而強化之。
   d. 濃厚牛乳：普通牛乳中，加入脂肪或其他乳固形物者，使牛乳成分含量在一種以上者，例如，可將牛乳濃縮到本來 2~3 倍，或牛乳中加入乳酪、奶油或其他脂肪成分濃縮脫脂乳、脫脂乳粉等。
   e. 咖啡牛乳、巧克力牛乳：此為將牛乳加入果汁、咖啡、巧克力等混合之牛乳，必要時加入甘味料、香料、色素、安定劑等。
   f. 還原牛乳：脂肪奶粉加入無鹽乳酪或 butter oil（乾燥牛乳脂肪），使其與全乳營養相同，然後再均質化者，其營養價值與新鮮牛乳相似。

2. 營養價值

a. 與生乳比較，因受加熱處理，而又均質化，故消化性較佳。
b. 維生素 A 與 B，一部分被破壞而減少，但維生素 B_2 不大發生變化。
c. 牛乳受日光照射時，維生素 C、B_2 會被分解，同時產生臭味。

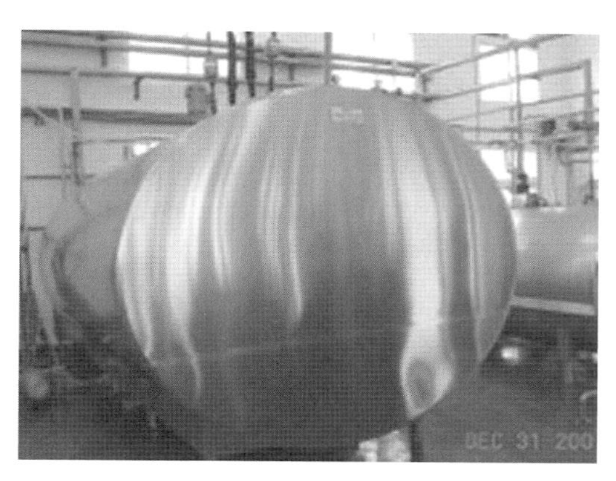

▲圖 17-1　貯存槽

▲圖 17-2　均質機

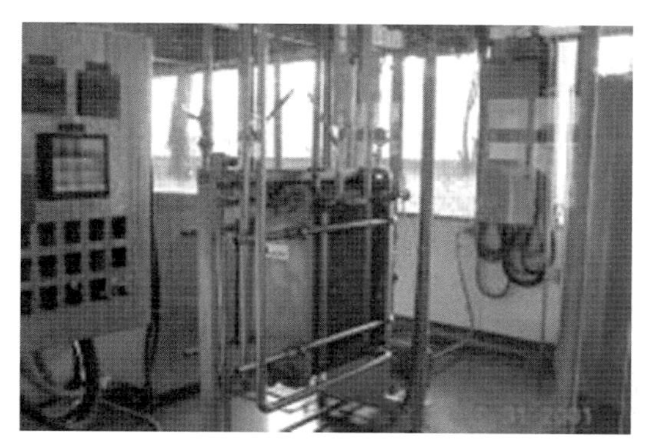
▲圖 17-3　板式熱交換器

▲圖 17-4　高速分離機

▲圖 17-5　裝瓶機

3. 牛乳或乳製品一般在冷藏期間所起的變化

a. 病原菌及引起中毒細菌在 72℃以下不易生長。

b. 嗜冷性細菌（或稱耐冷細菌 *Psychrophilic bacteria*）：對脂肪及蛋白質之分解作用甚大。

Ⅰ.脂肪之分解

$(C_{17}H_{35}COO)_3C_3H_5 \xrightarrow[3H_2O]{\text{水解}} 3\ C_{17}H_{35}COOH + C_3H_5(OH)_3$

酪酸→$(C_3H_7COO)_3C_3H_5 \xrightarrow[3H_2O]{\text{水解}} 3\ C_3H_7COOH + C_3H_5\,(OH)_3$

分解脂肪菌類如假單胞菌(*Pseudomonas*)、無色細菌(*Achromobacter*)、微球菌(*Micrococcus*)。

Ⅱ.蛋白質之分解：蛋白質經細菌分解為蛋白腖及胜肽後，再分解為胺基酸及胺類(amine)等，此會引起腐臭味之發生。一般分解白質之細菌如桿菌(*Bacillus*)、梭狀芽胞桿菌(*Clostridium*)、變形桿菌(*Proteus*)及微球菌(*Micrococcus*)。

三、煉　乳

煉乳分為：

1. **蒸發乳(evaporated milk)**：按照美國聯邦政府規定蒸發全乳至少應含有 78%的牛乳脂肪及固形物 25.5%。
2. **加糖煉乳(concentrated milk)**：加糖煉乳至少含有 80%牛乳脂肪及固形物 28%左右。

一般煉乳之製造程序：

新鮮牛乳 → 檢驗 → 放置預熱機中 → 預熱 $\xrightarrow{65\sim75^\circ C}$ 開啟真空蒸發機(standard evaporator)真空唧筒(vacuum pump) → 再徐徐開啟蒸發機與預熱機相連的活門(valve) → 調節真空度 → 繼續蒸發 → 測定 end point $\xrightarrow{\text{比重約為1.25\sim1.27左右}}$ 加糖 → 攪拌 → 冷卻 → 包裝 → 成品。

a. 預熱(preheating)

Ⅰ.使真空馬達之操作便利。

Ⅱ.殺滅原料乳中之病原菌、細菌、酵母菌及黴菌等。

Ⅲ.預熱溫度 65~75℃，如在 65℃以下（根據工廠經驗）預熱則易使乳脂分離，同時所加蔗糖易於結晶（晶體較大）而沉澱。

b. 加糖：將 200 網目(mash)以上之蔗糖細粉，調成泥狀物，添加於濃縮乳中（添加量約為 30~35%左右），並不斷攪和約經 1 小時冷卻至約 20℃，再經攪拌約 1~1.5 小時，冷卻終了後，放置 12~15 小時，使攪拌時所產生之氣泡逸散。

c. 包裝（aseptic canning；無菌裝罐）：加糖煉乳→送入無菌裝料機中（主要部分為 UHT 殺菌器、冷卻器、無菌輸送管等）→裝入空罐（空罐及罐蓋須預經洗淨並經高溫蒸氣殺菌）→再經無菌輸送機送入無菌封罐機（機身各主要部分均經高溫蒸氣殺菌）→脫氣(exhaust)→封罐→冷卻→打驗→成品。

d. 加糖煉乳之組成

國別	種類	水分(%)	脂肪(%)	蛋白質(%)	乳糖(%)	蔗糖(%)
英國	加糖煉乳	26	9.2	8.5	12.2	42.5
日本	加糖煉乳	25.5	8.4	7.9	12.3	44.0
美國	加糖煉乳	28.0	8.5	7.5	10.5	44.0

3. 無糖煉乳

a. 牛乳濃縮 1/2~1/2.5 者，製造過程與加糖煉乳相同。

b. 加熱大約為 95℃入均質機使脂肪球均質化，防止保存中脂肪分離。

c. 無加糖，故防止腐敗力較差，入罐之溫度為 115~118℃，15~20 分鐘。

四、果汁牛奶(Fruit juice milk)

水果中所含有的色香味。

1. 色(pigment)

a. 類胡蘿蔔素(carotenoid)：在植物或動物界均含有此色素，有呈黃色、深紅色或鮮紅色等，吃多不會中毒，因其貯存於脂肪，水解能提供維生素 A。

b. 葉綠素(chlorophyll)：植物體內的綠色與類胡蘿蔔素共存時即較近於黃色，葉綠素在微鹼性水溶液中加熱，即變為更鮮綠之顏色，此乃由於：

chlorophyll $\xrightarrow{\text{alkali}}$ chlorophyllin（葉綠酸）

若在微酸性溶液中，則變為褐色，此乃由於葉綠素中之 Mg^{2+} 被 H^{+} 置換變為褐色之脫鎂葉綠素(pheophytin)。

c. 葉（花）黃素(flavonoid)：柑橘含量多。

d. 花青素(anthocyanidin)：變化很多，有時變為其他種顏色。果實中鮮紅色素（青紫色及其中間之類似色澤）均由此色素而來，其溶於鹼性溶液中，有時由紫色變為藍色或綠色，若溶於酸性溶液中為紅色，故此種色素為一甚不安定之色素。

2. 香(flavor)：水果中之香味均由醇類與有機酸酯化而來之一種香酯，如桃中之主要香味為 ethyl formate ($HCOOC_2H_5$)，梨中之主要香味為 isoamyl-formate：

$$HCOOH + C_2H_5OH \xrightarrow{\text{酯化作用}} HCOOC_2H_5 + H_2O$$

3. 味(teste)：水果之味主要為甜味及酸味，甜糖主要為果糖、葡萄糖為主成分。酸：有機酸，分為檸檬酸及蘋果酸（可去除疲勞，把乳酸代謝掉）。

a. 鳳梨

種　類	酸	糖分	有機酸	蘋果酸
鳳梨生果	0.39%	5%	87%	13%
鳳梨熟果	0.74%	12%		

Ⅰ.酵素(enzyme)：trypsin peroxidase invertase。

Ⅱ.香味(flavor)：ethyl acetate (sulfur-containing ester)。

Ⅲ.鳳梨皮含抗胰酵素(antitrypsin)。

Ⅳ.過濾：袋濾法、螺旋壓濾法、螺旋推進榨汁法、網式真空吸濾法。

b. 蘋果

Ⅰ.糖：葡萄糖、果糖、戊糖。

Ⅱ.有機酸：蘋果酸(90~95%)、檸檬酸(3~10%)、乳酸(1.5%)、琥珀酸(1.5%)。

Ⅲ.酵素：catalase(in skin)、oxidase、peroxidase、oxygenase。

Ⅳ.色素：花青素、葉綠素。

Ⅴ.香味：amyl formate、isoamyl acetate、methyl butyrate。

蘋果中含酵素多故處理前先殺菁；可用沸水或蒸氣（細管蒸氣殺菁）或微波殺菁（缺點為小規模使用）。

4. 果汁濃縮：採冰凍濃縮(freeze concentration)間歇攪拌。

- 優點：味道品味好、維生素 C 不會流失。

例如：

$$75gal(1℃\ \ 12Brix)\xrightarrow{-5.5℃}50gal(18Brix)\xrightarrow{-8.3℃}34gal(28Brix)$$
$$\xrightarrow{-11.1℃}24gal(38Brix)\xrightarrow{-14℃}16gal(48Brix)$$

5. 果汁牛乳製造程序及配料

a. 配料(recipe)

名稱	分數
全脂乳	60
濃縮果汁	20
果汁	19
檸檬酸	0.4
乳酸	0.2
蘋果酸	0.1
酒石酸	0.1
天然色素	0.005
香精	0.05
安定劑	0.1

b. 程序：全脂乳→加入糖漿→混合均勻→過濾→殺菌→冷卻→放入混合機中→加入安定劑，有機酸色素及香精等→不斷攪拌，同時將濃縮果汁噴入並不斷攪拌再送入均質機中（均質機須經高溫 steam 或 γ-ray 殺菌）→均質→裝入瓶（瓶或紙質罐均預經殺菌）→冷藏→成品。

五、發酵乳(Fermented milk)

1. 將乳以乳酸菌或酵母菌作用而發酵者稱為發酵乳，現今之發酵乳原料是以脫脂乳為原料所製成，其所製成之成品有二種。

   a. Kefir 及 kumiss：含有酒精成分者。

   b. Yoghurt：不含酒精成分者。

2. Yoghurt 製造工程：〔牛乳或脫脂乳〕→〔砂糖添加 7~12%〕→〔過濾〕→〔殺菌〕→〔冷卻（均質化）40℃〕→〔乳酸菌添加 3~4%〕→〔香料添加〕→〔混合〕→〔充填〕→〔發酵 33~37℃，4~5 小時呈豆腐狀凝固〕→〔冷藏〕→〔製品〕。

a. 原料乳濃縮成 2/3 容積，有時添加脫脂乳粉。
b. 主要菌種為 *Lactobacillus bulgaricus*，此菌所生成之乳酸使酪蛋白(casein)凝固成豆腐狀之 yoghurt。

3. Yoghurt 所生存之乳酸菌在腸內形成酸性，防止腐敗菌之繁殖，故其不但有整腸作用，而包含有牛乳蛋白質、糖分及適當之乳酸，使消化容易，為風味良好之營養食品。保加利亞人所以會長壽，主要是在國內有吃 yoghurt 乳酸菌之習慣。
4. 乳酸飲料：含有多量之糖分及 1%左右之乳酸。此製法是將殺菌脫脂乳加 2~5%之菌酛(Starter)經 37℃，12 小時之乳酸發酵，其次，將生成之凝乳(curd)以均質機粉碎，約加入 1.6 倍之糖加熱殺菌最後加香料，裝瓶殺菌出售，其成品加水 5~6 倍即成清涼飲料；速製法為不經發酵，直接加砂糖、乳酸、香料，即成乳酸飲料，其他含有乳酸菌生菌之乳酸飲料者。

六、乳粉（奶粉）(Milk powder; Dry milk)

1. **製造程序**：鮮乳→過濾（濾去雜質及不溶塊狀物）→再經加熱殺菌→減壓濃縮→送入噴霧乾燥機中→噴霧乾燥→隨即經螺旋輸送器至冷卻室中→冷卻→充氣包裝(gas packing)→成品。
   a. 加熱殺菌與濃縮：加熱殺菌多採 UHT，以盡量減少蛋白質之變性，以增加乳粉之溶解性，其濃度約為含有固形物之 30~50%。
   b. 鼓式乾燥機法：在常壓或真空下均可實施。
   c. 噴霧乾燥法：採用噴嘴(nozzle)及離心圓碟(disc spray)噴霧法。乾燥之主要裝置為乾燥室(drying chamber)，在此室中有 nozzle 或 1,500~3,000 磅／平方吋之壓力自細孔噴嘴（0.1mm 直徑）噴成細霧，或裝置圓碟（盤）以 5,000~20,000RPM 使濃縮乳流入圓碟中而成極細霧狀之細粒，室內有熱風(130~180℃)由室之下方吹入使霧粒乾燥而成細粉。
   d. 充氣包裝(gas packing)：最好為 N_2 氣。

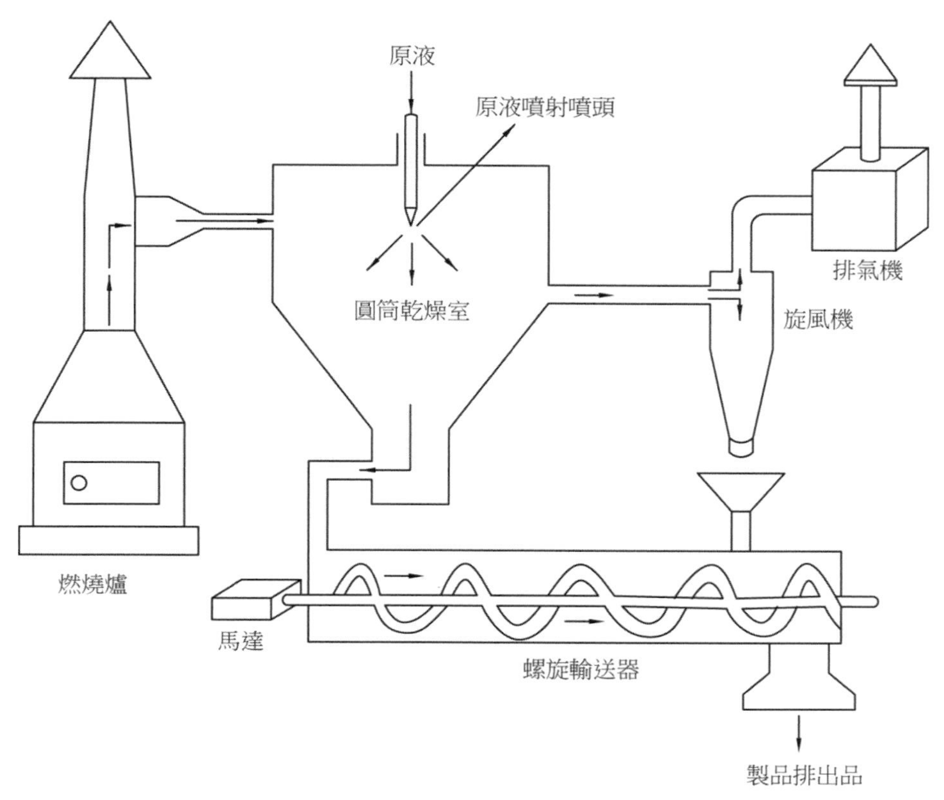

▲圖 17-7 噴霧乾燥機

2. 全脂乳粉經長期貯藏，則脂肪酸敗，香味變壞。故為了防止此種原因常加入15%左右之蔗糖，成為加糖乳粉，同時可增加其甘味。乳粉為了防止在貯藏中變壞，其水分含量要在3%以下。其變壞原因有二種：
   a. 脂肪分解：受牛乳自身或其他微生物之脂肪分解酵素分解，產生酪酸之不快臭味。
   b. 脂肪氧化：受氧、光、熱及金屬（特別是Cu）氧化，產生脂肪氧化臭味。

3. 乳粉中之主要成分

水	3~5%
脂肪	25~30%
蛋白質	24~30%
乳糖	26~30%
細菌數	5萬／g以下
大腸桿菌	無

a. α 型乳糖較多時，嬰兒腸中 *Lactobacillus acidophilus* 細菌會繁殖迅速而引起下瀉。

b. β 型乳糖較多時，嬰兒腸中 *Lactobacillus acidophilus* 細菌會繁殖正常，消化亦正常。

七、即溶奶粉(Instant milk power)

其製法：高熱蒸氣→吹入糰粒化機(agglomerator)→同時以一般乳粉用高壓氣流噴粉機→噴粉入糰粒機中→使乳粉之含水量增加 $\xrightarrow{8\sim16\%}$ 使乳粉中之乳糖變為結晶型→再吹入熱風 $\xrightarrow{110\sim150^{\circ}\mathrm{C}}$ 使乳粉乾燥 $\xrightarrow{3\sim4\%}$ 速予冷卻→即溶奶粉。

八、人造乳

1. 大豆之蛋白質可提高至 40~50%，製造人造奶油用高蛋白之大豆。

大豆成分	水分	蛋白質	脂　質	醣
所占比例(%)	8.7~9	40~45	20~21	21

在大豆中含有卵磷脂(lecithin)有乳化效果，可將脂肪及蛋白質都溶於水中，使成一帶電狀態，由於負電相斥造成布朗運動。大豆中亦含有 lipase 和 anti-trypsin。

a. 卵磷脂(lecithin)：最好的乳化劑。

b. 脂肪酶(Lipase)：分解部分大豆油脂成為豆腥味之物質。

c. 胰蛋白抑制物質(Anti-trypsin, Trypsin inhibitor)：可抑制胰蛋白酶(trypsin)，分解蛋白質之物質，使蛋白質無法消化，只要將大豆煮開就可將其破壞。

2. 可溶於水之大豆蛋白成分

components	M. W.	percent & total
trypsin	8,000~21,500	22%
cytochrome	12,000	
血球凝集素(hemagglutinin)	11,000	37%
lipoxygenase	102,000	
β -amylase	61,700	
globulin A	80,000~210,000	
globulin B	60,000	31%

a. 如將很純之 NaCl 加入豆漿中，由於球蛋白可溶於 NaCl 溶液中以致不會產生沉澱，如加入醋或醬油則會沉澱。
b. 球蛋白在零下 5℃時容易產生沉澱。
c. 大豆球蛋白如加熱 85~90℃，其半胱胺酸(cysteine)會產生凝結。

3. 大豆蛋白的特質

a. 大豆球蛋白之共同性質為自己會形成二硫結合聚合物，使分離大豆蛋白為不溶性。
b. 可溶於水之大豆蛋白的稀釋溶液加熱時，大部分蛋白質會互相結合，大約在 80~90℃即易結集而凝固。
c. 大豆蛋白在零下 5℃時，由於形成冰晶而產生濃縮現象，以加速其分子間之結合反應，而使其膠體電性消失而沉澱。

4. 大豆中最主要之胺基酸：胺基酸含量(gm)/1kg 大豆粉。

成　分	含　量
arginine	25.2(gm)
lysine	22.8(gm)
tyrosine	20.4(gm)
phenylalanine	25.7(gm)
leucine	35.0(gm)

5. 大豆中所含油脂(lipid)

名　稱	化學式	所占比例(%)
srearic acid	$C_{17}H_{35}COOH$	6.8
oleic acid	$C_{17}H_{33}COOH$	33.4
linoleic acid	$C_{17}H_{31}COOH$	51.5

6. 人造乳製造程序：大豆→選擇→洗淨→浸漬（吸水量約 1/3）$\xrightarrow{\text{5~6小時}}$取出→殺菁（細管蒸氣殺菁、微波殺菁、燙菁蒸氣殺菁）→加水（1 公斤原料大豆加水約 5~8 公斤）→送入粉碎機中→磨成細粉糊狀物→過濾→濾汁→調味（主要香味：加牛奶香精）→包裝→人造乳。

a. 燙菁：大豆放入熱水 1~1.5 分鐘煮沸。
b. 蒸氣：2 秒左右。
c. 細管：使蒸氣活化(living steam)。
d. 微波：面積有限。
e. stone mill 有四種力量
  Ⅰ.壓力(compressing force)。
  Ⅱ.摩擦力(abrasiue force)。
  Ⅲ.衝力(compactive force)。
  Ⅳ.剪力(shearing force)。

九、冰淇淋(Ice cream)

1. 冰淇淋(ice cream)是以牛乳(cream)為主體，加入蔗糖、香料、安定劑等凍結而成之物。
2. 冰淇淋製造工程：原料之混合→〔加溫 50℃〕→〔均質化〕→〔殺菌〕→〔冷卻〕→〔混拌〕→〔凍結 0~4℃，1~2 小時〕→〔包裝〕→〔硬化−18~29℃〕→〔製品〕。
   a. 使用之安定劑有動物膠、植物膠、C.M.C.等。
   b. 增加原料混合之黏度泡立性，使製品之組織良好，其膨脹率為 60~100%。

普通冰淇淋	
特　徵	標　準
1. 脂肪率：中至高位 2. 乳清固形分：中至高位 3. 含蛋或不含蛋 4. 香料及色素之容量 5%以下	1. 安定劑 0.5%以下 2. 細菌 1g 中含 100,000 以下 3. 大腸桿菌試驗：陰性 4. 乳脂 8%以上 5. 含乳固形物 16.2%以上 6. 製品 1 加侖中，可食部分 1.6 磅以上

3. 冰淇淋成分

名　稱	所占比例(%)
脂肪	12.5
蛋白質	9~10
糖	15~16
安定劑	0.5~0.6

十、豆乳冰淇淋(Ice soy-bean cream)

1. 配料

配　料	含　量
大豆	2 公斤
白砂糖	6~8 公斤
花生仁（已炒熟）	0.5~0.8 公斤
玉米粉	0.5 公斤
蛋	6~8 公斤（蛋白、蛋黃分開，蛋白打成泡沫加到冰淇淋內）
純瑪琳	1.5~2 條
香草片	15~20 片
奶粉	1/4 lb

2. 豆乳冰淇淋製備程序

a. 將 2 公斤大豆依據前述人造乳製造程序製成人造乳（乳中可加糖及其他配料等）。

b. 將玉米澱粉放入小型鍋（鋁鍋或搪瓷鍋）中，加入人造乳→調配均勻→將小型鍋放置水浴→加熱蒸煮→使玉米粉蒸至熟透→冷卻→加入鍋中蛋黃及純瑪琳→攪合均勻→製成乳化膠體混合物。

c. 將炒熟花生仁→放入潔淨篩（竹篩或鋼絲鋼篩）→磨擦去外皮→並不斷以電風扇吹去脫離之皮衣→備用。

d. 將已去除皮之花生仁→放入人造乳之鍋中→分配放入粉碎機中→細磨成糊狀之物→加入乳化膠體混合物→秤重→按量加入白砂糖（按其重量計約為14~15%）、香草片及脫脂奶粉等→再放入粉碎機中→細磨成濃漿→再將蛋白（因所備之雞蛋均預經去殼並將蛋白與蛋黃分開使用）打成泡沫→傾放入濃漿中→略加拌合→冷凍−10~−15℃→成品（豆乳冰淇淋）。

十一、乾酪(Cheese)

1. **種類**：牛乳或其他乳汁酵素(rennin)或乳酸發酵而凝固者，蛋白質及脂肪蓄積而加食鹽及香料發酵者，其製法依世界各國而異。種類有 500 種以上。其大概如下：

   a. 軟質（水分 50~75%）
   - 不促成熟成
   - 促成熟成
     - 由細菌作用製成
     - 由黴菌作用製成

   軟質
   - camembert cheese
   - cottage cheese

   b. 半軟質（水分 40~50%）
   - 由細菌作用製成如：brick cheese
   - 由黴菌作用製成如：roquefort cheese

   c. 硬質（水分 30~45%）由細菌作用製成

   Ⅰ.無氣孔：如 cheddar cheese；edam cheese; granular cheese; caciocavallo cheese。

   Ⅱ.有氣孔：如 swiss cheese；parmesan cheese; emmentaler cheese。

2. **原料**

   a. 生乳 10 L、凝乳素 0.3g：由小牛胃部提煉出來。

   b. 食鹽 20g、乳酸菌種液(starter)200c.c.，菌種：*Streptococcus lactis*、*S. thermophilus*、*Lactobacilli bulgaricus*。

   一般生乳→放入瓶中→加熱殺菌→冷卻 30~32℃→接種→保溫發酵→菌酛(starter)。

3. **乾酪一般製法**：牛乳→加熱殺菌→冷卻 $\xrightarrow{30\sim32℃}$ 加入 starter→拌合均勻→保溫發酵(30~32℃) $\xrightarrow{\text{酸度約}0.2\%}$ 加凝乳素（加水約 100 倍，稀釋凝乳素後再使用）$\xrightarrow{30\sim40\text{分鐘}}$ 凝固→切凝塊→加熱（每約 5 公升 1℃ 35~38℃）→堆凝塊

(cheddaring) —2小時→ 加鹽→攪拌均勻→成型（加壓）→室內乾燥(10℃) —2~3天→ 成熟(aging) —5~6個月 / 5~15°C→ 成品→再經送入滾壓機中→壓片→切割→包裝→食用乾酪。

十二、奶油(Butter)

奶油中含有油脂約為80%以上，水分含量約為17%以下，無大腸桿菌，細菌數5萬／cm^2以下。

1. 奶油種類

a. 無鹽奶油(unsalted butter)：含有油脂為 82%以上，為製造糕餅之原料或供給腎臟疾病病患食用。

b. 加鹽奶油(salted butter)：含有油脂約80%以下，含食鹽量一般均為1.5 ~2%。

c. 發酵奶油：此種奶油須經乳酸發酵而具有特殊風味，且多為加鹽後經發酵而造成。

d. 具有甜味或非發酵奶油。

2. 發酵奶油的一般製造程序：新鮮牛乳→選擇→分離乳脂→中和→乳脂殺菌→加發動劑→發酵→配色→加鹽→揉料(churn)→除去過量水或乳汁→入模(或裝罐)→包裝→成品。

a. 中和乳脂的酸度多使用氫氧化鈣、碳酸鈉、小蘇打或氧化鎂等，因乳脂的酸較高時，如溫度升高時可導致乳中酵素凝聚，則有一部分油脂被吸收且奶油中會有像顆粒之物質叢生，影響奶油品質。

b. 發動劑：其中具有主要發酵菌種如 *Streptococcus lactis*、*Streptococcus citrus*。

十三、奶昔(Milk shake)

1. 成分

成　分	含　量
油脂	3.5~5%
總固型物	20~30%
糖	7~10%
安定劑(carageenin)	0.4~0.5%
體積增加率	30~40%（美國增加 40~60%）

2. 製造程序：脂乳→加安定劑→攪拌→送入加熱殺菌機中→速予殺菌→再送入均質機中→均質→加玉米糖漿→拌合均勻→冷卻與冷藏 $\xrightarrow{27\sim28^{\circ}F}$ 加入冰淇淋（按體積約為 20~30%）→送入冷凍攪拌及均質機中→均質→速予包裝→冷藏→銷售成品。

十四、養樂多(Yoghurt; Yogurt; Yaourt)

1. 常用之菌種：如 *Lactobacillus bulgaricus*、*Streptococcus thermophilus*。

2. 養樂多製法：牛乳添加葡萄糖、酵母菌抽出物各約 1%→裝瓶→加熱殺菌(85℃) $\xrightarrow{70分鐘}$ 冷卻 $\xrightarrow{22^{\circ}C}$ 接種→保溫 $\xrightarrow{40\sim45^{\circ}C}$ 培養 $\xrightarrow{3天}$ 成品。

FUNDAMENTALS OF
FOOD SCIENCE AND TECHNOLOGY

18 CHAPTER

蔬菜與水果

18-1 通　論

蔬菜的結構、成分因種類不同，差別很大。甚至同種類之間，也會受不同品種、成熟度、季節性、肥料土壤之厚薄、運送貯存之過程，而影響組成。

一般而言，蔬果的水分含量很高，大部分超過 90%，僅少數低於 80%，例如，瓜類可高達水分 96%，而馬鈴薯只含水分 78%。水分充足時，組織飽滿，水分不足則呈凋謝。利用鹽的滲透作用，將蔬果細胞內水分擠出而引起原生質分離，細胞死亡，則細胞內會自由交流，利用此原理，可達快速醃漬效果，例如：廣東泡菜。假若再經更長時間貯藏，利用微生物黴之作用，再乳酸發酵、酒精發酵過程中，會形成更複雜的風味，例如：四川泡菜、冬菜、日式醃黃蘿蔔（則醃漬）等。蔬果切雕時，太硬的蔬菜可先予浸泡濃食鹽水，使組織軟化較容易雕刻，之後再浸泡清水，組織再度充水呈硬挺美觀。

蛋白質量很少，約 1~2%，只有新鮮豆類稍多，脂肪量更少，而糖量的差異很大，營養學上將蔬菜依含糖量分成主食類及蔬菜二類。

蔬果的固形物主要成分是碳水化合物，約占乾重的 75%，總碳水化合物中通常包括：單醣類、多醣類（澱粉、纖維素、半纖維素）及果膠質。細胞壁的成分為纖維素、半纖維素及果膠質，和部分非碳水化合物與蛋白質之結合物。纖維素呈不溶性，人類不能消化和吸收。半纖維素則是一群異質性的多醣類，含多種六碳醣、五碳醣單位，尤其是葡萄糖醛酸。

果膠質存在於細胞及細胞間，$\alpha(1\rightarrow4)$接合而成。果膠(pectin)可形成安定的凝膠，故成為果醬、果凍及柑橘果醬(marmaladea)的重要添加物。柑橘果皮白絨層含果膠質多達濕重 50%，一些蔬菜廢棄物也是果膠的來源。果膠溶液特性之一是具有高度黏性。果膠之分子量愈大，黏度愈高，酯化程度增加，黏度也會提高，電解質鈣或鋁鹽的添加也會提高黏度。綠色蔬菜是鈣質、鐵質良好的來源，但菠菜、芥菜、甜菜、四季豆、紅薯等含草酸(oxalic acid)會結合成草酸鈣，未能為體內吸收故不宜多食做為鈣質食物來源。大部分蔬菜含多量鉀質，而芹菜、胡蘿蔔、芥菜、菠菜含較多鈉質，心源性高血壓等限鈉病患不宜多食。蔬菜在體內代謝後，產生較多鹼性元素，維持體內酸鹼平衡。深綠色、橙黃紅色澤愈深的蔬菜，類胡蘿蔔色素含量多，攝食後轉化成維生素 A，而生長發芽的部位，含維生素 C 多。

18-2 一般構造

一、細　胞

這類型細胞也稱柔組織細胞(parenchyma cell)，即蔬菜或水果由許多此類型的細胞集合所組成。

1. **細胞核(nucleus)**：含遺傳基因密碼 DNA。
2. **細胞質(cytoplasm)**：在柔組織細胞的細胞壁裡面的黏性層。
3. **細胞膜(plasmalemma)**：一層薄的膜圍繞在細胞質的外面。
4. **內質網(endoplasmic reticulum)**：為一薄膜系統，存在於細胞質中，形狀為小凹或囊狀。
5. **粒線體(mitochondria)**：**為細胞產生能量的構造。**
6. **原形體(plastids)**：一群特別的構造，分布在柔組織細胞的細胞質之內。
   a. 葉綠體(chloroplasts)：含綠色植物中的葉綠素。
   b. 澱粉體(leucoplasts)：沒有色素，是食物貯藏澱粉之處，也稱白漿粒(amyloplasts)。
   c. 色素體(chromoplasts)：含葉黃素體(xanthophylls)或胡蘿蔔素(carotenes)。
7. **液泡(vacuole)**：柔組織細胞的最大部分，細胞質提供富含許多物質、糖、鹽、有機酸、多醣類、酚類的衍生物及色素。

二、細胞壁

1. **纖維素(cellulose)**：蔬菜、水果可剝下明顯堅固的、天然厚的皮層。這是一個帶有高濃度纖維素所形成細胞壁的保護層。這些複合醣類多由葡萄糖以 β-1.4 鍵結組成，不被人體所消化。
2. **半纖維素(hemicellulose)**：屬於複合醣類，由許多不同的糖和糖的衍生物所組成，可溶於酸及鹼基。
3. **木質素(lignin)**：形成木材材化，可抵抗化學品、酵素和細菌的作用，甚至經烹煮也不改變。

4. **果膠質(pectic substances)**：複合醣類，在蔬果成熟時期會產生一連串的改變，由原果膠、果膠最終形成果膠酸。
   a. 原果膠(protopectin)：不溶於水，大量存在於不成熟的水果中。
   b. 果膠質酸(pecrinic acid)：是由原果膠質轉變，相似於果膠酸，但其羧基(COOH)和甲基(CH_3)形成酯化，易和金屬離子形成鹽類。能和糖及酸形成膠狀物。
   c. 果膠(pectin)：可溶於水，成熟水果含量較多。多以酯化形式存在，果膠的鍵結較弱，其黏著力不強，所以水果愈成熟愈軟。
   d. 果膠酸(pectic acid)：可溶於水，是酸的。

三、成熟期的改變

在成熟期的水溶性果膠比率的改變，如蘋果成熟時，水溶性果膠增加，硬度減少，原果膠減少。

原果膠 ⟶ 果膠質酸 ⟶ 果膠酸

18-3 營養價值

低能量，高水含量，差不多大於 90%水容量。

1. **碳水化合物**：形式及含量各異，如糖和澱粉等。
   a. 蔬菜：在未成熟狀態，含有較多糖及少量澱粉。成熟期，澱粉轉換成糖。
   b. 水果：未成熟期，澱粉含量多。
2. **蛋白質和脂肪**：非常少量，少於 1%，酪梨和橄欖除外。
3. **礦物質**：其含量變異廣泛，通常蔬菜比水果多（因為礦物質的關係，使得蔬菜和水果成為鹼性食品）。
4. **維生素**
   a. 維生素 B 群含量較低。
   b. 維生素 A 先質（胡蘿蔔素）。
   c. 維生素 C。

d. 葉酸。

e. 硫胺（維生素 B_1）：豆類、蔬菜中含量較多。

※ 有深綠色葉子的蔬菜：含有較多鐵、維生素 B_{12}、維生素 C、胡蘿蔔素及葉酸等。

18-4 色　素

一、葉綠素

在水果和蔬菜中含有鎂的原形體，為綠色的。

1. 可發現存在細胞的質體中，可溶解在脂肪或脂溶性物質，如乙醇、乙醚、丙酮等。
2. 綠色蔬菜含量較多，除酪梨外在水果少見。
3. 葉綠素 a：官能基是甲基$-CH_3$，一個完全深藍綠色的色素體。
   葉綠素 b：官能基是乙醛$-CHO$，帶有黃綠色。
4. 當烹調時
   a. 液泡破裂，水分跑出外面，一些有機物質溶出，溶液 pH 值降低，鎂由葉綠素釋放出，而由氫離子取代，即脫鎂反應(pheophytinization)。
      Ⅰ. 葉綠素 a→植物黑質 a(pheophytin a)呈現灰綠色及淡綠色。
      Ⅱ. 葉綠素 b→植物黑質 b(pheophytin b)呈現橄欖綠。
      Ⅲ. 植物黑質 a、b 混合的結果是煮過的蔬菜形成了橄欖綠色。
   b. 加酸：結果形成橄欖綠色。
   c. 加鹼：葉綠素→形成葉綠酸(chlorophyllin)，是水溶性的。結果形成鮮綠色，但由於細胞壁的半纖維分解，形成質地較軟。
   d. 金屬反應，如鐵或銅會形成鮮綠的葉綠素銅式鐵鹽。
   e. 酵素
      葉綠素 $\xrightarrow{\text{葉綠素}}$ Chlorophyllids，Chlorophyllide 是水溶性的。

5. 預防變色的方法
   a. 烹煮時不加蓋，使有機酸揮發。
   b. 使用足夠的水去稀釋酸。
   c. 烹調前先殺菁(blanched)。

二、類胡蘿蔔素

組成黃色、橙色和有些紅的顏色。

1. 存在於細胞的色素體。
2. 有時和葉綠素結合在一起。
3. 可溶解在脂肪或有機溶劑中，不溶於水中。
4. 胡蘿蔔素(carotene)：如南瓜、地瓜、胡蘿蔔的紅、黃橘色。
5. 番茄紅素(lycopene)：如番茄、西瓜的紅色色素。
6. 葉黃素(xanthophylls)
   a. 玉米黃素(cryptoxanthin)：如玉米。
   b. 葉黃體素：如橙、菠菜。
7. 在製備、加工和貯存時期的變化
   a. 通常蒸煮方法對胡蘿蔔素的顏色和營養較少影響。
   b. 酸、鹼和水量多寡沒有多大的影響。
   c. 不會流失在烹煮水中，但是可溶解在烹調中的油脂。
   d. 在長時間、高溫烹煮下，色素會有大的改變。

▼表 18-1 一百公克水果所含之營養成分

營養素		範　圍	平均值	備　註
水分	（公克）	75~90	-	
熱量	（卡）	20~80	50	
醣類	（公克）	2~20	10	
蛋白質	（公克）	0.2~2.0	0.5	
脂肪	（公克）	0~1	0.5	
鈣	（毫克）	5~40	20	
鐵	（毫克）	0.1~1.0	0.3	
維生素 A	（微克）	0~1800	240	橘子 90~120
維生素 C	（毫克）	0~30	30	番茄 600~1,800
維生素 B_1	（毫克）	0~0.1	0.04	芒果 600~1,500
維生素 B_2	（毫克）	0~0.1	0.05	
菸鹼酸	（毫克）	0.0~1.0	0.4	

▼表 18-2 各種水果中維生素 C 的含量（毫克%）

水　果	維生素 C	水　果	維生素 C	水　果	維生素 C
香蕉（弓蕉）	4	椪柑	68	白柚	57
蘋果	5	桶柑	57	紅文旦	95
楊桃	40	木瓜	73	白文旦	115
葡萄	9	水梨	9	黃西瓜	9
番石榴	225	紅柿	35	西瓜皮	19
檸檬	43	鳳梨	29	蓮霧	20
荔枝	63	李子	8		
香瓜	22	紅柚	71		

▼表 18-3　食品調配上維生素的重要特性

維生素	在水中溶解性	氧	光	加熱時 pH 值	
				酸	鹼
維生素 A	無	敏感性	敏感性	穩定性	穩定性
維生素 B_1	有	穩定性	穩定性	敏感性	敏感性
核黃素	有	穩定性	敏感性	穩定性	敏感性
菸鹼酸	有	穩定性	穩定性	穩定性	穩定性
維生素 C	有	敏感性	敏感性	敏感性	敏感性
維生素 D	無	穩定性	穩定性	穩定性	穩定性

▼表 18-4　一般蔬菜色素

色　素	顏　色	蔬　菜
葉綠素		
葉綠素 a	深藍綠色	菠菜、豌豆
葉綠素 b	黃綠色	青豆仁、硬花甘藍
Pheophytin a	暗綠色	烹調超過 7 分鐘的綠色蔬菜
Pheophytin b	橄欖綠	
胡蘿蔔素		
α－胡蘿蔔素	黃橘色	冬瓜、南瓜、胡蘿蔔
β－胡蘿蔔素	紅橘色	炸馬鈴薯、蕪菁甘藍
番茄紅素	紅	番茄、西瓜
葉黃素		
玉米黃素	黃色	甜玉米
葉黃體素	橙色	菠菜
類黃素		
花青素	紅、紫、藍	紅甘藍
二氧化嘌基	白色	花椰菜、白洋蔥、大頭菜

▼表 18-5 蔬菜色素的顏色反應

色　素	例　子	色素在酸中	色素在鹼中	色素對金屬的反應
葉綠素	硬花甘藍	橄欖綠	鮮綠色	銅、鐵：鮮綠色
胡蘿蔔	素胡蘿蔔	橙色	橙色	鋁：黃 鐵：褐
黃色素				鐵：藍 錫：紫
二氧化嘌基	花椰菜	無色、白色	黃色	
花青素	紅甘藍	紅色	藍色到綠色	

三、類黃素

1. **水溶性**。
2. **花青素(Anthocyanins)**：紅色，紫色，藍色。
   a. 色素受酸鹼值而變化，色素大部分反映在小酸鹼值。
   b. 中性：紫色，鹼性：藍綠色，酸性：紅色
3. **二氧化嘌基(Anthoxanthins)**：黃色，白色，無色。
   a. 中性：乳白，鹼性：黃色，添加酸：白色。

四、單　寧

屬於酚類化合物，主要的作用不是在色素上，而是褪色及在酵素性褐變反應。

1. **酵素褐變需要三要素**
   a. 基質(Substrate)：多酚類化合物，例如兒茶酸、咖啡酸、酪胺酸等。
   b. 酵素：多酚氧化酶(polyphenol oxidase)或多酚酶(polyhpenolase)。
   c. 氧氣量。
2. **最佳反應條件**：微溫在 43℃，中性狀態(pH 7)。
3. **調控或有機抑制**：抑制酵素活性。
   a. 加有機酸：例如檸檬酸、檸檬汁、橙汁、酒石酸等。
   b. 加糖漿、食鹽。
   c. 加抗氧化劑：例如維生素 C、二氧化硫。

18-5 芳香味道

由於許多化合物的混合產生，如有機酸、醛、乙醇和酯。

1. **多酚類**
   a. 單寧(tannin)。
   b. 柚甘(naringin)：葡萄柚的苦澀味。
2. **糖**：葡萄糖、果糖、澱粉。
3. **酸**：甲酸、乙酸、檸檬酸、蘋果酸、草酸、烏頭酸、安息香酸、丁稀二酸等。
4. **硫磺類化合物**
   a. 蔥蒜：蔥科，例如蒜、蔥、蝦夷蔥、韭菜。
   b. 十字花科植物(brassica)：例如芥菜、甘藍菜、花椰菜。
5. **胺基酸**：麩胺酸，例如香菇。
6. **水果芳香味**：酯類化合物。

18-6 蔬　菜

一、蔬菜的分類

1. **球莖(bulb)**：如洋蔥。
2. **根(roog)**：如蘿蔔。
3. **塊莖(tuber)**：如馬鈴薯。
4. **莖(stem)**：如芹菜。
5. **葉(leaves)**：如菠菜。
6. **果實(fruit)**：如番茄。
7. **種子(seed)**：如豌豆、豆類。
8. **花(flower)**：如花椰菜。
9. **蕈類(mushroom)**：如蕈、菇類。

▼表 18-6　蔬菜分類

球　莖	根	塊　莖	葉	果　實	種　子
大蒜	甜菜	白馬鈴薯	硬花甘藍	番茄	碗豆
韭菜	胡蘿蔔	甜馬鈴薯	嫩甘藍	茄子	
洋蔥	蘿蔔		芹菜	辣椒	
青蔥	防風草		甘藍	秋葵	
			中國甘藍	甜玉米	
			菊苣	南瓜	
			荷蘭芹	胡瓜	
			無頭甘藍	乾鮮蓟	
			球莖甘藍	綠豆	

二、蔬菜的質地

（一）脆度(Cripness)

1. 由於一個一個細胞間腫脹的壓力，造成高品質生鮮蔬菜在質地上的脆度。
2. 在液泡中水的含量。

（二）柔軟度(Tenderness)

黏的細胞壁提供生鮮蔬菜組織的柔軟度。

黏合材料（果膠質和半纖維素）在細胞間使它們互相黏著，所以生鮮蔬菜可耐牙齒咀嚼的壓力。

1. **幼嫩時**：較省烹煮時間。
2. **成熟時**：需要較多烹煮時間。
3. **木質素含量多**：較多烹煮時間。

三、烹調的影響

1. **質地**：變柔軟。
2. **風味**：有無加蓋、水量的多寡、烹調的時間都會影響。

3. **營養價值和可口性**：加水和加熱後，部分維生素與礦物質會遭受破壞或溶出，有機酸、含硫化合物及芳香化合物也會流失，造成營養的降低與風味的降低，因此蔬菜需注意烹調方式。但藉由烹調加熱的過程，細胞壁破壞，水分、果膠質溶出，利用此一特性可製備出不同口感的菜餚。
4. **色澤**：加酸或加鹼會發生變化，與空氣接觸也會產生褐變現象。

18-7 水 果

依照種類、細胞組織、種子的形態或自然產地可將水果區分成：

一、漿果(Berries)

1. 小的，易碎的，細胞組織易受損。
2. 在細胞內部有充足的含水量。
3. 薄的細胞壁導致漿果明顯失去它們的汁液。
4. 例如：草莓、小紅梅、黑梅等。
5. 可以製造派、果醬、果凍、果汁等。

二、柑橘(Citrus fruit)

1. 富含維生素 C。
2. 例如：橙、檸檬、橘子、萊姆。

三、核果(Drupes)

1. 中心是一個單獨的種子，被可食部分所包圍的水果。
2. 例如：杏、櫻桃、桃子、李子、梅子、白柚桃等。
3. 可以有很多加工的形式：生鮮、凍結、裝罐、果凍、果醬、乾果。

四、葡萄類(Grapes)

1. 就水果本身和製酒都是重要的和有價值的。

2. 商業產品包含葡萄果凍、果醬、蜜餞、果汁和酒。

五、瓜類(Melons)

1. 瓜類通常在生鮮水果的使用上是受限的。

2. 有二種一般的分類
   a. 網狀外皮瓜類(muskmelons)：在它們的中心凹處充滿了種子，且在外皮下的果肉富含顏色。例如：甜瓜、哈密瓜、波斯瓜等。
   b. 西瓜(watermelons)。

六、梨果(Pomes)

1. 在果核中包含五個種子，被厚的、可食的果肉圍繞著。

2. 例如：蘋果、梨子、枇杷、柿子。

3. 製造果汁、Vinger、果凍、蘋果醬、派的充填物、蘋果派。

七、熱帶和亞熱帶的水果(Tropical and subtropical fruits)

1. 提供優良的維生素C，可利用性遍布一整年。

2. 例如：酪梨、鳳梨、木瓜、芒果、香蕉、熱帶水果、奇異果、石榴、番石榴、椰子、棗等。

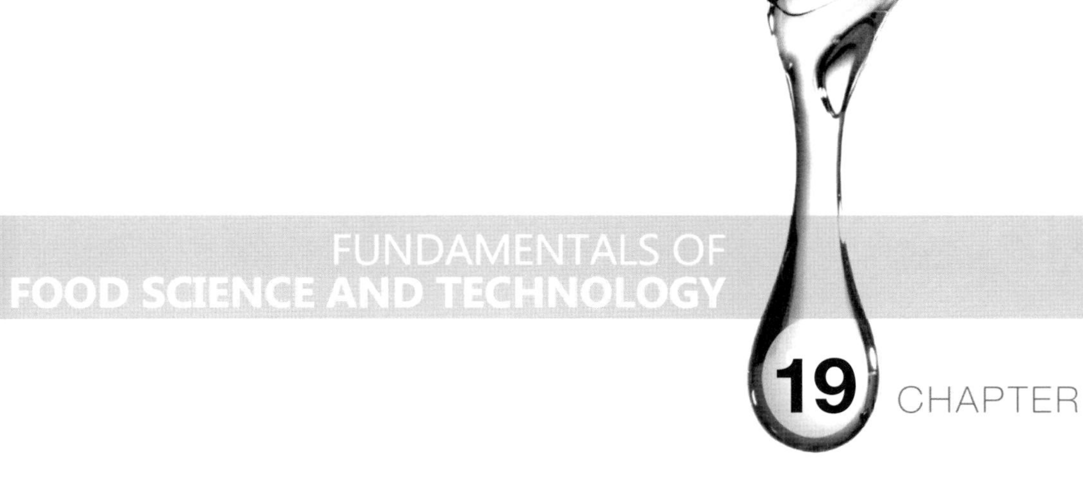

菇類、藻類、菌類

19-1 菇 類

一、食藥用菇的定義

菇類包括擔子菌類與子囊菌類的酵母菌、黴菌等，同屬真菌類。菇類的成分中，比較特殊的是麥角固醇(ergosterol)，是一種維生素 D_2 的前驅物，紫外線照射後變為維生素 D_2，能調節磷酸鈣的作用；因不含綠葉素，不能行同化作用，無法合成澱粉，只能寄生其他植物，利用既成的有機碳來生長。

菇是一種長在地上或地下，具有很明顯子實體(fruiting body)的大型真菌。此子實體大到足以用肉眼即看的清楚且能用手採摘。因此，所謂的菇並不截然就都是擔子菌類或一定是肉質的；它們也可以是子囊菌類，而且子實體質地可能是革質的、像軟木的或木質的。從某一個角度來說，菇可以被區分成四大種類：

1. **其肉質可食的食用菇**：例如：洋菇(*Agaricus bisporus*)。
2. **具有藥理應用價值的食用菇**：例如：靈芝。
3. **被證明或認為有毒的毒菇**：例如：毒鵝膏(*Amanita phalloides*)。
4. **其他**：指的是那些身分未明的菇。

菇本身沒有葉綠素，不能行光合作用，它在自然界的食物鏈中是扮演分解的角色，能產生多種酵素將它們的生長基質加以分解並吸收。

菇類的子實體味道鮮美，已可用人工栽培法大量繁殖，是一種重要的單細胞蛋白(single cell protein)。依其所栽培的方法，可以分為：

1. **人工培養基栽培**
   a. 洋菇係採用稻草製成之堆肥培養。
   b. 金針菇、鮑魚菇則採木屑摻入米糠、副營養料等製成的培養基（又稱太空包）栽培。
   c. 草菇則用新鮮稻草或利用蔗渣、紡織廠的廢棉紗為栽培材料。
2. **原木栽培**：如白木耳、紅木耳等接菌絲於人工腐朽之原木上。
3. **林地原野栽培**：如松茸等之孢子或菌絲必須在自然環境下種植。

※ 微生物食品(bio-foods)，又稱為單細胞蛋白(single cell protein, SCP)，這些微生物必須具備下列條件：

1. 易於大量培養者。
2. 不需要維生素或其他特殊化合物為營養者。
3. 菌體細胞之收穫及分離簡單者。
4. 細胞中含有充分的必需胺基酸而無毒素者。
5. 細胞的產率高者。

二、食藥用菇的型態

菇類沒有葉綠素，無法行光合作用，養分來源完全依靠絲狀菌絲在土壤或枯木中吸收，以寄生、腐生或共生的方式營生，最後纏結形成子實體並產生擔孢子（或子囊孢子）延續後代。所以，其菌絲的作用如同高等植物的根，子實體如同植株，而孢子就類似種子的作用。

構成子實體的菌絲在擔子菌中有三種類型：

1. **生殖菌絲(generative hyphae)**：其壁薄，細胞質稠密，大多會形成扣子體(clamp connection)。其他兩種菌絲即由此衍生而得，但只有此菌絲具有生殖能力，能形成擔孢子繁衍下一代，子實體的骨架即由此菌絲構成。
2. **聯絡菌絲(binding hyphae)**：多分枝，短小而不發達，壁厚，具有組織的功能。
3. **骨骼菌絲(skeletal hyphae)**：不分枝或少分枝，壁厚，胞腔狹窄。執行營養功能的菌絲體，無論是在基質內或基質表面生長總是很疏鬆的，但有的子囊菌或擔子菌在環境條件不良或繁殖的時候，菌絲體會相互緊密地纏結在一起，於是形成菌絲組織體。常見的菌絲組織體有菌核、子座和菌索，這些結構在繁殖、傳播以及增強對環境的抗力上有很大的助益。
   a. 菌核(sclerotium)：菌核通常質地較堅硬，多為不規則的塊狀瘤狀，棕褐色至黑褐色，內部白色或稍帶淺色。著名的中藥材茯苓和豬苓的藥用部分就是它們的菌核。
   b. 子座(stroma)：一種褥座狀的結構物，如中藥材冬蟲夏草(*Cordyceps sinensis*)，從菌核（蟲體）中長出具柄部和頭部的子座，而在頭部周圍生成許多子囊殼(perithecium)。

c. 菌索(shoestring)：係菌絲相互纏結而成，酷似植物的根，外層由擬薄壁組織組成，顏色較深，稱為皮層，內層由疏絲組織組成，稱為心層。典型的例子有蜜環菌的菌索。

除了上述三種菌絲組織體外，一般菇類在繁殖時，子囊菌會形成子囊(ascocarp)並生成被果型的子囊(ascus)，內含子囊孢子(ascospore)；而擔子菌則形成擔子果(basidiocarp)，擔子(basidium)著生於子實層(hymenium)上，擔孢子(basidiospore)即在其上生成，屬於裸果型。

擔子菌類的子實體，可分成：

1. 木質性，如靈芝。
2. 肉質性，如香菇等大部分的食用菇。兩者絕大多數是雨傘型。
3. 也有例外的，像木耳(*Auricularia auricula*)、白木耳等是「有隔擔子菌類」(*Phragmobasidiomycetidae*)所形成的子實體，為膠質並呈耳殼狀。

子囊菌類的子實體並不形成雨傘狀，其變化多端而有趣。如：冬蟲夏草及羊肚菌(*Morchella esculenta*)即是子囊菌。

1. 冬蟲夏草，形成褥座狀的子座。
2. 羊肚菌子實體具圓柱狀的柄部和近似柱狀而表面形成凹坑的蓋部。

三、食藥用菇的效益

1. 以洋菇和香菇為主的食用真菌，風味獨特，味道鮮美，經常食用有益於人體健康。食用菇中蛋白質含量一般較高，大致介於肉類和果蔬之間。肉類雖屬高蛋白，但也因它的高脂肪和高膽固醇，而使得消費者為之怯步，相反地，菇體蛋白含量占乾重的 30~45%，約有一般果蔬的 3~6 倍，因此具有高營養價值。菇類所含的胺基酸種類多達 18 種左右，尤其 lysine 的含量一般都比較豐富。在無機質方面，木耳的鐵質含量較肉類高 100 倍，鈣的含量則有 30~70 倍，並且含有一般植物所缺的磷質，而能供應人體磷質的也只有木耳和紫菜等幾類而已，足見菇是值得重視的保健食品。
2. 菇類一般也含有豐富的維生素，有利於人體的健康。例如：蜜環菌子實體內含有較多量的維生素 A，經常食用可預防視力失常、眼炎及夜盲等病症。香菇與木耳富含維生素 B_2，經常食用可以預防人體各種黏膜及皮膚的炎症。香菇、木耳和草菇富含維生素 C，經常食用可以預防毛細血管破裂，牙床和腹腔出血等壞血病。香菇及草菇富含維生素 D 的前驅體麥角固醇，經陽光（紫外線）的照射即轉變為維生素 D（骨化醇），因此可以預防人體（尤其是嬰兒）發生佝僂病變。

3. 中醫中藥為我國所特有，而中藥裡包含了許多真菌類藥物，例如早在明代李時珍的本草綱目中即記載了茯苓、豬苓、雷丸、蟬花(*Cordyceps sobolifera*)、靈芝類等廿餘種，以在臨床治療及抗癌、攻克心血管疾病上皆有深入研究。

▼表 19-1 數種傳統中藥偏方的應用價值

菌 種	藥效部位	主治功效
靈芝	子實體落	提神（返老還童），治療神經衰弱
竹蓀	子實體	降低膽固醇
豬苓	菌核	去除尿素
羊肚菌	子實體	益於腸胃，治療消化不良
蜜環菌	菌索	治療頭昏眼花，耳鳴，癲癇
雲芝	子實體	治療慢性病
猴頭菇	子實體	益於心，肝，脾，肺，腎
雞肉絲菇	子實體	強胃，治療痔瘡
香菇	子實體	增進健康，抵抗疾病
木耳	子實體	增進健康，幫助血液循環

四、食用藥菇各論

（一）松茸(*Tricholoma matsutake*)（見圖 19-1）

1. 松茸是在森林裡自然發生的野生菌類中，菇體碩大、菌肉肥厚，香氣濃郁、食用價值極高的菇類，味道絕佳，自古以來即被列為上等的食用菌，是具藥用價值之食用菇中的珍品。由於此菌係一種菌根真菌，喜於松樹根部營共生生活，形成外生菌根，因此人工栽培所牽連的條件複雜，不容易人工栽培。但若以深層栽培的方式來說，用啤酒酵母當做氮素及生長因子來栽培松茸菌絲體的話，則效果很好。台灣松茸係松茸的一個變種，寄主以台灣二葉松為主，台灣鐵杉為副，在每年 6~10 月中旬，於中央山脈中部之八通關至秀姑巒山地區發生。由於該地區屬於多霧區，日中乾燥，則晚間則多霧，故土壤水分之供應足可滿足松茸生長之需要，而以氣溫來論之，實符溫帶之平地地區之秋期氣候，極適松茸之生長及發菇。採得這些子實體後，可以新鮮食用或烘乾後備用，依據大陸劉波的記載，此物具有強身、益腸胃、止痛、化痰理氣的效用，因食藥用兼備，所以是一個值得重視而具有潛力的健康食品。

2. 松茸在日本是一健康珍品，民生中的口慾佳餚，近年來則被當作抗癌藥物篩選對象之一。依據劉波的記述，此菌子實體具有強身、益腸胃、止痛、化痰理氣的效用。而包含白蘑和虎皮香杏在內，主要產於河北和內蒙古的白蘑，則能應用在小兒麻疹欲出不出及煩躁不安等問題的防治上。中藥口蘑對腸胃有益，此外松茸含有人體必需的 8 種胺基酸，因此將之譽為一種高級健康食品。

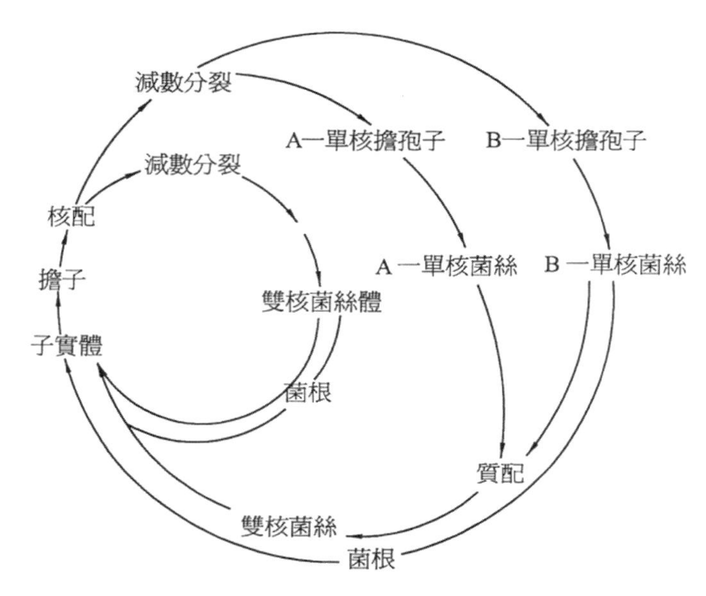

▲圖 19-1　松茸的生活史

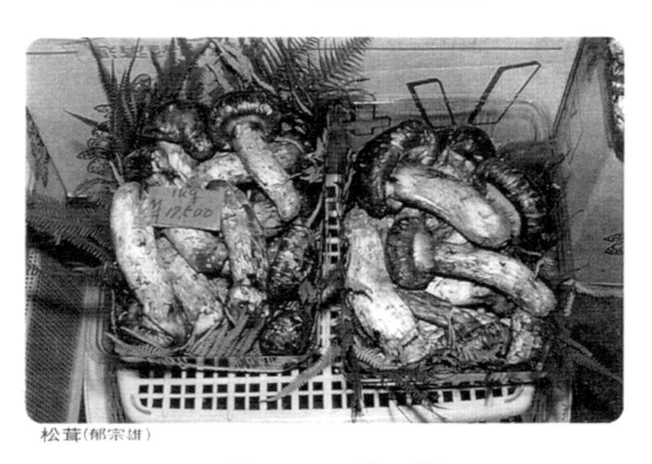

松茸(郁宗雄)

▲圖 19-2　松　茸

（二）鮑魚菇(*Pleurotus cystidiosus*)（見圖 19-3）

1. **前言**：鮑魚菇古稱北風菌，在我國唐宋宮庭的菜單中就有此名稱，其味道鮮美、咬感清脆，含水量高、營養豐富，適合蒸爆炒煮各式菜餚，早在 7~8 百年前即已被當作待客的食品。此菇有三大系統，本省生產的是高溫品系；大陸所生產的則屬低溫品系的北風菌，一般通稱之為平菇；另外還有中溫品系，較適合於溫暖的環境生長。依據記載，平菇能鬆弛肌肉與關節，並按乾重計，其菌絲體內含有 2.78%的蛋白質和 0.14%的非蛋白質氮氣，濃度之高可以有效地用做病人的營養品，因此謂之「健康食品」實當之無愧了。本省特產的夏季鮑魚菇(*P. cystidiosus*)，幼小時黝黑得很可愛，所以有「黑美人菇」的外號，其組織緊密，肉質肥厚，耐貯放，極適市場鮮銷。此菇的生活力強，對營養的需求比較廣泛，因此在栽培原料來源容易，栽培方法簡便，產量高，經濟效益高，又對環境適應性強的優越條件下，很吸引業者的投入。台灣本島地處亞熱帶，極適合於鮑魚菇的生長。栽培容易，產量又高，鮮銷運輸比洋菇容易保持鮮度，更不必花費太多的冷凍電費，即可以企業化生產，充分供應都市消費，因此是極為值得研發的菇類菌種。為了提高售價以及管制國產鮑魚菇的品質，必須調節管理技術，生產菌傘半開、菇柄粗大，類似口蘑狀的鮑魚菇。為達此目標，應注意以下幾點：

鮑魚菇的太空包栽培（農試所）

▲圖 19-3　鮑魚菇

a. 菌種必須從優良系統、理想性狀的子實體，利用無菌繁殖法分離菌絲，並以接種 1~2 個月的菌種最理想。菌種應避免汙染，若有雜菌，接種後，菌絲不繼續生長或生長緩慢。
b. 栽培期間，提高培養床表面覆土的含水量，保持空氣相對溼度在 90~95%之間，即可產生小傘粗柄的良質鮑魚菇。
c. 鮑魚菇主要是吃菌肉，豪菇是兼食菌傘、菌柄。因此，生產目標要針對市場需求選擇菌種。
d. 適時採收：通常一個太空包一次一叢只長 2 朵左右，其他自然萎縮不影響生長，適時採收可得最佳品質及重量之菇體。
e. 現代應育成產孢少的品種，因為在大量鮑魚菇孢子的環境下，會造成對空氣過敏性反應的現象。

2. **鮑魚菇的應用價值**：鮑魚菇的肉質鮮美，適應性強，而且產量高，鮮銷運輸比洋菇容易保持鮮度，又適合罐頭加工，因此很吸引菇農們的喜愛。生鮮食用的新鮮鮑魚菇體：

▼表 19-2　鮑魚菇成分分析

成　分	含　量(%)
水　分	95.30
粗蛋白質	19.45
純蛋白質	11.08
粗脂肪	3.84
粗纖維	6.15
灰分	4.98
水溶性物質	51.39
可溶性無氮素物	
總量	65.61
還原醣	54.73
五碳醣	1.98
甲基五碳醣	1.16
雙醣	5.38
六碳醣	10.87

（三）雞肉絲菇(*Termitomyces albuminosus*)（見圖 19-4）

1. **雞肉絲菇的形態與分類**：雞肉絲菇的菌絲在白蟻巢表面交織形成小白球狀突起，微乳黃色，直徑 0.5~2.5mm，球上菌絲向外的末端會著生成串的狹橢圓形分生孢子。其後，化育形成大型的擔子果（菇體）。雞肉絲菇子實體（見圖 19-4）單生、群聚，可分成四大部分：
   a. 菌傘：成熟時菌傘直徑可達 5~20cm，表面為淡褐色或灰褐色，中央部分成蓑帽狀突起，而且色澤較濃，傘緣則帶有裂刻而色澤較淡。菌傘肉質白色，濕潤時有黏滑之感。
   b. 菌褶：菌褶淡黃褐色，與菌柄離生(adnexed)。
   c. 菌柄：子實層上的擔子柄(basidia)為棍棒狀，先突出擔子梗(stigma)後形成橢圓形壁表平滑無色的擔孢子(basidiospores)菌柄勻長，10~20cm，直徑 0.8~2.0cm，其上無菌環，白至灰白色，表面平滑，中央實心有肉，肉質絲狀縱裂。菌柄深入土內，基部成吸盤狀、具假根，其菌根分別直接長在白蟻巢上，長度因蟻巢之下深度而異。
   d. 菌根：菌根肉質白色，脆而易斷，自源頭逐漸變細，但不會急縮式地延長。

此菌屬於擔仔菌類、傘菌目(Agaricales)、口蘑科(Tricholomataceae)、蟻巢傘屬(*Termitomyces*)。

▼表 19-3　蜂巢傘屬真菌的特性

1.	標準的口蘑屬狀(tricholomoid)或金錢菌狀(collybioid)的外貌。
2.	不會寄生在其他的菇體上。
3.	孢子非澱粉質的(nonamyloid)。
4.	子實體不會堅韌，菌褶的邊緣也無鋸齒。
5.	菌蓋不具柵狀角質皮層，菌褶髓部非兩側型的。
6.	產生菌環—至少在子實體早期是有的。
7.	菌環上無顆粒狀物，菌環不會殘留在菌柄上。
8.	殘餘的菌環在子實體成熟時即會掉落。
9.	孢子堆非黏土色，孢子非近球形，壁表無小刺。
10.	在土壤或腐植質上生長。
11.	菌柄會有根狀延長的現象，孢子堆粉紅色。

▲圖 19-4　雞肉絲菇

2. 雞肉絲菇的應用

a. 此菇可直接生鮮食用，肉質細嫩、味美質佳。

b. 亦可在採集後清掉泥沙，晒乾、備用。

c. 其功能「性寒、味甘，能益胃、清神、治痔」，是健胃、促進消化、治療痔瘡的一劑良藥，食藥兼備。

（四）香菇(*Lentinus edodes*)（見圖 19-5）

1. 前言：香菇在日本被認為是「植物性食品的頂峰」，因為它是人體營養上不可或缺的—蛋白質、脂肪、碳水化合物、礦物質和微生物等五種成分的含量，幾乎是任何其他植物性食品所無法取代的。香菇菌絲體內含有 30 多種酵素和 10 幾種胺基酸，諸如人體不可缺少的賴胺酸、精胺酸、蘇胺酸、纈胺酸、亮胺酸和苯丙胺酸，它均具有，而前二者含量相當高，所以可以當作糾正人體酵素缺乏症之食品使用。香菇子實體內含有一特有的香氣物質，叫做香菇精(lenthionine)，業者已提煉成功，並已在日本人工合成，近年並有香菇治療愛滋病的報導，且抗癌率更達 90~100%。因此，針對國民營養的提高、體質的改善，保健與藥效的利用，香菇的現在與未來均是前途無量。大陸在此正面的肯定態度下，除了人工栽培外，並可經菌絲深層發酵培養，而已有香菇多醣保肝劑的商品問世。香菇多醣能增強生物體的免疫力，間接抑制腫瘤，並對化學藥物治療具有增效作用，諸如種種十足提高了香菇不少的身價。

香菇屬於傘菌目，口蘑科(Tricholomataceae)，香菇屬(*Lentinus*)，學名 *L. edodes*。

▼表 19-4　香菇屬真菌的特性

1.	子實體為堅韌的，菌褶的外緣成鋸齒狀(serrate)。
2.	孢子為非澱粉質的(nonamyloid)。
3.	不會寄生在其他菇體上生長。
4.	標準的口蘑屬狀(tricholomoid)或金錢屬菌狀(collybioid)的外貌。

▲圖 19-5　香菇

2. **香菇的應用價值**：香菇是我國一種著名的藥用菌，本草綱目認為香菇「甘、平、無毒」，現代實用中藥認為香菇「為補償維生素 D 的要劑，預防佝僂病，並治貧血」。而經常食用則可獲致預防疾病的效果：

 a. 因香菇子實體內富含大量的維生素 D 前驅物（麥角固醇），這種物質在一般蔬菜是沒有的，它受陽光的作用即轉變為維生素 D（骨化醇），因此可以預防人體（尤其是嬰兒）因缺乏維生素 D 所引起的血磷和血鈣代謝的障凝而導致佝僂病。而且維生素 D 能增強人體抵抗疾病的能力，另外對預防感冒和治療上亦發揮極大之功效。

b. 因香菇子實體內含有一種香菇腺嘌呤(eritadenine)，經常食用可以降低血液中膽固醇、防止動脈硬化和血管變脆。

c. 因香菇子實體內含有腺嘌呤，經常食用可以預防肝硬化。

d. 因香菇子實體內含有維生素 C（抗壞血酸），經常食用可以防止毛細血管破裂，牙床和腹腔出血等壞血病。

e. 香菇含有多量維生素 B_1、B_2 等維生素 B 類，也含有多量鉀、鐵等無機質，所以是高鹼性食品。因香菇子實體內含有維生素 B_2（核黃素），可參與生物體的氧化還原反應，經常實用可以預防人體各種黏膜及皮膚的炎症。

f. 因香菇子實體內存有 1,3 β−葡萄糖苷酶，所以有抗癌作用。

g. 含有一種促進生成干擾素(interferon)的成分，在人體內會生成干擾素，而能抗癌、抗感冒；香菇中亦含有 melanin，能安定自律神經，可使內臟不隨意肌的活動活化維持正常，促進各器官分泌旺盛。

h. 非常耐煮，加熱到 220 度亦不分解，並可保持其他合煮食物的分解。

3. 菇體大小分

a. 大葉種：菌傘直徑平均 9~11 公分，肉質薄至中等，菌柄短而粗大，適合於乾燥香菇及香信之用。

b. 中葉種：菌傘直徑 6~9 公分，菇肉厚度中等，菌柄短細至短粗，適合乾燥、鮮食兩用。冬季早採就成冬菇，春秋季開傘後採收，即成香信。

c. 小葉種：菌傘 5~6 公分，肉質中等厚度，菇體細長至中細，適合鮮銷，冬季可在溫室栽培。

4. 生產季節分

a. 春秋菇：春秋兩季均可生產，生產適溫 15℃左右。

b. 春菇：春季為主要產期，夏季亦可生長。

c. 秋菇：秋季為主要產期，冬季可在聚乙烯(PE)塑膠布菇舍中生產。

d. 夏菇：20℃或更高氣溫下可生產，是鮮菇用品種。

e. 冬菇：10℃以下生長，傘開 6 分呈球形者，生長期如遇較高溫度或濕度，傘部分有白色龜裂，稱為花菇，為菇中高級品。

子實體形成所需溫度分：

a. 高溫品系：20℃左右刺激形成子實體。

b. 中溫品系：15℃左右刺激形成子實體。

c. 低溫品系：10℃左右刺激形成子實體。

一般而言，台灣山坡地種植香菇，以高溫或中溫品系較適合。

5. 生產方法分

a. 野生菇：自然生長。

b. 人工菇：段木或太空包栽培，段木栽培之原木為楓樹、水柯仔、椎子、校鑽、柞樹、青剛樹、栗仔樹、杜仔樹、禍仔樹、牛屎烏、檜木等。目前以長在落葉樹檜木上的香菇最珍奇，第 6 年仍可採收，日本香菇大多寄生在柯樹上，日本人又把柯樹叫椎樹，因此香菇叫椎菇。

太空包栽培則裝玉米粉、米糠、木屑把菌種種入，在適溫下，菌絲很快就長出香菇。

6. 新鮮度分

a. 新鮮香菇：沒香味，但脆甜，用熱水燙過即可直接炒食。

b. 乾燥香菇：有用柴火、機器及日晒自然風乾等方法乾燥。因含維生素 D，故營養價值高。

7. 選擇香菇時要注意下列事項：

a. 菇傘展開程度（見圖 19-6）

Ⅰ.4 分開銀芽級：菌膜完整，最香嫩、最好吃。

Ⅱ.5 分開銀芽級：菌膜已破。

Ⅲ.6 分開含苞級：稍帶菌膜，菇體半球形。

Ⅳ.7 分開含苞級：無菌膜，菇體半球形。

Ⅴ.8 分開捲邊級：傘緣邊捲 2 層以上，菇體扁平。

Ⅵ.9 分開捲邊級：傘緣無捲邊，菇體扁平或反轉。

b. 菇傘厚度與密度：菇肉愈厚愈好，密度大表示質地堅實，拿在手中感覺較重。

c. 菇傘紋路（見圖 19-7）：分成三個等級：花菇、冬菇、香菇。

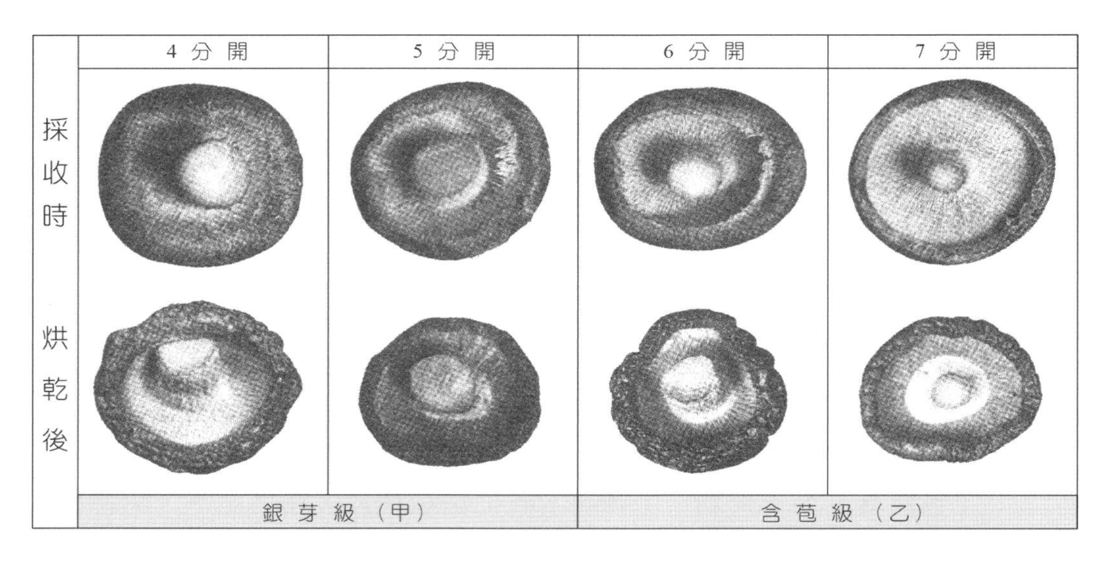

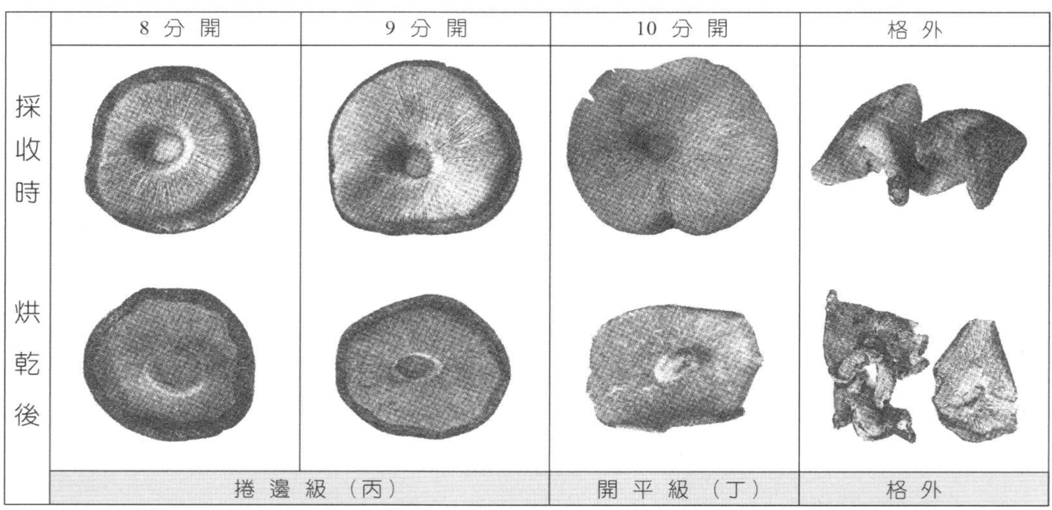

▲圖 19-6　菇傘展開程度

花　菇	特白花	白色裂紋占菇傘表面 50%以上
	白　花	白色裂紋占菇傘表面 50%以下
	茶紋花	菇傘表面具有茶色裂紋者
冬　菇	平　整	傘面無皺紋
	少　皺	皺紋占傘面 10%以下
香　菇	中　皺	皺紋占傘面 50%以下
	多　皺	皺紋占傘面 50%以上

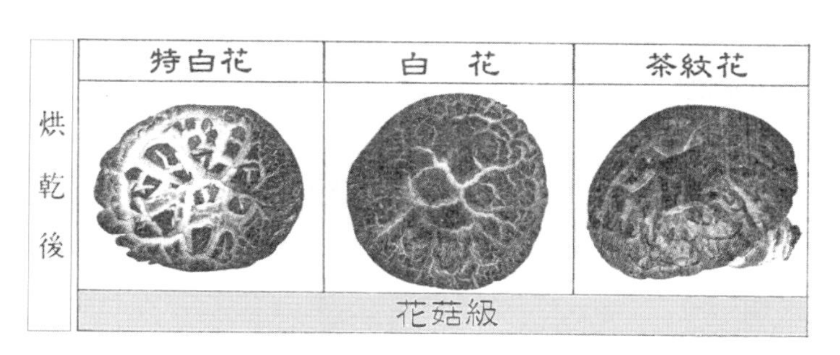

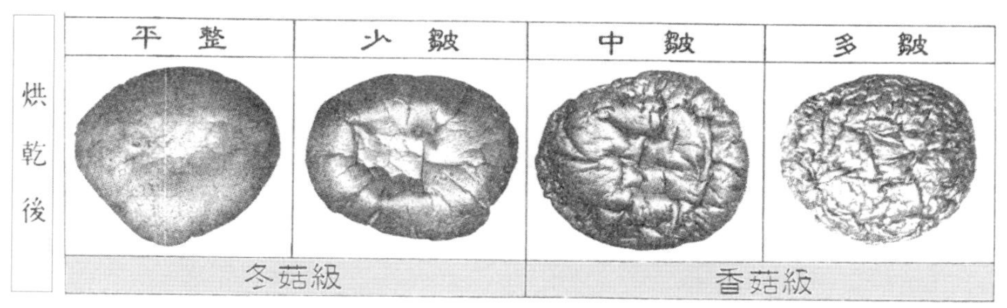

▲圖 19-7　菇傘紋路

必須注意的是，菇傘紋路也要配合開傘程度，否則買到10分開的花菇，味道也不是很好。

d. 菇體香氣：香菇的香氣與烘乾技術有關，低溫乾燥較暗香。

Ⅰ.濃香：塑膠袋外即可聞得濃郁香氣。

Ⅱ.清香：打開袋口可聞得之氣。

Ⅲ.淡香：需捧至鼻前才能聞到香氣。

Ⅳ.異香：微帶酸、焦味等，這是品級較差的香菇。

e. 菌褶色澤（見圖 19-8）：菌褶金黃或淺黃等黃色系是良品。深褐色或焦黑者，表示烘乾過度或存放太久，已不新鮮。

f. 菇體大小（見圖 19-9）：傘面直徑在 6 公分左右者最標準，不過大小和品種有關，如韓國最高級的鈕扣菇，只有鈕扣般大小。

g. 菌褶立度（見圖 19-10）：與香菇外觀好看與否有關，與品質無絕對關係。

h. 菇柄長度（見圖 19-11）：菇柄占全部菇重的 25~30%，通常以切柄保留 1 公分的剪腳香菇較合理。

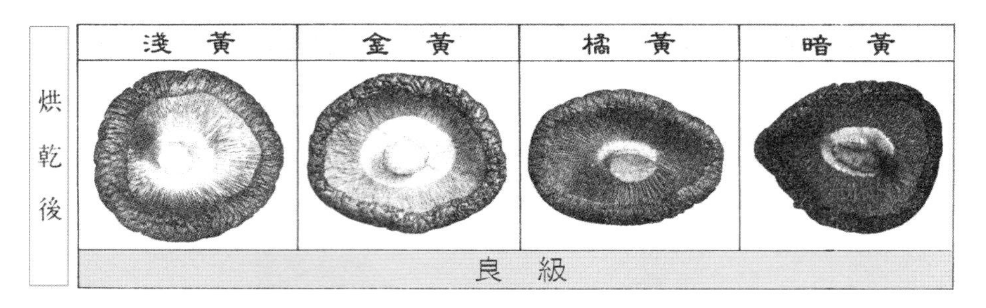

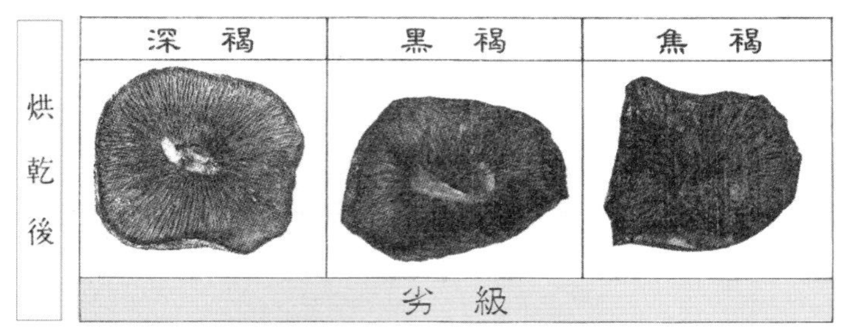

▲圖 19-8　菌褶顏色

●菇柄厚度（烘乾後）	厚　肉	中　肉	薄　肉
	1 公分以上	0.5～1 公分	0.5公分以下
	甲　級	乙　級	丙　級

▲圖 19-9　菇傘厚度（烘乾後）

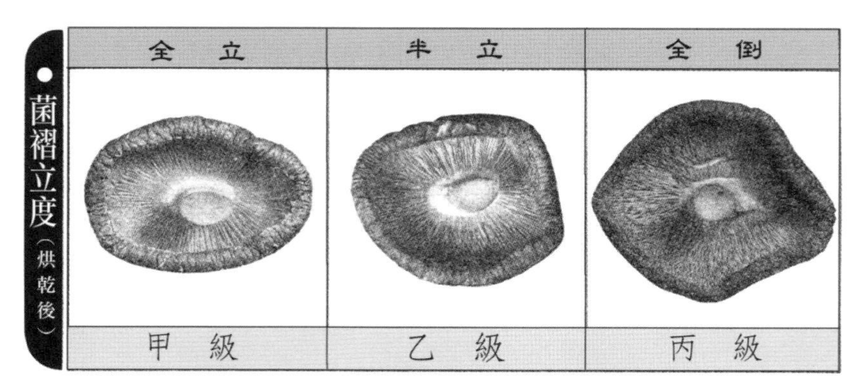

▲圖 19-10　菌褶立度（烘乾後）

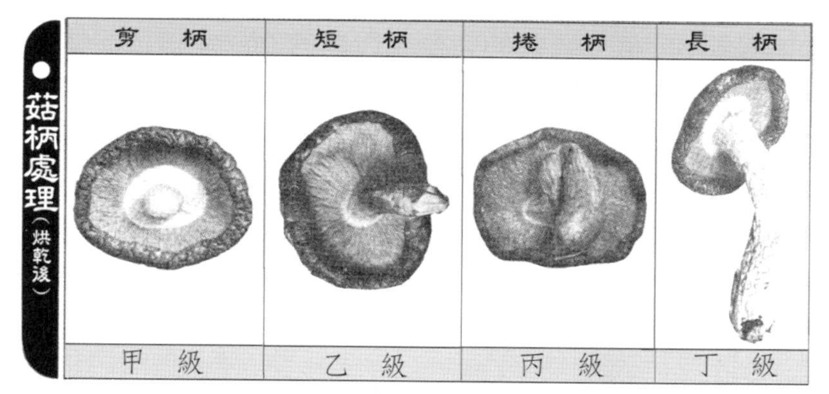

▲圖 19-11　菇柄處理(烘乾後)

(五)木耳(*Auricularia auricula*)(見圖 19-12)

1. **前言**:是我國最普遍的民生食用真菌之一,也是人類最早利用為副食品的菇類,味道鮮美,營養豐富,蛋白質、維生素 B_2、鐵質和鈣含量等均高,其食用價值優於肉類、米、麵及蔬菜等一般民生食品,在佛教昌盛地區,被列為珍貴的素食品,木耳屬於腐生性真菌,但對於幼小植株及垂死的樹木亦具有一定的弱寄生性,乃一種嗜氧性真菌,喜於偏微酸性的環境中生長。本省野生木耳類,經發現有 7 種之多,人工栽培則大多為毛木耳、少數為黑木耳等兩種。而我國早在唐朝就有關於木耳栽培和食用方面的記載,中國人不但把木耳供做食物,也把它當作醫藥,唐本草曾記載「桑耳」可治病,即可看出其醫食同工之妙。

2. **木耳屬真菌的特性**
   a. 子實體為盤狀的(discoid)、杯狀的(cupulate)、耳狀的(auriform)或扁狀(resupinate)而邊緣反捲,子實層是單側的(unilateral),而離子實層遠的那一面上覆有不孕毛。
   b. 子實體係堅實的膠質體,乾燥後堅硬如角(horny)。
   c. 子實體具菌蓋,直立;原擔子(probasidia)薄壁且隔以時日會消失。
   d. 腐生,並經常會寄生在其他真菌上或微管束植物的根和莖部。

3. **木耳的營養價值**
   a. 木耳營養豐富,蛋白質含量相當於肉類,是米、麵、蔬菜等所無可比擬的。
   b. 含有胡蘿蔔素及維生素 B_1、B_2、C,所以是一種營養豐富、滋味鮮美的副食品。其中維生素 B_2 的含量是米、麵和大白菜的 10 倍,比豬、牛、羊肉高 3~5 倍。

c. 鐵質比肉類高 100 倍，且鈣的含量是肉類的 30~70 倍。

d. 木耳還含有人體所需的磷質，而植物一般均缺乏磷質，能供應磷質的，也只有木耳和紫菜等 2~3 種。植物一般含磷質少，但木耳含有人體所需的磷質，且無特殊氣味，深受國人的喜愛。

e. 據美國明尼蘇達大學醫學院的研究發現，經常食用木耳，可以減低人體血液的凝塊，對心臟冠狀動脈疾病有預防作用，除此之外，木耳尚有各種醫療效用。

▼表 19-5　木耳營養成分分析

有機成分		無機成分	
成　分	含量(%)	成　分	含量(%)
水分	10.06	水溶性無機物	2.47
蛋白質	10.04	不溶性無機物	3.80
脂肪	0.72	磷酸	1.014
碳水化合物	58.35	石灰	0.116
纖維	12.91		

▲圖 19-12　木　耳

（六）草菇(*Volvariella volvacea*)（見圖 19-13）

1. **草菇的形態與分類**：草菇屬於同宗結合的一類真菌，經染色觀察，草菇的染色體有 11 條，能形成 4 個擔孢子，菌絲生長階段會形成厚膜孢子(chlamydospore)，並在子實體上生成腳苞(volva)，是草菇的兩大特色。

草菇的栽培（農試所）

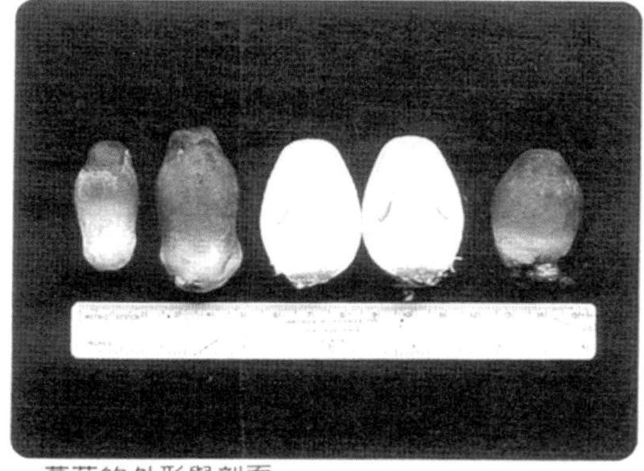
草菇的外形與剖面

市場上販賣的草菇

▲圖 19-13　草菇（中國蘑菇）

2. 在草菇的生態栽培方面：可歸結為六大生態因子的調配得當，今分述如下：

a. 營養

Ⅰ.碳源以葡萄糖、蔗糖、麥芽糖、澱粉、半纖維素和纖維素之利用性最佳。

Ⅱ.有機氮則以蛋白質、胺基酸和尿素。

Ⅲ.無機氮以硫酸銨和硝酸銨為最佳氮源。

b. 溫度：草菇嗜高溫，其孢子萌發最適溫為 40℃，而菌絲在 15℃以上即隨溫度之升高而生長愈見旺盛，而在 30~38℃之間發育均甚良好，尤以 34~36℃最為適宜，但在 45℃以上即停止生長。

c. 溼度：溼度對草菇的生長影響甚鉅，其菌絲發育所需菌床含水量在 65~80%，空氣相對溼度則須維持在 75~90%左右。但在產菇時則需 70~80%的含水量與 90%以上的空氣相對溼度。

d. 通風：草菇係嗜氧性真菌，因此栽培場所宜選定通風良好的地方，或加強通風設備。

e. 光線：直射光對菌絲的生長有阻礙性，而子實體形成時則需要弱光刺激較為有利。

f. 酸鹼度：一般在 pH 4~10 均可以生長，而其中則以 pH 5~7 生長較為良好，子實體生成化育則以 pH 8 最佳。

3. 草菇的分類：草菇若依個體大小，可分為大型種、中型種和小型種：

a. 大型種：個體大，包被厚而韌，不易開傘，圓菇（未開傘的菌蕾）率高，最適合烤製乾菇，也適合製造罐頭和鮮食。因抗性弱，對高低溫和惡劣的天氣敏感。

b. 中型種：個體大小、包被厚薄和開傘難易，均居於中等，適於製造罐頭、烤製乾菇和鮮食，但味淡。產量和圓菇率不如大型種，且菌種較易退化。

c. 小型種：出菇快、產菇期長、產量高、抗性佳，且菌肉比大、中型種更幼嫩及可口，適合鮮食。缺點是個體小，容易開傘，不適合製成乾菇。

4. 食品工廠對於草菇原料之驗收規格

a. 一級品

Ⅰ.菇粒直徑：35 ~15m/m。

Ⅱ.形態：菇傘完全包於皮膜內，不含畸形，無病蟲害及損傷者。

Ⅲ.組織：新鮮、堅實、不萎縮。

Ⅳ.色澤：具有固有之本色而不帶黃褐色者。

b. 二級品

Ⅰ.菇粒直徑：35 ~15m/m。

Ⅱ.形態：菇傘適度包於皮膜內，不含畸形，無病蟲害及損傷者。

Ⅲ.組織：新鮮、堅實、不萎縮。

Ⅳ.色澤：具有固有本色而不帶黃褐色者。

c. 格外品：凡具有下列情形之一者，則拒收。

Ⅰ.菇傘展開完全露出皮膜外。

Ⅱ.菇粒直徑在 35m/m 以上或 15m/m 以下者。

Ⅲ.菇粒裂不整及畸形者。

Ⅳ.菇粒帶有病蟲害或極度不同色澤者。

Ⅴ.組織枯死，硬化或萎縮，不新鮮者。

Ⅵ.汙染不潔或菇體帶棉絲者，或草枝及泥土者。

5. **草菇之應用價值**：草菇的蛋白質和必需胺基酸的含量較高，因此它的營養價值高（表 19-6）。據化學分析，鮮草菇含水量 92.39%，蛋白質含量 2.66%，脂肪 2.24%，還原糖 1.66%，轉化糖 0.95%，灰分為 0.91%，而且每百克生鮮草菇含有維生素 C 206.28mg（表 19-7），比多數蔬菜水果含量均高。其蛋白質含量則比日常生活食用的蔬菜高數倍，而是國際上公認之「十分好的蛋白質來源」，並有「素中之葷」的美名。草菇的總脂肪含量占乾重的 3.0%，其中麥角固醇(ergosterol)即維生素 D_2 的前驅物有 0.47%之多，比香菇及洋菇的 0.27%及 0.23%含量還豐富，是人體攝取所需營養的最佳來源。

劉波謂其「性寒、味甘，能消暑去熱、增益健康，抗癌」。其主治功效有：

a. 每百克生鮮草菇含維生素 C 達 200 毫克以上，因此經常食用可以增加身體對傳染病的抵抗力，加速創傷的癒合，並預防壞血病。

b. 經常食用此菌可以減少膽固醇累積過多，因此有降低血壓的功效。

c. 炎夏食用此菌，有消暑去熱的效果。

d. 此菌子實體內含有多種胺基酸，經常食用可以有效地增進人體之健康。

e. 此菌子實體內含有一種異蛋白，經常食用可以增進人體的抗癌能力。

由於草菇含有豐富的蛋白質、胺基酸和維生素 C 等營養成分，對增強人的體質，提高免疫力及防癌、抗癌等都有良好的作用，因此在國際市場上它是名貴而暢銷的「健康食品」。

▼表 19-6　草菇胺基酸組成及含量

必需胺基酸		非必需胺基酸	
胺基酸	含量(%)	胺基酸	含量(%)
異亮胺酸	4.2	精胺酸	5.3
亮胺酸	5.5	天門冬酸	5.3
賴胺酸	9.8	胱胺酸	未測
蛋胺酸	1.6	谷胺酸	17.6
苯丙胺酸	4.1	甘胺酸	4.5
蘇胺酸	4.7	組胺酸	4.1
纈胺酸	6.5	脯胺酸	5.5
色胺酸	1.8	絲胺酸	4.3
丙胺酸	6.3	酪胺酸	5.7
合計	38.2	合計	61.8

▼表 19-7　草菇與其他食物維生素 C 之比較

食物名稱	維生素 C 含量(mg／100g 食物)
草菇	206.28
橙	37~54
柚	19~123
番石榴	11~74
辣椒	26~198
番茄	8~33
芥菜	41~86

（七）洋菇(*Agaricus bisporus*)（見圖 19-14）

1. **前言**：洋菇—學名為 *Agaricus bisporus* (LG.) Sing.，英文名為 mushroom，我國俗名西洋菇、馬糞蕈等，法語為 Champignon，日本人則稱為西洋松茸，本省閩南語稱為「茸仔」。洋菇係隱花植物類、真菌植物門、擔子菌綱、傘菌類之野生菌。
   a. 在菌傘發育肥大，菌膜尚未展開時應盡快採收，採收過遲、早，菌膜開裂而導致開傘，會減輕重量，甚至影響美觀。

b. 含有豐富的蛋白質、礦物質和維生素，並能幫助消化。
c. 礦物質如鈣、磷、鉀等都占有很高的百分率，鐵也有相當的含量。
d. 清香成分已知主要是由一種 8 碳的醇類所構成(1-octen-3-01)，又稱菇醇。僅約 1ppm 即可感出。
e. 菇體中含有高量的核苷酸及具鮮味的胺基酸。
f. 依色澤、形態與品質不同，可區分白色種類、乳白色種類、褐色種類等三種，本省目前採用的品種是屬於白色種類，因其可耐貯存及長期運輸，以作為加工原料非常適宜。

2. 原料分級

a. 一等品

Ⅰ.菌傘：直徑應在 12.7~38.1mm 之間。
Ⅱ.型態：傘狀緊密，圓狀，無病蟲害、畸形、黑斑及其他病害。
Ⅲ.組織：新鮮、堅實、不萎縮，菇柄組織內部無空洞。
Ⅳ.品種：純白色品種，不含泥土，不得水洗、汙染、變色、擦傷、水傷。
Ⅴ.菇柄：不帶菌絲、泥土，菌頂至菇柄末端之長不得超過傘直徑。

b. 二等品

Ⅰ.菌傘：直徑應在 12.7~38.1mm 之間。
Ⅱ.形態：和一等品相同。
Ⅲ.組織：除菇柄略有空洞外，其餘同一等品。
Ⅳ.品種：許可有輕微小傷、變色、擦傷及斑點，不良部分總不得超過全面積的 3 分之 1。
Ⅴ.菇柄：略長，其餘和一等品同。

c. 不合格品

Ⅰ.開傘。
Ⅱ.菇體破裂不整、畸形。
Ⅲ.病蟲害、鼠害或極度變色，有黑斑者。
Ⅳ.組織枯死、硬化、萎縮不新鮮者。
Ⅴ.汙染泥沙及堆肥者。
Ⅵ.嚴重水傷及擦傷者。
Ⅶ.水洗或浸水者。

▲圖 19-14　洋　菇

3. 鑑定方式

a. 外觀鑑定法

Ⅰ.正常的清潔衛生洋菇表皮平整，有粉質鬆軟感，部分帶有鱗片或少量的小土粒，色澤一般為白色或少部分呈微淡黃色。

Ⅱ.經漂白或螢光劑處理的洋菇，表皮有許多不規則凹陷的傷痕，但色澤卻完全為白色或銀白色，與一般正常洋菇有傷痕之處必呈褐色者完全不同。

b. 揉擦鑑定法

Ⅰ.正常清潔衛生洋菇，以手指在洋菇表皮稍用力來回揉擦數次，使表皮細胞受傷，在揉擦處會漸漸呈現褐變現象，一般在 30 秒後即會顯出明顯的褐色傷痕。

Ⅱ.經漂白或螢光處理洋菇，以上述同樣方法擦傷洋菇表皮，其擦傷處不會呈現褐變現象，依舊保持原有的白色。

（八）金針菇（見圖 19-15）

1. 金針菇原是野生菇類的一種，多生長在潮濕闊葉樹林地的腐朽木材上。其形狀有如金針葉，菌核圓而小，菌柄細長達 15 公分左右，就像直立的古代金針，俗稱「金針菇」或「金絲菇」。又因原來生長在山林中的榎樹枯濕木幹上，所以也稱作「榎菇」（見圖 19-15）。
2. 人工利用鋸屑在冷凍黑暗的環境下，所栽培的金針菇，因控制光的關係，菇柄上的絨毛及菇傘上色素均無法形成，呈乳白色，和野生者有很大的不同。其規格標準為：

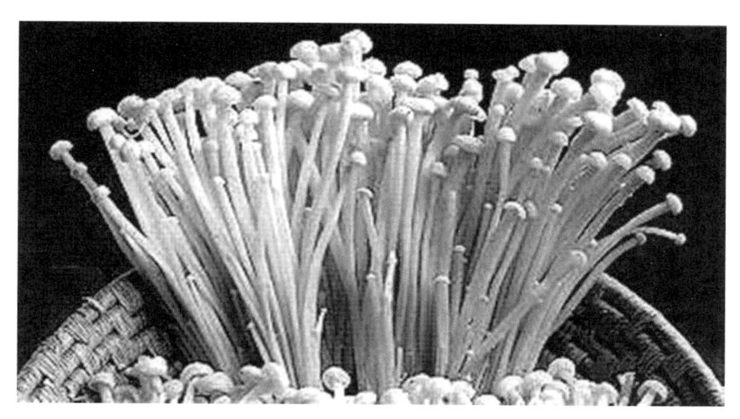

▲圖 19-15　金針菇

a. A 級品：菇傘開放程度在直徑 1 公分以內，傘軸白色，菇柄長未滿 15 公分。

b. B 級品：菇傘開放程度在直徑 1.5 公分以內，傘略有色，菇柄長 13 公分左右。

c. C 級品：未達 A、B 兩個標準，或過大、過小者。

3. 蛋白質及脂肪含量特高，並含有胡蘿蔔素及鉀。據研究，其黏滑物是胺基酸及核酸的組合物。在醫療上金針菇具有調整血液及增進思考的功用。

4. 金針菇清脆可口，久煮不爛，菇傘上有黏滑物，增加食時味覺，適於作湯，含有一些抑菌防腐物質(carrion-inhibitory materials)。

（九）靈　芝（見圖 19-16）

1. 靈芝是一種潤葉樹的腐朽菌，依顏色可分為赤芝、紫芝、黑芝、黃芝、白芝等，一般所稱的靈芝是指赤芝。赤芝又稱紅芝、丹芝、木靈芝、菌靈芝、赤靈芝。根據調查，全世界約有靈芝 120 種，本省有 13 種。

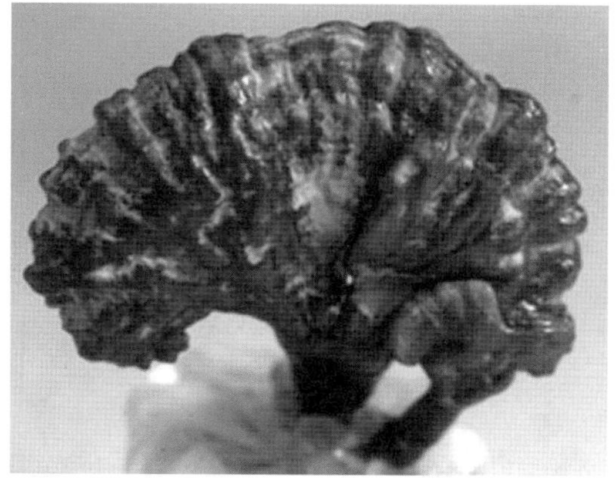

▲圖 19-16　靈　芝

2. 靈芝的傘形似腎臟，柄生在側方。大小約 5~15 公分，厚約 1~1.5 公分，表面具光澤，有一層革質。柄長 3~15 公分，直徑 1~2 公分。長出時為黃白色，逐漸變為黃褐、赤褐，最後變為紫褐。大都長在相思樹或榕樹上。
3. 靈芝含植物鹼、固醇類、石炭酸性物質，具醫療效果，其所含的葡萄糖多醣具有抗腫瘤的作用。本省食用人口約 10 萬人，年食用量 30~40 公噸。

19-2 藻　類

一、一般供食用的藻類

1. **褐藻類**：屬於褐藻者有海帶、裙帶菜。褐藻能形成高度分化之葉狀體(thallus)。
2. **紅藻類**：屬於紅藻者有紫菜、石花菜。
3. **綠藻類**：屬於綠藻者有 *Chlorella ellipsiidea*、*C. Vulgaris*、*C. pyrenoidosa*、*Scenedesmus quadricauda*、*Spirillum* 等。

二、食用方法

有生食或加工後食用者，甚至有經過萃取並精製後食用者，如瓊脂、海藻酸即是。海藻之一般成分如表 19-8。

▼表 19-8　海藻之一般成分（乾物中%）

品名 \ 成分	脂質	蛋白質	水分	纖維	灰分	可溶性無氮物
海帶	1.1	7.3	14.7	3.0	22.0	51.9
裙海帶	1.5	12.7	16.0	3.6	18.4	47.8
綠紫菜	0.3	20.7	3.7	7.2	6.6	61.5
紫菜（上等品）	0.7	35.6	11.4	4.7	8.0	39.6

三、綠　藻

1. 優點

a. 綠藻具有豐富之必需胺基酸及維生素 A、C，故可做為蛋白質糧食。

b. 如將培養條件改變，使其在缺氮之培養基中生長，則能貯蓄多量油脂，可作為油脂資源。

c. 綠藻因靠太陽為能源，能利用 CO_2 及無機氮化合物合成碳水化合物及蛋白質，因此，在缺乏蛋白質資源之國家，很有利用價值。

d. 其菌體成分每 100g 含量：蛋白質 40~50g、脂肪 10~30g、碳水化合物 10~25g 及灰分 6~10g。

綠藻具有下述的優點：

1. 賦予適當條件，其增殖極為快速。
2. 培養管理極為簡單、容易。
3. 植物體全部可食。
4. 含有高量蛋白質，所含之胺基酸極為優越。
5. 維生素含量特別豐富。
6. 葉綠素含量豐富。
7. 含有可促進微生物發育的物質(GGF)。
8. 含有促進動物發育的物質。
9. 含有抗潰瘍性物質。
10. 可應用於汙水、水肥處理。
11. 能使二氧化碳轉變為氧氣。
12. 含有特殊的呈味成分。

2. 缺點

a. 需較大的培養場所，生殖率亦較低。

b. 需要充分的日光和二氧化碳，同時細胞外含硬的纖維素，不能為動物直接消化。

c. 含濃綠色不易被脫色。

d. 亦含有特殊的臭味。

四、矽藻類

具有矽酸質之外殼，其屍體堆積物稱為矽藻土，是一種助濾劑。

19-3 菌　類

一、麵包酵母

糖蜜稀釋至一定濃度 $\xrightarrow{\text{加入}}$ *Saccharomyces cerevisiae*→少量種菌培養→槽培養→到大量的大發酵槽培養（培養液內必須控制適當的溫度、pH 值、礦物質、胺鹽並通入殺菌過的空氣）→繁殖終了，過濾或離心→分裝酵母→壓榨成一磅方塊的酵母→稱為壓榨酵母或新鮮酵母。此種產品含水約 50%，需置於 5℃以下之冷室貯存，由於其貯存期短，將之壓成細長條狀或粒狀，加以真空低溫乾燥至水分 10%左右，是為活性乾麵包酵母。

1. 乾酵母加入麵前，必須先用約 4~5 倍酵母量的 40~45℃溫水溶解，放置約 5~10 分，讓酵母恢復活力。
2. 溫度愈高，貯存時間愈短，新鮮酵母若貯存溫度高，易引起自家消化，產生惡臭而破壞，最適貯存溫度 2~10℃。
3. 冷凍新鮮酵母用時必須慢慢使之回溫才可使用。
4. 良好新鮮酵母外表顏色一致，沒有不良之斑點，用時具有良好清香之酵母味，不良的酵母則附有斑點，同時發臭。

二、啤酒酵母

1. 啤酒釀造係以大麥發芽製成麥芽後，經焙烤，粗碎繼之糖化成麥芽之後，添加啤酒花加熱，冷卻後添加啤酒酵母(*Saccharomyces cerevisiae*)低溫進行發酵而製成。

   日本京都大學醫學博士赤澤好溫在他所著的「啤酒酵母與健康」一書指出啤酒酵母具有令人驚異的效能：

   a. 強化胃腸機能。
   b. 保護肝臟。
   c. 抗癌、制癌。
   d. 治療成人病。
   e. 克服肺結核、白內障等疾病。
   f. 補給妊娠營養。

2. 啤酒酵母含有多量蛋白質、肝醣、脂肪、維生素、胺基酸和礦物質等營養成分，因此被視為一種將來「糧源之希望」。

3. 乾燥酵母中含有 45~50%蛋白質、5~10%核酸物質，所含維生素 B 複合物種類齊全且豐富，又含未明之生長因子，其胺基酸種類與含量，除甲硫胺酸略低外，幾乎與肉類相似，故有人說「酵母是由木材或石油製造的人造肉」。

三、食飼用酵母

1. 食飼用酵母的菌種都使用不生孢子(*Candida utilis*)，該菌原為有害菌，可使酒混濁、醬油變質，但其營養價值高，氣味優良，生化學及培養性安定，對多種碳氮源之同化力強，生長迅速、生長率高，極易回收，且成品外觀良好。

2. 常用菌種
   a. *C. utilis* No.3 (NRRL. Y–900)
   b. *C.utilis* var Major (NRRL. Y–1082)
   c. *C.utilis* var Thermophilia (NRRL. Y–1084)
   d. *C.utilis* SES–6

   以上菌株以 Y–900 較優，細胞大小一致，且菌性安定。

3. 製造方法：製造食飼用酵母時，培養液用糖蜜或亞硫酸紙漿廢液，並配合適量之氮源及磷酸鹽，盡量供給空氣，使之全部生成酵母體。發酵完後，用離心機將菌體分離，再用鼓型乾燥機乾燥後粉碎之，即為乾燥食飼用酵母。

四、酵母精

利用：

1. 自家消化法。

2. 外加酵素分解法。

3. 酸鹼消化法。

4. 萃取啤酒酵母(*S. cerevisiae*)的營養素，再經濃縮或噴霧乾燥，即可製成酵母精。

由於酵母蛋白質已被分解成小分子的胜肽及胺基酸，因此易消化吸收。又因核酸被分為 5'–核苷酸，因此呈現肉汁、香菇、柴魚等鮮味，故可做為食品工廠製作調理食品、罐頭、各類速食食品、肉品加工等調味用，可部分或完全取代味精。

FUNDAMENTALS OF
FOOD SCIENCE AND TECHNOLOGY

20 CHAPTER

素食食品

20-1 前 言

近幾年來，隨著生活環境與飲食習慣的改變，腦血管栓塞症、腦出血、心臟冠狀動脈硬化症等發生率及死亡率愈來愈高。一般醫學對腦血管的疾病看法，認為其與血清中的膽固醇含量有關；而血清中的膽固醇又與飲食中的膽固醇含量、不飽和脂肪酸及飽和脂肪酸的比例有關。因此，營養學家和醫師一致推薦少吃含膽固醇高的食物和飽和脂肪酸較高的動物性脂肪，而應多吃不飽和脂肪酸較高的植物性油。

美國糖尿病學會及美國心臟學會指出植物性食物對健康有很大的貢獻，其含有很豐富的維生素和礦物質。他們認為要減低膽固醇和飽和脂肪酸的最佳辦法就是素食食品(vegetarian foods)。造成素食人口增加的兩個原因是消費者健康意識的覺醒及人口結構之變化。以英國為例，自 1988 年算起，素食者比例成長 23%，若自 1984 年算起則成長 74%，合計不食肉之人口已達 10%，總計不食肉或素食人口已達 560 萬。

20-2 素食的分類

素食者依其選擇食物的種類，可以區分為以下幾派：

1. **純素食主義者**：只食用純植物性食物。
2. **水果素食主義者**：以水果、核桃、蜂蜜及植物油為主。這種素食無法攝取足均衡的營養，不足取法。
3. **奶類素食主義者**：以乳製品及植物性食物為主。
4. **奶蛋素食主義者**：除了乳製品及植物性食品外，亦食用蛋。
5. **奶蛋魚素食主義者**：此類人除植物性食物外，兼食奶、蛋、魚。

奶蛋類素食者可將食物區分為四大類，以便均衡地攝食：

1. **蛋白質類**：包括核果、穀類、豆類、種子等，成人每日攝食 6 份。
2. **蔬菜類**：每日至少 3 份。

3. **水果類**：每日 1 至 4 份。

4. **奶（蛋）類**：每日至少 2 份奶或蛋。

除了要注意熱量的攝取外，更重要的是從豆類及穀類中獲得品質優良的蛋白質，以提供人體健康所不可或缺的胺基酸；此外，純素食主義者也需攝取足夠的營養如：

1. **核黃素**：可從葉菜、全穀物、酵母及豆類中攝取（奶品實為最佳來源）。
2. **維生素 D**：雖然可從日曬中獲得，但仍應另加補充。
3. **鈣**：可從特製豆漿中獲得。豆腐、葉菜及核果亦含有鈣，但含量不高且不易吸收。因此，加鈣的果汁、鈣片等不失為補充鈣質的可能選擇。
4. **鐵**：全穀類、豆類、乾果中均含有鐵，但均不及動物性食物中的鐵質容易吸收，若能搭配維生素 C 含量豐富的水果食用，有助於鐵質的吸收。
5. **鋅**：可從全穀類豆類中獲取，但為避免穀物中的植酸(phytic acid)妨礙鋅的吸收，宜食用發酵過之穀類食品，如麵包。

20-3 素食的優點

吃素的好處很多，茲一一列舉：

1. 吃素者食用植物油脂，不但不易罹患血管硬化症，而且血壓也不易過高。雖然素食者可能由於體格較瘦，所以血壓較低，但統計資料亦顯示少吃蛋白質、脂肪、肉類或蛋並不能降低血壓，所以真正導致此現象的原因頗值得進一步瞭解。
2. 油脂是促癌因素，纖維素是抗癌因素，素食者的油脂量攝取的少，纖維素攝取得多，所以罹患癌症的可能性較少。研究報告指出植物性食物對抗癌有利。例如罹患大腸癌患者多不喜愛吃蔬菜，尤其不喜吃包心菜、綠花椰菜和小包心菜(brussels sprouts)。胃癌也與少吃蔬菜有高度相關。研究指出少吃所有的蔬菜是致胃癌的因素；不吃新鮮蔬菜或其他含維生素 C 之綠葉蔬菜亦易罹患胃癌。蔬菜類含有胡蘿蔔素者有抗皮膚癌的功效。此乃由於胡蘿蔔素在體內很容易變成維生素 A。維生素 A 的功能包括影響細胞分裂及有助維持免疫系統。健全的免疫系統可以戰勝癌細胞，甚至在已生腫癌之後仍可將其除去。

蔬果中非營養素而具抗癌效用者如十字花科蔬菜中的 indoles 和 dithiolthiones 和許多豆類植物大豆中的 phytoestrogen compounds 在消解助長癌細胞的雌激素上，與化學療法的藥物 Tamoxifen 有同樣功效，Tamoxifen 成功地抑制了某些乳癌患者癌細胞擴散，除了大豆外，豆漿、豆粉、味噌及豆腐中都含有 phytoestrogen，這是素食者之福音。

3. 素食者因食物中油脂低，熱量低，不易發胖。
4. 素食者可能比非素食者長壽。牛尾盛保(1975)指出素食者死亡率比非素食者低，其可能與飲食及生活習慣有關。
5. 素食者的骨骼比非素食者骨骼密度高，不易罹患骨質疏鬆症。這可能由於非素食者吃過量蛋白質，增加鈣之流失；亦可能吃過多油脂，減低鈣之吸收所致。
6. 素食者亦不易罹患糖尿病。攝食較多米飯、豆類或蔬菜的人較不易得糖尿病，已罹患糖尿病者，尤其是成年發病型患者，若改食大量蔬果，則病情將大有改善。
7. 素食中無膽固醇，飽和脂肪酸又低，可使血膽固醇降低，對減低心臟病罹患率十分有效。在「新的美國飲食」一書中，作者 John Robbins 指出，每一位美國男子因心臟病突發致死的機率是 50%，而完全素食的男子機率則降為 4%。
8. 素食者不易發生大便乾燥的症狀，其形成腸憩室的可能性小；此外，素食者較肉食者更能維持理想體重。

20-4 素食的缺點

1. **蛋白質**：植物性蛋白質來源有黃豆製品、種子類，其中種子含有 12~29%的蛋白質，昆諾阿(quinoa)和葵花子便分別含有 16%及 27%的蛋白質，並包含主要胺基酸如 lysine、methinoine 及 cystine。如果只攝取五穀類、核果類、蔬菜類會產生蛋白質缺乏現象，因為五穀類及核果類缺乏 lysine 而富含 methinoine。黃豆製品富含 lysine，methinoine 含量稍有不足，將二者一起食用，則可產生互補作用，可得到完全蛋白質。

2. **熱量**：大人決定吃素時，小孩常被迫吃素。但因小孩胃體積小，而素食體積大、熱量能低，熱能攝取量可能不足，易導致小孩身高、體重增加遲緩。小孩每公斤體重需要之蛋白質量比成人高，但因胃體積小，不易滿足需要。除了蛋白質之外，尚有醣類及油脂提供熱量的來源，素食者，油脂攝取應足夠，選擇食物種類愈多，營養也容易達到。

3. **鐵**：由植物所攝取到的鐵質為礦物鐵，與牛肉等肉類中所含之血質鐵，在體內吸收的情況並不一樣，血質鐵在人體內有 25~35%可被消化吸收，由植物攝取之礦物鐵僅有 2~10%可被吸收。但是研究發現，穀物及果實內之鐵質，只要有維生素 C 的配合，便可有效地吸收，根據這一項研究，若攝取足以提供 65 毫克維生素 C 之蔬果，非血質鐵之吸收可增強 4 倍，而這麼少量之維生素 C 則只要一杯硬花甘藍或半個青椒即可提供。綠色葉菜是鐵質的良好來源，一杯煮熟之豆類即可供應男子一天所需鐵質的一半；女子則為四分之一。

4. **鋅**：雖然紅肉含有鋅，但一般美國人所攝取的鋅仍嫌不足，因此專家建議，以服用鋅來補充。素食者可從全穀類、小麥胚芽、豆類、乾果、豆腐及各種堅果攝取到鋅。由於纖維素會阻礙鋅的吸收，因此纖維素的攝取應適量。由肉食轉為素食者，在轉變期間可補充鋅，直到攝取適量的含鋅食物為主。

5. **維生素 D 之缺乏**：維生素 D 在食物中分布不廣，如全靠食物供給，素食中幾無維生素 D 可言，所以最好服用補劑。

6. **維生素 B_{12}**：不食用蛋及乳製品之素食者，可能擔心所攝取之維生素 B_{12} 不及最低需要量。一般而言，維生素 B_{12} 的最佳供應者是奶或奶製品。素食者應多吃全麥、綠葉蔬菜、鮮蘑菇、豆類、乾果和種子，以補充不足。

7. **鈣質**：不食奶或奶製品者，鈣質可能缺乏。應多食豆腐、杏仁、豆子、綠葉蔬菜或加食鈣片。

8. **油脂**：素食者為使食物可口則可能食進過多的油脂，故宜注意少吃油炸食物、油酥甜食和大油炒菜。偶爾食之，未為不可。

20-5 素食產品的主要加工原料

一、菇　類

肉類一般具有較強的鮮味，而一般鮮味之呈味物質有兩類：

1. 胺基酸，如麩胺酸鈉鹽（即味精）。
2. 核苷酸系鮮味料。

然一般人對味精之使用頗有戒心，恐有害身體，故盡可能由天然食物中之核酸獲取鮮味。核苷酸之種類繁多，但只有三種核苷酸才能呈現鮮味，這三種是肉核苷酸（Inosine-5-phosphate，簡稱 5'-IMP）、鳥糞核苷酸（Guanosine-5-phosphate，簡稱 5'-GMP）及黃嘌呤核苷酸（Xanthosine-5-phosphate，簡稱 5'-XMP）。一般獸肉及魚肉中含有高量之 5'-IMP，經烹調後，自然具濃厚鮮味。然而植物體方面，一般含有核苷酸量非常少，只及動物體含量的 1/20~1/100，而且多以胞核苷酸(5'-CMP)、腺核苷酸(5'-AMP)及尿核苷酸(5'-UMP)為主，這些核苷酸呈現鮮味作用甚低。植物體唯有菇類（如香菇等）含有相當量的 5'-GMP，成為素食烹調之重要鮮味料。

菇類種類繁多，菇體內所含之鮮味物質 5'-GMP 量亦隨種類而異。表 20-1 為四種菇之核苷酸量之分析。5'-GMP 之含量香菇最高，松茸次之，這兩種菇都具有濃郁鮮味，金針菇含量較少，洋菇僅含微量。

▼表 20-1　四種菇類煮出汁之核苷酸含量分析(MG%)

菇類 \ 核苷酸	5'-AMP	5'-GMP	5'-UMP	5'-CMP
乾香菇	79.2	143.8	117.4	51.1
生香菇	54.9	70.1	37.6	29.4
洋　菇	116.3	微量	65.5	微量
金針菇	39.9	21.8	21.1	9.0
松　茸	99.9	64.6	65.2	35.6

核苷酸之生成量受加熱溫度而影響。鄭(1970)研究指出乾香菇以 60~80℃加熱，其核苷酸生成量最多（16.6~9.8 μ mole/g 乾重）。而在不同 pH 值之下，80℃，30 分鐘處理香菇均質液，則核糖核酸之分解率與 5'–核苷酸生成量一致。以 pH 5 為最佳。若改用 60℃處理時，核糖核酸之分解率也以 pH 5 為最佳；然 5'–核苷酸之生成量，卻以 pH 6~7 為最佳。至於核糖核酸分解率與 5'–核苷酸生成量不一致，其原因可能為 pH 5 時，生成的核苷酸隨即被分解成核糖苷(nucleoside)所致（圖 20-1）。

由上述之試驗結果可知，為了要發揮菇類鮮味特性，在烹調技術上須特別留意香菇之烹調前處理，筆者認為先把香菇用水洗淨，再用約 60~70℃熱水浸漬，加少許醋，使呈微酸性，浸 20 分鐘後，將菇體進行烹調或加工處理，浸出液千萬不要倒掉，因為其中不但含多量核苷酸鮮味物質，亦存有很多香菇孢子，對人體益處良多，可加於菜餚中烹調，以增加風味及營養價值。

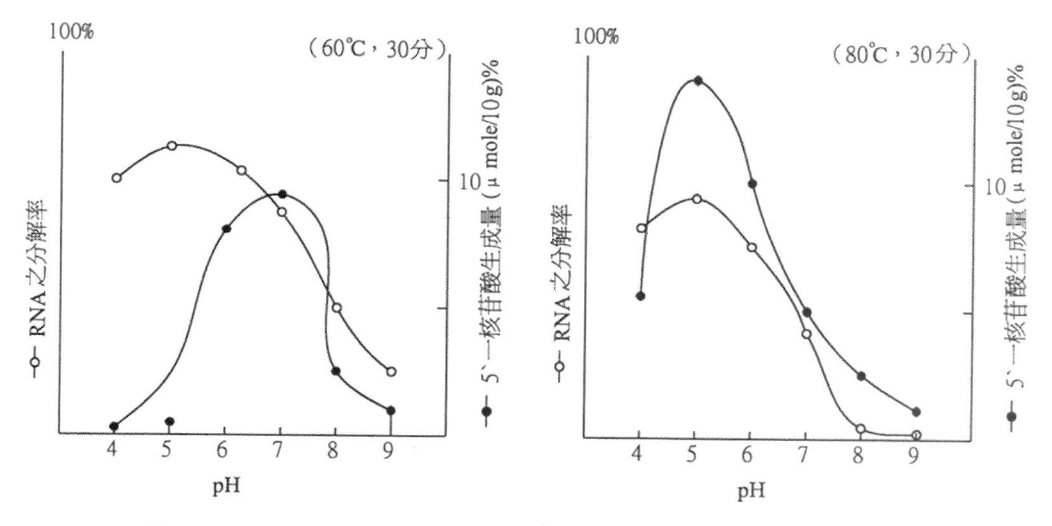

▲圖 20-1 pH 值對香菇 RNA 之分解及 5'–核苷酸生成量之影響

二、蒟蒻(Elephant foot)

蒟蒻經加工成品後，其水分含量高達 97.3%，蛋白質 0.1%，碳水化合物 2.3%（糖質 2.2%，纖維素 0.1%），其他是無機質及粗纖維。蒟蒻粉大小為 100~500 微米，含 glucomannan，其甘露糖：葡萄糖＝3：2，鍵結為 β-1.4，分子量超過 30 萬道耳吞(dalton)。乙醯基分布零亂。蒟蒻在微鹼下加熱可得熱安定之凝膠，主要由於微鹼可切斷乙醯基，降低水活性，形成三度空間之氫鍵。蒟蒻不但加熱安定，且反覆加熱時亦相當穩定。蒟蒻對於褐藻膠之凝膠效果比刺槐膠好。當蒟蒻復水再乾燥後，可以形成相當強之膜，此膜在冷水、熱水或強鹼中都相當安定，甚至在熱水中煮沸數小時都不會溶解。表 20-2 為蒟蒻在食品加工上之應用情形。蒟蒻成品切絲、片狀，再經油炸 3 分鐘後下火鍋，可得又脆又 Q，永煮不爛，極富食慾的產品，比起冬粉又更具獨特風味與優點。蒟蒻可以製造出種種形態產品，如蝦仁狀、海參型、魷魚型。都可以在菜餚裏（佛跳牆、白菜滷、素海鮮、素肉丸等）。

▼表 20-2　蒟蒻在食品加工上的應用

食品分類	用　途	食品名稱
水產製品	加工品食味、食感的調節	魚糕、魚肉香腸、魚丸、鹽漬類的水煮、紅燒。
畜產製品	加工品食味、食感的調節	香腸、燒賣、肉丸。
麵類加工	加工品食味、食感的調節	麵條、通心麵、乾麵。
大豆加工	加工品食味、食感的調節	豆腐、豆乳、豆乳布丁。
乳類加工	加工品食味、食感的調節	乾酪、煉乳、牛乳布丁及其他乳飲料類。
製餅類	加工品食味、食感的調節	蛋糕、羊羹、蜂蜜漿。
麵包類	加工品食味、食感的調節	麵包。
油脂製品	加工品食味、食感的調節	人造奶油、巧克力漿。
果實製品	加工品食味、食感的調節	果凍、果汁、果實布丁類。
其他菜製品	加工品食味、食感的調節	菜類的漿。
調味食品	加工品食味、食感的調節	沙拉醬、番茄醬、味噌類、醬類、醋類。
酒精飲料	加工品食味、食感的調節	酒類。
嗜好飲料	加工品食味、食感的調節	茶、咖啡、紅茶類、漢方藥類。

三、植物性蛋白質

一般而言，堅果類、豆類及穀類是植物性蛋白質最豐富的來源，而且很容易互相捕捉利用。因此在素食膳食中，主食類（米飯）配合穀類（玉米、麥類及其製品）與豆類可互相聯合成完全蛋白質，足供人體所需，故可完全取代肉類。而且這些由小麥、黃豆所製成之植物性蛋白質，經過適當的加工與烹調，也能獲得與肉類一樣好的質地(texture)與香味之各式食品。

利用植物性蛋白質，如豆皮、豆腐、麵筋等，於烹調時，加些糖及醬油，能引起梅納反應而獲得獨特之風味。此外，利用植物性蛋白質亦可模仿葷食而製得洋火腿、牛肉、魚、香腸等形式及口味之產品；利用水果粉、茨粉、胡蘿蔔汁可調成類似海鮮類之素食成品，如素蝦、素海參等。

1. **黃豆蛋白之生理作用：**人造食品最大優點為他們可以適應各種需要。例如胺基酸不平衡可以添加而補足。可以調節蛋白質、油脂、碳水化合物的組成，使適合特殊要求，例如低脂肪食品。Desrosier(1979)指出以黃豆蛋白結合多量之官能蛋白質(functional protein)如乾燥乳漿或脫脂奶粉，即可以產生品質良好且多效之質感。經由交互混合結果，其最終產物不僅可以增加產品緻密性，且亦可改進其質地與咬感(chewiness)，同時具有保水性之優點，終產物無論於風味及顏色方面皆與肉類非常接近。

   植物性蛋白一般比動物性蛋白有降低血中膽固醇的效果。黃豆蛋白為植物性蛋白中較典型產品之一，故易被用來試驗是否有降低膽固醇之效果。從研究發現，黃豆蛋白之強烈降低膽固醇效果主要源於疏水性比率高之胜肽。一般而言，蛋白質降低膽固醇的效果與疏水鍵之多寡成正比。黃豆蛋白結合固醇類如膽汁酸之能力極強，主要是高度的疏水能力。因此有人提出假說，認為與胜肽鍵結合的膽汁酸，不易在小腸被吸收，因而可將膽固醇降低。

2. **黃豆蛋白食品－人造肉：**肌理化植物蛋白(texturized vegetable protein; TVP)一般稱之為人造肉，雖然適合於製 TVP 的蛋白質除黃豆蛋白外，其他如棉花籽、花生、紅花籽、葵花籽和一般穀類之蛋白均可，但目前商業化的 TVP 完全由黃豆蛋白製成。

   一般所謂 TVP 有兩種，即 spun vegetable protein 與 thermoplastic extruded vegetable protein。Spun vegetable protein 是把分離所得之 soy isolates 溶解於鹼溶液中，然後經過一種如用於紡織之 spinnerette 的東西，在酸性溶液(含 acetic, hydrochloric and/or phosphoric acid）凝結成纖維(fiber)，然後再形成束狀。這些束狀再利用一種可食用之結著劑（如卵白、膠或澱粉）配合顏色與味道而製成產品。這種 spun fiber 植物蛋白可切成各種形狀，並做成像牛肉、燻肉、火腿、魚和雞一類的動物性產品。此類產品市售價格比真肉貴。至於 thermo-extruded vegetable protein 是混合未經變性黃豆粉和其化學成分例如顏色和味道的東西，經過擠壓機(cooker extruder)在高溫短時下擠壓成大小不同之顆粒物，這些顆粒物在食用上可部分取代精肉，依 USDA 之規定可取代 30% 之純肉。此類人造肉製法簡單，加工成本低廉，現風行歐美與日本者即此第二類人造肉。

20-6 結 論

素食固然對健康、長壽、美容有幫助，但我們亦不容忽略其他因素。例如運動、遺傳、環境等之影響。作者認為除了宗教關係，並不太贊成完全素食主義者。希望讀者能注意飲食的均衡，不要偏食及食用過多的魚肉、蛋類等即可。

素食超市在國內尚趨萌芽階段，但有相當大之成長空間，在國內餐飲業走向多元化、國際化、素食餐廳不失為發展中國傳統飲食之通路。且由於業者看好素食業在台灣有成長潛力，國內貿易商自日本引進真空、鋁箔包裝的富克素食調理食品，除可利用微波處理外，隨身包式的素食即使出國旅行攜帶也很方便。

CHAPTER

高壓食品

21-1 前 言

所謂「加壓食品」與加熱食品同樣地是將食品放入水中（此暫不包括粉及粒狀食品），然後以加壓取代加熱而成。高壓技術(high pressue technology)對於微生物之生長和蛋白質變性之影響，早在九十多年前已為人瞭解，利用靜水壓(hydrostatic pressure)所產生之高壓〔1,000~10,000 大氣壓(atm)〕處理食品後，蛋白質產生變性，澱粉有糊化之現象，同時可以將微生物殺滅。高壓處理技術不同於加熱處理，利用高壓技術可以保持食品原有之風味，因此對食品加工及殺菌而言，高壓技術被認為是一種新的方法，而引起極大之注意。1986 年以後，日本在食品之高壓利用研究發展上急速地進展。歐美等國亦有此趨勢。尤其當高壓機械設備之發展應用於食品工業後，高壓技術便被積極開發，而希望能改變食用加工之瓶頸與技術。雖然其目前尚有多項缺失，如加工量之限制、成本高及設備使用問題等，但以壓力應用於食品加工之處理技術上，仍具有極大之發展潛力，預期將來高壓處理技術對於解決一些目前仍難以克服之食品加工瓶頸將有所助益，對於改進食品品質及開發新產品方面亦將扮演重要之角色。

21-2 高壓裝置現狀、原理與安全性

高壓之利用可分三方面：

一、利用壓力之力

利用壓力之力的加工方法有靜水壓壓出技術、冷間等方壓加壓技術(cold isostatic pressing; CIP)、熱間等方壓技術(hot isostatic pressin; HIP)。金屬在高壓下延展性增加，出小孔押出可得相同截面積之產品，如超電導線。CIP 是以液體為壓力媒介，可將金屬粉末或瓷粉加壓燒結，而應用於超硬合金及陶器製品的生產。

二、利用壓力使狀態改變之技術有高壓合成技術

壓力晶析技術可除去不純物，而由液體原料產生高純度之結晶。固體高壓合成技術乃是將原料放入密閉室料中，以固體為媒介，機械壓縮，配合加熱，而發生固相中不同相間之轉移，用於鑽石之製造上。

三、超臨界氣體萃取技術，即利用壓力改變溶解度

高壓處理若用於食品加工上，宜先考慮清潔、安全，因此日常用水或惰性氣體被用來當作壓力之介質。在室溫下將水放入缸筒(cylinder)中，以活塞(piston)進行壓縮，如果壓縮壓力達 6,000 大氣壓時，則體積約減少 15%左右（表 21-1）；水和氣體不同，壓力的增加只會造成輕微的收縮，因為其壓縮係數很小，在高壓下體積變化不大，內能積蓄亦小，因此不會像壓縮氣體或高溫蒸汽在常溫下會急速釋放高度能量及膨脹等危險。如果壓力超過 10,000 大氣壓以上，水會變成固體，收縮得更小，此種固體和大氣壓下的冰（I 型的冰）不同，微溫而會沉於水中（VI 型的冰），因此以水為溶媒的生物科學研究，其發展利用之壓力最高只達 10,000 大氣壓的壓力。由此可知水經加壓後會變成固體（冰），減壓即變成氣體（水蒸氣），其作用正好和熱相反，加熱會變成氣體，冷卻形成固體。

由於液體經壓力壓縮所產生之體積變化小，因此高壓機械以水當作介質時，並不會產生如壓縮氣體所造成之相同危險性。應用靜水壓力於食品時，可以導致壓力完全連續且固定的穿透食品產物，並不會受到產品體積大小所影響，一旦達到預期所需之壓力時，壓力可以繼續維持而不須進一步地供給能量。目前，日本由其他工業實驗所獲得之結果，已經發展適用於食品工業之一些高壓機械設備，其工作容量從 5~1,000 毫升，操作壓力可達 7,000~10,000 大氣壓，藉著壓力缸筒(hydrolic cylinder)可於 90 秒內快速地獲致所需的壓力，減壓亦可於相同時間內達到。

同時，此種高壓裝置可以於室溫時操作使用，亦可併加熱裝置同時使用。目前，日本更著手研究液狀食品連續加壓裝置之開發研究。

高壓裝置是屬於靜水壓裝置，有別於一般之壓縮空氣或高溫蒸汽裝置。隨其壓力及內容積之增加，裝置之重量也增加。其重量遠高於一般之食品機械，又由

▼表 21-1 水壓力與體積變化之關係

在 22℃時的壓力(kg/m²)	體積減少(%)
1,000	4.0
2,000	7.0
4,000	11.5
6,000	15.0

於靜水壓裝置構造之特徵，一般之裝置設計採長圓筒型，因此重又長是其特徵。因所用材料重，材質亦較講究，所以其造價也比一般食品裝置高。至於其壓力產生原理乃是藉由油壓裝置加壓，將油輸送到低壓缸筒，低壓活塞藉著油壓往上驅動，而低壓活塞和加壓活塞相接連，把處理室蒸餾水增壓，而處理室之壓力大小由低壓活塞的斷面積 A／加壓活塞的斷面積 B 來決定（圖 21-1）。

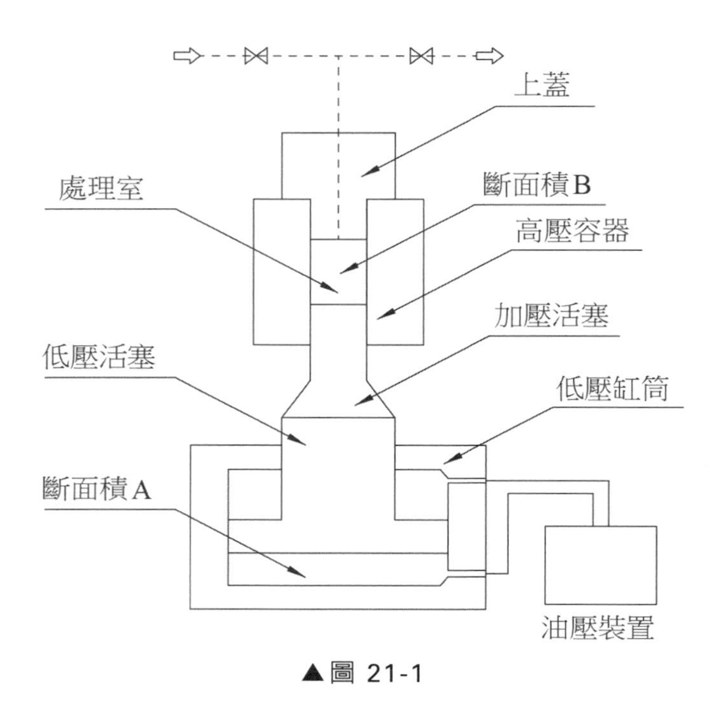

▲圖 21-1

 21-3 加壓食品與加熱食品的比較

人類的生活至今離不開熱的利用，壓力使用的範圍亦是相當廣大，有關這些方面只是以前未深入探討開發而已。傳統上，人類利用熱的控制來進行食品的調理、加工、保藏，經由熱的供給來進行蒸煮及殺菌。相對地亦利用熱操作進行冷藏及冷凍。然而熱會造成相當之副作用，凍結保存之食品在融解之後，風味會改變，同時造成冰晶破壞，汁液流出，而加熱至沸水以上之溫度，會導致營養成分的流失，時常會伴隨著異臭的發生以及異常物質的生成。如果利用高壓的方法，即可以避免由於加壓作用所引起的種種缺失。熱和壓力相互間能夠獨立變化，並且能夠得到相同的結果。唯其二者之間亦有一些同異點，包括：

1. 加熱是溫度的利用，而加壓是壓力能的應用。
2. 加熱與加壓對蛋白質的變性或澱粉糊化作用不同。
3. 加熱傳達需時較長，加壓則傳達較快速。
4. 加壓只破壞非共價鍵，加熱則亦可破壞共價鍵。
5. 加壓處理與加熱在各生物科學領域上可有相同之應用（表 21-2）。同時更可避免因加熱所伴隨之梅納反應、維生素破壞及異常物的生成，保持發酵與生鮮食品之品質，同時改變並產生特有之物性變化。

▼表 21-2　加熱與壓力對於食品調理效果的比較

現　象	熱	壓　力
蛋白質的變性與凝固	有	有
酵素的失活	有	有
澱粉的糊化	有	有
殺菌	有	有
殺蟲	有	有
化學變化	梅納反應、維生素破壞、異常物生成	無
物性變化	有	有（特有）
風味變化	有（香氣揮發，異臭）	無（保持原有風味）

21-4　食品高壓利用的可能性與範圍

高壓處理最大特徵在於只有非共價結合的變化，因此不必擔心高壓處理中弱生體分子及維生素的破壞以及異物的生成等。這個特點非常適於生體材料的處理，但是相對地也不會發生有用的共價結合變化，例如加熱香氣的產生與褐變反應等，可以說是在食品加工應用上的一個弱點。預期運用壓力處理對於食品的可能性與範圍如下所載：

1. 酵素反應的抑制。
2. 蛋白質與澱粉的酵素分解。
3. 酵素的不可逆惰化。
4. 蛋白質的膠化反應。

5. 澱粉與脂質食品的加工。
6. 殺蟲、殺菌等。
7. 熟成的抑制。
8. 發芽的抑制。
9. 加壓下冰點降低的利用。
10. 半調理食品的加工。

21-5 高壓處理對食品利用的影響

一、流變性(Rheology)

高壓技術如同加熱技術，可以應用於食品工業，同時具有許多的優點。例如以 4,000kg/cm^2 於 25℃處理卵黃 30 分鐘後，可以保持原有之色澤、柔軟與附著性。當以 5,000kg/cm^2 處理時，則可得到較硬之膠體，唯其附著力降低。無論如何，經壓力處理後之卵黃，其膠體強度只有經熱處理之 1/6 強。

新鮮卵白經 5,000kg/cm^2 壓力加壓處理後，變得不透明且產生部分凝結，當處理壓力增至 6,000kg/cm^2 時，較硬之膠體形成。膠體硬度隨壓力增加而增強，但卻無法達到由熱處理所造成之硬度。加熱處理會導致卵白凝膠顏色的改變與香氣成分的損失，而加壓處理卻可保持其原色及香氣。同時更能增進膠體之光澤、平滑及彈性。究其原因，乃由於壓力與熱處理之凝膠機制不同所致。壓力所引起之變性乃由於疏水離子鍵的破壞，蛋白質之不鍵結(unfolding)所致。相形之下，熱引起之變性乃由於共價鍵形成或破壞所致，而此改變可能為香氣改變之原因。

二、香味的保存(Preservation of natural flavour)

利用壓力處理柑桔果汁可以產生接近於新鮮果汁的香味；維生素 C 的保存及品質保藏可維持 17 個月以上而不變質。果汁的 pH 值低，使得它們最適合以高壓殺菌處理，以達保藏之目的。此乃基於耐壓性的細菌孢子生長受到抑制所致。文獻指出果汁的細菌孢子經 6,000kg/cm^2 壓力，於 47℃處理 10 分鐘，可以完全殺滅。其他低酸飲料（如咖啡、烏龍茶）以同樣之加壓、作用時間，配合溫度效應（加溫至 67℃），亦可得到相同的結果。目前，文獻對於細菌孢子失去活性之報告似嫌不足或有所矛盾，同時需要更多的實驗工作證實壓力結合溫度與細菌孢子之關係。

運用壓力處理保持自然香味的特性，其產生的果醬目前已在日本市場銷售，同時亦以廣告說明其經壓力而非熱處理所製成，預期將有更多以壓力處理之產品推出。

三、蛋白質變性(Protein denaturation)

將溶解有蛋白質的水溶液進行加壓至數千氣壓的壓縮，此時容積會稍為減少，溶存的蛋白質也會發生變性，從而發生沉澱凝固或是膠化，此種現象稱為蛋白質的壓變性。通常蛋白質受熱作用所引起的變性，是由於熱引發激烈的分子運動，以致於使弱的結合發生斷裂所產生的變性，同時並有共價結合的分解或生成發生，於高溫作用下，將導致蛋白質不可逆反應。和熱變性過程比較，蛋白質變性在低的壓力（1,000~4,000大氣壓）時為可逆變性，超過4,000大氣壓時則為不可逆的變性。蛋白質在高壓下之所以會發生變性，原因在於加壓下溶液容積減少，會導致疏水結合及離子鍵被切斷，而傾向於氫鍵之形成。由於此三種形成蛋白質立體構造的結合作用，在高壓下會有不同程度的生成及破壞產生，因此導致蛋白質的變性。其他以非共價鍵來形成立體構造，及展現機能的生體高分子，皆會受到高壓作用的影響。核酸及多醣類的立體構造，在高壓下會被破壞，機能因此喪失。所以利用壓力處理可以產生與熱處理不同的物性。石川(1990)之研究，自1988年以來針對鰹、鮪、鱈及烏賊等以加壓處理製造魚漿時，其加工條件對產品物性、色澤及食感之影響結果加以敘述，並以加熱方法為對照說明，實驗結果如下：

1. 白肉魚（如鱈魚）在 2,000 大氣壓下或紅肉魚（如鰹魚和鮪魚）及烏賊在 4,000 大氣壓下可形成膠化之魚糕狀產品。
2. 烏賊在 6,000 大氣壓及其他魚在 4,000 大氣壓下可形成具有滑潤細緻之煉製品，而加熱製品相對的只有海綿狀之食感。
3. 壓力愈大則產品愈白，明亮度（L 值）愈大，但 a 及 b 值變化不顯著。
4. 由黏彈性可將白肉魚、紅肉魚及烏賊區分為三類。
5. 產品水分含量在 75.7%時食感最適中，彈性亦高。
6. 水分愈高或食鹽含量愈多則黏彈性愈差。

7. pH 9 之產品比 pH 5 之產品有較細之組織結構及食感。

此外，林(1989)亦指出利用加壓和熱分別處理魚肉、畜肉、卵及大豆蛋白質等以蛋白質為其主要成分之食品材料時，經由物性測定儀和官能檢查得知二者產生完全不同性質特性的蛋白質膠（表 21-3）。因此可以利用此種現象以壓力處理來改良質地(texture)，製造新的食品素材。

▼表 21-3　加壓與加熱處理蛋白質膠之特性比較

特　性	加　壓	加　熱
色的變化	無	有
光澤	大	小
透明感	大	小
肌理的細膩	大	小
平滑度	大	小
風味的變化	無	有
硬度	小	大
彈性	有	有
伸展性	大	小
附著性	大	小
體積變化	減	增

四、酵素調節(Enzyme regulation)

壓力與熱同樣地皆為影響酵素反應速率的因子，高壓能使酵素失去活性，有助於生鮮食品的保藏。以酵素 thermolysin 作用不同的蛋白質為例，於 2,000 atm 時，酪蛋白(casein)和大豆蛋白(soy protein)不受壓力作用所影響，無論於常壓或高壓狀態下，均可強烈分解。而 tetrameric protein 之 alcohol dehydrogenase, hemoglobin, β-lactoglobulin 只有在壓力作用下分解；globular protein 因具有許多雙硫鍵，故不易受壓力作用而分解（表 21-4）。應用於商業生產的牛乳清濃縮液(cow's milk whey concentrates)，以酵素 thermolysin 配合 2,000 atm 高壓處理，經由 SDS-PAGE 電泳操作發現可以使 β-lactoglobulin 完全地水解，此可解決因喝牛奶所產生之過敏現象。David (1990)稱在高壓下以蛋白質分解酵素水解蛋白質時，可以促使蛋白質特性改變而產生預期之效果。

▼表 21-4 酵素 thermolysin 在 1 atm 及 2,000 atm 下水解不同蛋白質之比較

蛋白質	蛋白質消化率(%)	
	1 atm	2,000 atm
soy protein	20.0	30.0
casein	68.0	61.0
α -lactoalbumin	13.0	10.3
β -lactoalbumin[a]	19.4	25.0
alcohol dehydrogenase	18.1	45.3
hemoglobin	13.0	34.6
myoglobin	12.0	15.0

五、澱粉消化率(Starch digestibility)

近來，高壓技術漸被人類應用於食品之保存與加工上，為了進一步有效且可能之應用，學者開始研究壓力對澱粉之影響，但至目前為止關於壓力對澱粉理化性質之探討，僅有極少之報告，且並未實際應用於碳水化合物之加工製程中。Muhr等(1982)發現不同種類之澱粉經高壓處理後，造成澱粉糊化溫度之改變。Hayashi等(1989)之研究發現壓力處理較熱處理更能增加澱粉酶(amylase)之水解作用，因而增加其消化率，唯高壓處理對澱粉作用之機制並未深入研究。Thevelein等(1981)指出高壓處理可以改變不同澱粉之糊化溫度約3~5℃/1,000atm（圖21-2）。林等(1989)研究將各種澱粉懸浮液，放入密封之塑膠小瓶內後，以1,000~6,000kg/cm^{2}之高壓處理，同時對於不同的溫度及時間作用下加以觀察壓力對澱粉性狀的變化，唯其研究成果，並未有文獻正式發表。

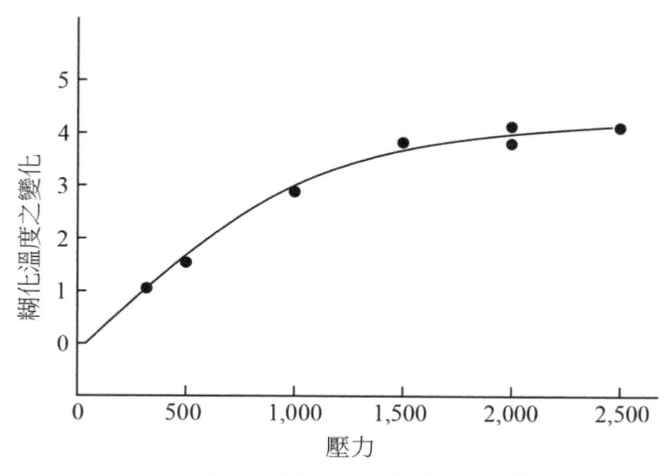

▲圖 21-2 高壓處理對澱粉糊化溫度變化之影響

關於澱粉經高壓處理後對 α -amylase 之消化性，與生澱粉比較，小麥澱粉及玉米澱粉分別以 3,000~4,000kg/cm^2 及 4,000~5,000kg/cm^2 之高壓於室溫經幾小時處理後，可以促進 α -amylase 對其之消化率，使澱粉易於分解，同時亦有降低黏度之作用。但應用於馬鈴薯卻未得到此結果，以 5,000kg/cm^2 壓力作用後，消化性仍不高。因此不同澱粉，經改變加壓時間、溫度、壓力大小之處理，對酵素之分解作用有很大之影響。從澱粉酶對澱粉消化性之提高顯示高壓處理能對生澱粉之立體構造產生破壞，以及促使澱粉產生種種不同之理化變化，而此結果與澱粉經加熱產生之糊化現象有類似之處。高壓處理可保持澱粉原有之風味，且能促進澱粉之水解作用。

澱粉糊化為加工過程中之重要步驟，高壓處理可以提高糊化溫度(圖 21-2)，加壓過程中添加各種不同濃度之中性鹽類及醇類，會顯著地改變澱粉之糊化狀態，其現象和加熱處理之效果相似，但利用高壓處理卻未造成黏度之上升。

應用壓力處理後對澱粉物性之改變與加熱後糊化澱粉之比較，有其相似及相異之處。壓力處理後之澱粉，由顯微鏡發現，澱粉之 biefringence 消失，顆粒變大，DSC 分析及粉末經 X-ray 繞射分析，可看到結晶部分有變化，同時亦從 amylogaph 中得知糊化減少及結晶度降低等特徵之變化。

六、微生物的生物效應(Biolgical effects of micro-organisms)

以往人類使用加熱技術，運用各種電磁波、化學藥劑及生物作用等不同方式來處理有關食品之殺菌問題。近幾年來，使用數千氣壓的靜水壓於食品的殺菌方面，引起了極大的注目。Hite 等(1899)曾進行有關高壓處理和牛乳、果汁、蔬菜等食品中微生物之死滅的相關研究，結果指出微生物會因高壓而有死滅現象，可惜未引起大家注意。以後關於高壓方面之研究方向則傾向於微生物在深海下對高液壓之反應等方面。在 11,000 公尺以下的深海中（壓力為 1,000 atm）也發現細菌的生長，有些為嗜壓性(barophilic)，而大多數為耐壓性的(baroduric)微生物。這才使許多研究者注意到高靜流體壓對食品微生物本身或其體內高分子如 DNA、RNA、蛋白質及酵素的影響。

高壓處理對微生物的影響，目前已知，高壓可使微生物的形態、生化反應、基因作用機制、細胞膜及細胞壁等產生許多變化。例如大腸桿菌在 400atm 下，長度由正常的 1~2μm 變成 10~100μm；在 300atm 下，微生物體內的重要酵素因分子內結構及活化中心的組織發生不可逆變性，而產生抑制作用。高壓處理由於可以抑制一些和產生能量有關之反應，因而使細胞存活率降低。有報告指出壓力對於微生物之抑制效應，可能由於關鍵酵素不活化而產生的，當壓力在

1,000~3,000kg/cm^2 時，酵素蛋白發生不可逆的變性作用；而壓力若超過 3,000kg/cm^{2}時，酵素蛋白發生可逆的變性作用。運用高壓處理技術，壓力可以穿過細胞膜而造成細胞膜雙層的容積及單位磷脂質分子之截面積同時變小，使滲透性產生變化，造成細胞膜功能降低，間接抑制了對胺基酸的攝取作用。

David F(1990)亦指出 *Saccharomyces cerevisiae* 以 4,000kg/cm^{2}高壓處理後，細胞核的結構和細胞質內胞器完全變形，同時大量之核內物質滲出細胞；當施壓至 5,000kg/cm^2 時，細胞核及其核內物質完全被破壞而無法辨認。又另一菌屬 *Pseudomonas* spp.經 300~500kg/cm^{2}壓力作用後，以電子顯微鏡觀察其形態變化，發現其細胞呈長條狀，細胞壁和細胞質分離，而產生無膜構造的細胞壁，以及核糖體(Ribosome)之數目減少等現象。

由以上討論得知，高壓對微生物之細胞或菌體產生不利甚或致死的效果，而影響微生物之壓力反應的變數包括：

1. 施壓之程度和持續之時間。
2. 培養基之組成：同一菌株因培養基之 pH 值、鹽、蛋白質及碳源濃度等因素不同時，殺菌所需之壓力亦可能有所不同。
3. 溫度：加壓殺菌效果會因加壓時之溫度不同而異，高壓處理若能配合加熱技術，可有效提高壓力之效果，唯亦有拮抗現象發生，二者之關係尚須進一步探討。
4. 微生物的種類：不同種類的微生物，其加壓效果亦不同。例如存在於各種果汁之 *Saccharomyces cerevisiae* 以 2,800 大氣壓處理 30 分鐘後，可完全被抑制；但以 3,400 大氣壓處理 90 分鐘，並無法完全殺滅於緩衝液或雞汁培養基中的沙門氏桿菌，其原因可能是酵母菌對壓力的敏感性較細菌為大有關。

表 21-5 為過去數十年間高壓處理對微生物的影響。一般細菌、酵母菌及黴菌在 3,000 大氣壓以上的環境下，即無法生存，病毒在較低的氣壓下亦不活化。而枯草桿菌(*Bacillus subtilis*)耐熱性孢子較具抗性，須在 10,000 大氣壓以上，經長時間壓力處理才能大幅減少甚或死滅。根據表 21-5 之實驗數據，大多數使用純粹培養之微生物為對象，而未研究有關壓力對實際複雜系統之食品的殺菌效果。個別食品以高壓殺菌時，其殺菌效果和環境因子如溫度、pH 值、糖、食品之性狀和成分有關，因此未來實際應用於食品加壓殺菌時，必須有系統地研究這些因素之影響，以決定個別食品之最適加壓條件。

▼表 21-5　高壓處理對於不同種類微生物死滅之影響

微生物種類	條件		結果	年代
	壓力	時間		
Bacteria				
E. coli				
Sta. aureus	29,00	10 min	Mostly killed	1895
Bac. anthracis				
Str. spp.	1,935	10 min	Sterilized	〃
Pse. aeruginosa	1,935	12 hr	Sterilized	1903
Vib. cholerae	〃	〃	〃	〃
Ser. marcescens	5,780~6,800	5 min		
Str. lactis	3,400~4,080	10 min	Sterilized	1914
Psc. fluorescence	2,040~3,060	60 min		
Bac. subtilis	5,780~6,800	10 min	Spores not killed	〃
Sat. typhi	4,080~5,440	10 min	Sterilized	〃
Cor. diphtheria	〃	〃	〃	〃
Spore (*B. sub*)	12,000	14 hr	Mostly killed	1918
E. coli				
Sat. typhi				
Myc. tuberculosis				
Pse. aeruginosa	6,000	14 hr	Sterilized	〃
Sta. spp.				
Sta. spp.				
E. coli &				
most microorg.	1,000	6 hr	To 1/10	1962
		12 hr	To 1/10,000	
		18 hr	To 1/100,000	
		24 hr	To 1/6,000,000	
		30 hr	To 1/130,000,000	
Bacteria in millk	2,000	30 min	To 1/10	1965
	5,000	30 min	To 1/10,000	
	10,000	30 min	A few spores	
Yest				
Sac. cerevisiae	5,740	5 min	Sterilized	
& *Sac. albicans*	3,740~4,080	10 min	〃	
	2,040~2,380	60 min	〃	
Virus				
Herpes & yellow				
fever virus	3,000	30 min	Inactivated	1935
Rabies virus	5,000	30 min	Destroyed	〃
Encephalomyces-				
virus	7,000	30 min	Inactivated	〃
Actinomyces				
leuoris-Phage	500	30 min	Marked inactivation	1966
	700	30 min	Less than 0.01%	〃
Actinomyces				
oliuaceus-phage	700	30 min	Not inactivated	〃
E. coli-T1, T4D, T5	1,000~2,000	5 min	Inactivated	1964

21-6 加壓食品開發的問題點

人類自古以來，即利用加熱技術處理與食品有關之調理、加工、殺菌、保藏等過程。因此，面對加壓技術對食品加工可能產生之物性或品質變化問題，實需進一步瞭解並解決。

一、加熱與加壓的併用

加溫和壓力處理併用，低的壓力下即可達殺菌效果。例如以生果汁之耐熱性酵母菌殺菌，2,000 大氣壓，23℃處理 1 小時後，其殘存酵母菌數約為 10,000 個／mL；相同壓力條件配合 45℃加壓處理，經 30 分鐘後即完全死滅。相反地，加熱與加壓之併用亦可能導致殺菌效果減少，Zobell(1970)指出大腸桿菌於常壓下，即可使其死滅；相反地，若以 46.9℃配合 400 大氣壓殺菌，其死滅率只有 26%，並未如預期理想。因此，如何適當利用溫度與壓力之關係，產生最理想之結果，實值進一步探究。

二、產品風味的保存方法

加壓食品，可以保持原有之風味與色澤，但須注意的是其於食品貯藏過程中亦會受到光、酵素、溫度等條件所影響。此外加熱食品所遭遇之處理後品質變化問題，在加壓食品加工過程或貯存運輸期間亦可能同樣面臨，同時更為迫切且重要。因此為了保持其品質，包裝材料之選擇，貯藏及輸送條件實須加以考慮。

三、包裝材料

為了防止加壓產品伴隨之變形及內容物的漏失，同時避免其他如加熱產生之變質問題，從食品包裝之觀點，新的包裝材質必須受到重視與開發。

四、高壓裝置的改良

高壓裝置處理樣品量少，設備成本高，使用壽命短，此皆為目前之缺失。因應將來加工需求發展，高壓裝置應有如下之展望：

1. 用於各大學及研究機構之試驗機型

a. 安全性

Ⅰ.食品的安全性：操作時油壓的用油不會混入。

Ⅱ.防銹處理：可直接使用自來水和蒸餾水。

Ⅲ.操作的問題：不具有危險性。

b. 試料加溫與冷卻：具有特別的耐壓冷卻容器，同時可以測定溫度。

c. 升壓與降壓：有良好的速度之調節壓力升降。

d. 設計：可應用於食品化學、生物領域之實驗室。設計簡潔、相稱為主要題材。

e. 輸量化：底床可承受重量，可動性。

f. 長期保存試驗問題：壓力容器於冷藏庫或恆溫槽可使用 1 個月以上。

g. 內部觀察：配有分光光度計及顯微鏡。

2. 用於食品加工生產之生產機型

a. 連續處理：液狀食品與包裝食品加工之連續處理。

b. 攪拌：強力攪拌作用。

c. 壓力與溫度併用方法的開發。

五、名詞定義

為了使壓力利用普遍化，實有必要以名詞或語言區別說明加熱法與加壓法。

六、加壓殺菌的法規問題

人類自古以來即依賴加熱方法殺菌，加壓殺菌卻沒有被人類所發展。食品殺菌法律的規定把加熱當作前提，因此如何以實驗數據證明加壓殺菌也適用於食品加工，為目前必須積極努力之階段。

21-7 結　論

高壓技術對於食品工業之應用具有極大的發展潛力，但其仍有許多尚待克服之問題與技術，如加工量太少、成本問題、使用壽命及其對食品物性變化之影響等，將來之發展工作在於尋求如何能彈性應用此技術，同時具有經濟的加工設備能夠於食品加工線上連續操作。

CHAPTER

食品發酵與飲料製品

22-1 食品發酵(Food Fermentation)

一、定　義

利用微生物及微生物之酵素，使有機化合物發生氧化還原或分解合成反應者稱之。

二、優　點

1. 利用發酵產生之酒精及酸來保藏食品。
2. 發酵食品提供人類日常食物的來源。
3. 利用發酵產生之有機酸、酒精在人體內氧化成為能量。
4. 利用發酵可以產生維生素及一些生長因子，提高食品營養價值。
5. 發酵可以把人體無法消化的物質變成可消化之分解物。
6. 改變食品組織、味道、顏色，產生特殊風味。

三、缺　點

1. 發酵時間長，花費高。
2. 對食品有害之微生物，可能會在發酵食品中成長。
3. 重量減輕。
4. 消耗能量。

22-2 乳酸發酵

一、定　義

澱粉質或糖質受到微生物作用生成乳酸者，通常以後者為原料。

二、乳酸菌

Kluyver 依葡萄糖代謝物之不同而將乳酸菌分為二類：

1. **同質發酵(homofermentative)**：發酵產物 85%以上是乳酸者稱之。
2. **異質發酵(heterofermentative)**：發酵產物乳酸少於 85%者，尚產生 CO_2 及醋酸。

三、乳酸飲料及乳酸菌飲料

1. **乳酸飲料**：牛乳（主要用脫脂乳）中加乳酸菌→乳酸發酵→添加砂糖、乳酸及香料→均質→裝瓶→密封→殺菌。
2. **乳酸菌飲料**：脫脂乳（全乳）加乳酸菌(*Lactobacillus bulgaricus*)→乳酸發酵→凝固→成品。（因不經殺菌，故乳酸菌仍處於活的狀態，與乳酸同樣有整腸效果。）

22-3 食品發酵產品

一、醬　油

1. 醬油的營養成分(100g)

成　分	含　量
蛋白質	6.2 克
脂肪	1.0 克
碳水化合物	3.6 克
熱量	44 卡
水分	72.8 克
灰質	16.1 克
鈣	85 毫克
磷	153 毫克
鐵	4.7 毫克
維生素 A	0
維生素 B_1	0.02 毫克
維生素 B_2	0.06 毫克
菸鹼酸	0.9 毫克
維生素 C	0

2. 醬油製作流程

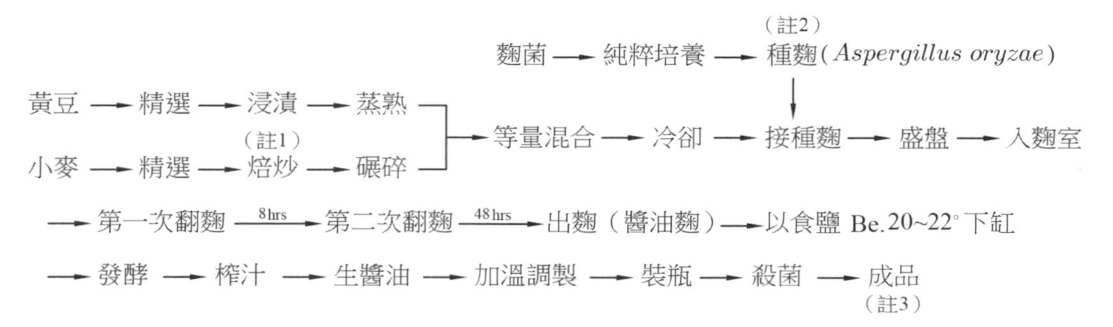

→ 第一次翻麴 —8hrs→ 第二次翻麴 —48hrs→ 出麴（醬油麴）→ 以食鹽 Be.20~22° 下缸

→ 發酵 → 榨汁 → 生醬油 → 加溫調製 → 裝瓶 → 殺菌 → 成品
(註3)

註 1：焙炒的作用為
(1) 部分殺菌。
(2) 使小麥中澱粉加熱糊化而易受麴菌酵素的作用。
(3) 減少小麥水分使其易於被壓碎。

註 2：製造醬油使用的麴菌為 *Aspergillus oryzae* 或 *Aspergillus sojae*，用量約為原料的 1/1,000~1/1,500，接種溫度 20~30°C，為避免酵素失活及氮利用率降低，一般不宜超過 32°C 以上。

註 3：為使醬油製品符合中國國家標準(CNS)的規定，且具備特殊醬油特色，在調製過程中可添加下列物質
(1) 甜味料：冰糖、葡萄糖、麥芽糖、蔗糖、轉化糖、甘草精等。
(2) 酸味料：乳酸、醋酸、琥珀酸、磷酸鹽。
(3) 呈味料：麩胺酸鈉、甘胺酸、丙胺酸及各種核酸。
(4) 防腐劑：對羥苯甲酸丁酯。

3. 醬油的種類：坊間所售醬油名目繁多，其中的區別略述如下：
   a. 陳年醬油：是將發酵成的醬油醪，放置一段很長時間約 2~3 年後，再壓榨殺菌，價格昂貴。
   b. 醬油露：比普通醬油稍貴，是因其成分中純釀醬油比例較高於化學醬油，一般家庭用以蘸汁食用，別有風味。
   c. 醬油膏：在殺菌前加入約 10~15%的糯米澱粉，特具濃稠質地。
   d. 淡色醬油：製造時所加醬色較少，所以顏色較淺。通常用在要保持菜餚原有色澤的烹調上，例如炒海鮮、白斬雞、涼拌生菜，又稱「白醬油」。
   e. 淡味醬油：又稱薄鹽醬油，鹽分鹽量約為一般醬油的一半，約 8%左右，鹽分含量低，容易變壞。須控制飲食鹽分的人可以選用。
   f. 無鹽醬油：幾乎不含有食鹽，即氯化鈉，而其鹹味來源則是氯化鉀及鉀的其他溶液，為一種人工合成醬油。因配方特殊，必須遵照醫師或營養師指示才可使用。

g. 辣醬油(worcestershire sauce)：這是很普遍使用的西餐用調味醬油，與中式醬油的製作不同，乃由蔬果榨汁、砂糖、醋、食鹽、香辛料、焦糖、酸味料、胺基酸液及糊料等組成的調味料，為西餐桌上必備調味料。

4. 化學醬油

a. 蛋白質 $\xrightarrow{HCl}$ 分解→Na2CO3 中和→胺基酸→再加調味成醬油（風味欠佳）。

b. 改良方法

脫脂大豆 $\xrightarrow{HCl}$ 分解→Na2CO3 中和(pH 5.0~5.5)→加豆麴→發酵期使味道更好。

三、味　噌

1. 營養成分

▼表 22-1　味噌之微量成分（單位 mg/100g）

成分 / 種類	鈣	磷	鐵	維生素		菸鹼酸
				B_1	B_2	
甜味噌	70	120	3.0	0.05	0.10	1.5
淡色辛味噌	90	160	4.0	0.03	0.10	1.5
赤色辛味噌	115	190	4.0	0.03	0.10	1.5
豆味噌	140	240	6.5	0.04	0.12	1.5

2. 味噌製作流程

米→清洗、浸漬→蒸煮→冷卻→種麴(*Aspergillus oryzae*)→發酵→醬油麴→30%
　磨碎　　　　　　　　　　(35℃)

大豆→精選→清洗、浸漬→　蒸　煮　→　冷卻→60%
（整粒）　　　　　　　（50~60%水）(35℃)

混合→ 食鹽水 → 裝桶發酵 → 熟成 →均勻攪拌→加熱殺菌→包裝→味噌
　　（4~13%）（25~30℃數個月）（2 週）

a. 製作味噌前，先製作米麴。

b. 米麴的作法：

米→浸漬→蒸米→冷卻(38°C)→接種(*Aspergillus oryzae*)→混合→入麴盤→入麴室 —24hrs→ 產生白色菌絲 —48hrs→ 乾燥。

c. 味噌的作法

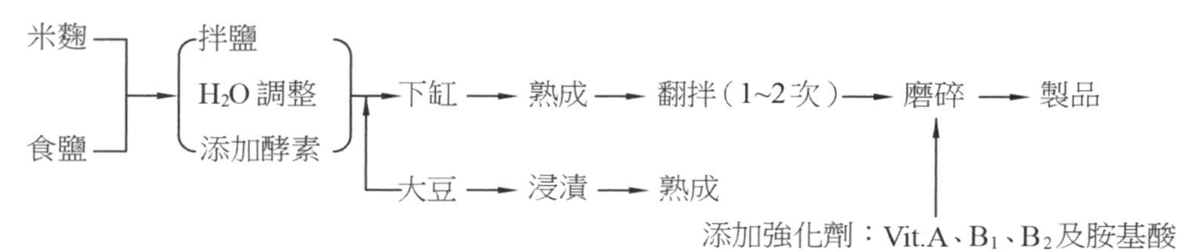

3. 醬油和味噌的營養成分比較

▼表 22-2　醬油和味噌的營養成分比較

成　分	醬油(%)	味噌(%)	
		白	紅
水分	72.2	60.0	50.0
蛋白質	6.9	10.0	12.5
脂肪	6	5.6	6.5
碳水化合物	2.0	19.0	20.0
灰分	18.3	6.0	11.0

四、食　醋

米→浸漬→蒸煮→冷卻→加米麴種菌→糖化→加酵母菌(yeast)→酒精→加種醋(*Acetobacter aceti*)→醋酸發酵→熟成→過濾→殺菌→醋。

五、產膜酵母對醃漬物的影響

於釀造酒或醃漬醬油、食醋、泡菜、醬菜等發酵食品時，產膜酵母會令醃漬物表面產生白色菌群而造成表面滑溜現象，此白色菌群會破壞發酵產品固有的營養和風味，其防止方法為：

1. 控制溫度：加熱殺菌用於長期保存，低溫殺菌用於短期保存。
2. 添加防腐劑。
3. 將產膜酵母菌移去。

4. 控制鹽度，延長發酵時間。

5. 用石蠟封閉。

22-4 飲料製品

一、碳酸飲料（含 CO_2，不含酒精）

1. 成分包括

a. 糖類：蔗糖當作甜味劑，增加口感。

b. 香料：天然濃縮果汁或人工香料、精油類。須在光、酸性下安定；精油可加乳化劑，使油分散於飲料中。

c. 著色劑：焦糖及人工色素，穩定性強。

d. 酸味：CO_2 溶於水中，形成弱酸，但不夠，須加其他酸：如檸檬酸、酒石酸、蘋果酸來增加香味，加酸並有保藏效果。但長期保存，須加苯甲酸鈉。

碳酸飲料加 CO_2 目的：

Ⅰ.增加香味、酸（貯存性質）。

Ⅱ.使舌頭有刺激感。

Ⅲ.給予飲料泡沫。

碳酸飲料不殺菌理由：

Ⅰ.經脫氣後，嗜氧性微生物難以生長。

Ⅱ.僅含有碳、氫、氧，缺乏氮源，為不完全培養基，微生物難發育。

Ⅲ.pH 值在 2.5~4.0，並有 CO_2 之壓力作用，因此耐酸性酵母亦會受到 CO_2 之靜菌作用。但仍須注意，原料選擇、空瓶洗淨、機具之殺菌及環境衛生。

e. 水：須達下列標準

Ⅰ.鹼性低。

Ⅱ.Fe、Mn 離子低。

Ⅲ.濁度低。

Ⅳ.不含有機物質和無機固體，因此須進一步處理利用：

<1> 化學物質，離子交換，去除離子、礦物質。

<2> 活性碳去除氣味及殘氯。

<3> 除去水中 O_2。

<4> 最後以微細薄膜過濾。

二、酒精性飲料

例如：啤酒製造流程：

大麥→精選→浸漬→發芽→綠麥芽→焙炒→乾燥麥芽→除根精選→貯藏→粉碎→粉碎麥芽→糖化→過濾（↓麥汁渣）→麥汁→煮沸（加啤酒花）→過濾（↓啤酒花渣）→冷卻→澄清麥汁→主發酵→後發酵→過濾→生啤酒→裝瓶→密封→殺菌→瓶裝啤酒成品。

1. 大麥或澱粉供給醣類，使酵母菌發酵。
2. 大麥發芽目的：產生醣化酵素，將澱粉分解成醣類，供酵母菌利用，同時去除原料中所含少許之蛋白質。
3. 焙炒：去除綠麥芽氣味，減少水含量，延長貯存，產生焙炒香氣，增加啤酒色澤。
4. 醣化：使澱粉糊化，使其醣化成醣類。
5. 啤酒花：添加量約為麥汁 0.15~0.2%。
   a. 給予啤酒苦味、香味。
   b. 含有單寧賦予顏色。
   c. 具有保泡、保藏及抗菌功能。
   d. 維持啤酒澄清度。
6. 煮沸目的
   a. 濃縮麥汁。
   b. 不活化酵素。
   c. 殺菌。
   d. 使輕微焦糖化。
   e. 抽取香味。
7. 主發酵：發酵條件 5~10°C，時間約為 10 天，主要產生酒精約 4.6%及 CO_2。
8. 後發酵：發酵條件 0~−1°C，約為 1.5~2 個月，促成啤酒熟成進一步發酵，生成酯及芳香物質，並使懸浮酵母菌、蛋白質沉澱，使 CO_2 飽和於啤酒中。

23 CHAPTER

咖　啡

23-1 前　言

好的咖啡香醇、圓潤、令人喝了還想再喝。西方國家喝咖啡的歷史悠久，發展出許多沖泡咖啡的方法，在台灣喜愛喝咖啡的人口逐年增加，卻常苦於不知如何沖出喜愛的咖啡。其實咖啡之道很深妙，對於一個剛開始接觸的人，只要對它有正確的認識，知道如何沖泡以及如何品嚐它獨特的風味，也就綽綽有餘了。小而圓滾的深褐色咖啡豆，在研磨機中悄悄地散發出芬芳的清香，注入杯中呈現出如琥珀的美麗顏色，這就是一般人對於咖啡非常深刻的三個印象，以下加以介紹有關咖啡的知識，使大家對咖啡有更深的瞭解。

23-2 咖啡豆的成分

1. **咖啡因：是一種黃嘌呤生物鹼化合物，也是一種中樞神經興奮劑**，是所有成分中最為人注目。由於單寧酸、咖啡因會刺激胃壁，患有胃酸過多症的人，會使病情惡化，故基本上並不適合飲用咖啡。咖啡風味中的最大特質－苦味，便是咖啡因造成的。
2. **單寧酸：亦稱單寧、鞣酸或鞣質，種類很多分子結構複雜差異也大**，易溶於水，一經煮沸會分解而產生焦梧酸，使咖啡味道變差，所以才會有「沖泡好，最好盡快喝完」的說法。
3. **脂肪**：咖啡內含的脂肪在咖啡風味上，占極為重要的角色，而其中最主要的大概要算酸性脂肪和揮發性脂肪。揮發性脂肪是咖啡香氣主要的來源。
4. **糖分**：咖啡豆所含的糖分約有 8%，烘焙後糖分大部分會轉化成焦糖，為咖啡帶來獨特的褐色。

23-3　咖啡豆的檢視

1. **色**：無斑點、淡綠而鮮艷，為色彩美麗的咖啡豆，而這也與收成有關。
2. **形**：使用大小一致的咖啡豆，避免變形豆，即使有少量摻入也要去除。
3. **香**：生咖啡豆具有特有的鮮綠色，這未必代表它具有好的味道，但可以證明是新鮮的農產品。除了原有的香味外，也要注意可能沾染上其他異味（如發酵、發霉、藥味、土腥味等）。咖啡的香味經色譜法氣體分析結果，證明是由酸、醇、乙醛、酮、酯硫黃化合物、苯酚、氮化合物等，近數百種揮發性成分複合物所組成。
4. **苦味**：一般來說酸味較強的咖啡，苦味會較弱，而以苦味為主體的咖啡，酸味較易顯得不足，所以酸味、苦味兩者的比重，給了咖啡在口味上的發展空間。苦味在技術上主要是視烘焙時間，以及火力強弱、火力是否適當而定，但亦會受沖泡溫度、沖泡時間影響。所以要想沖泡出來的咖啡苦味高級、清爽，除了生咖啡豆品質要好外，更需具備由烘焙到沖泡的豐富知識和技術，而苦味成分其中之一－咖啡因。烘焙溫度高的話，其含量會減少，所以烘焙愈淺，咖啡因的藥理作用愈強，烘焙愈深則愈弱。
5. **酸味**：酸味一定會受生咖啡豆品質影響，但也和收成、儲藏時間、烘焙、沖泡有關。良質、含水率高、又有利的剛採收豆子，如能經適當的熱作用，產生適度的酸味，將可使咖啡的味道更佳，讓人覺得更有深度。
6. **甜味**：正因為是高級的咖啡含有特有之甜味，是和苦味呈表裡一體關係，所以清爽的上等口味定會帶有甜味。咖啡的品質是依味覺來評斷的，這稱為咖啡測試法。方法是將 10 克的咖啡粉倒入溫熱的咖啡杯中，再注入沸騰至 100℃ 的開水沖泡，以湯匙充分攪拌後，靜置一會兒使粉末沉澱，再撈起表面的泡沫。首先鑑定其香味，再將咖啡含在口中，以判斷酸、苦、甜味及有無異味。測試完後，馬上漱口並記錄結果，然後繼續下一杯測試。

 23-4 咖啡豆的製作流程與香味形成

一般常見咖啡豆的製作流程與香味形成，如圖 23-1、23-2。

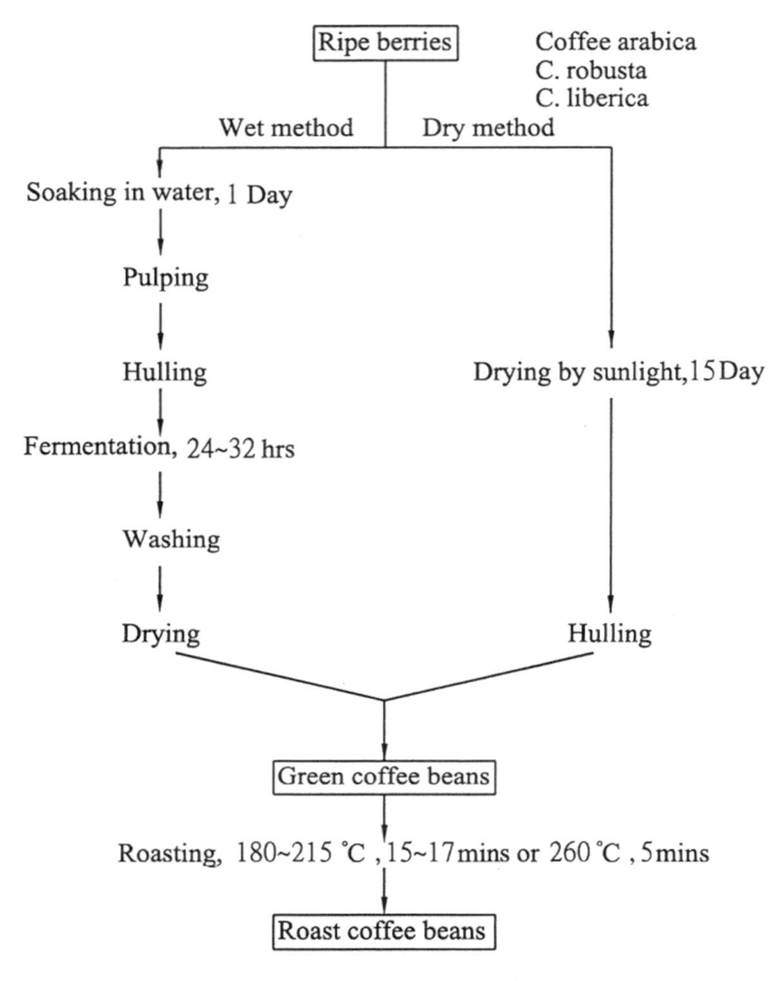

▲圖 23-1 咖啡豆的製作流程

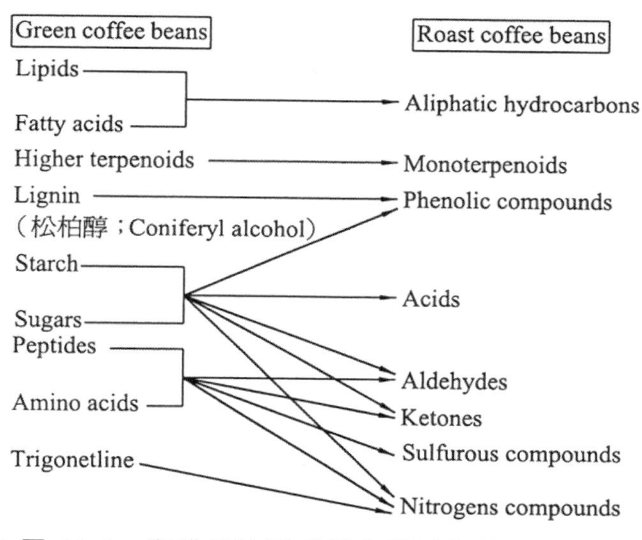

▲圖 23-2　咖啡香味形成與非揮發性前驅物之關聯

23-5　咖啡豆的烘焙度與味道特徵

一、烘焙度

咖啡豆不同烘焙程度的分級與特徵：

烘焙度	特　徵	各國的傾向	三階段
淺焙 light roast	最輕度的煎焙、無香味及濃度可言，呈黃小麥色	試驗用	輕炒
肉桂色烘焙 cinnamon roast	為一般通俗的煎焙程度、留有強烈的酸味，呈肉桂色	為美國西部人士所喜好	
中度烘焙 medial roast	中度煎焙。香醇、酸味可口，呈板栗色	主要用於混合式咖啡	中炒

烘焙度	特　徵	各國的傾向	三階段
深烘焙 high roast	酸味中和而有苦味。適合藍山及吉力馬札羅等咖啡	為日本、北歐人士喜愛	中度（微深）炒
城市烘焙 city roast	苦味較酸味為濃，適合哥倫比亞及巴西的咖啡	深受紐約人士、旅館、餐廳業所喜愛	中度（深）炒
焦炒烘焙 full city roast	適合沖泡冰咖啡。無酸味，以苦味為主	用於冰咖啡，也為中南美人士飲用	微深度炒
法式烘焙 French roast	苦味強勁，法國式的烘焙法，因烘焙較強，所以脂肪滲到表面，色澤略帶黑色	用於蒸汽加壓器煮的咖啡	深度炒（法國式）
義式烘焙 Italian roast	色黑、表面泛油、呈炭黑色、無香味而有燒焦味、苦味、義大利式的烘焙法	義大利式蒸汽加壓咖啡用	重深度炒（意大利式）

二、咖啡的味覺分類

所謂味覺特性，是指各種咖啡豆在最適當地烘焙過後，以該咖啡豆之風格表現出來的個性。

咖啡豆的勁道與味道種種不同，例如：

1. 混合咖啡就是將數種咖啡豆混合，而呈現出味道及立體感。
2. 討喜的綜合咖啡，沒有強烈的特性，喝起來不會太刺激，味覺與嗅覺都很平均。

調配綜合咖啡要用不同特性的咖啡豆，風味調合是首要考量。所以必須瞭解各類單品咖啡的特徵，讓各種豆子互補長短，以下為三種初步咖啡豆組合方法：

1. 首先必須選擇基礎豆，以此為中心再選擇其他豆調合，建議使用巴西或哥倫比亞咖啡豆來當基礎豆。
2. 使用組合性質完全相反的豆類，增添咖啡特殊的風味。
3. 組合性質相似的豆種調合整體風味，然後再選擇富個性如曼特寧、摩卡等風味調合。

建議每次使用咖啡豆的種類，不要超過 4 種，且將每次內容記錄下來，除了紀錄豆種及調配比例外，將煎焙程度及口感一併記錄下來，當作下一次的參考依據，以下為幾個代表性混合咖啡的比例，可供參考：

種類咖啡	混合方式（範例）
酸味咖啡	1.哥倫比亞(30%)＋聖多斯(30%)＋瓜地馬拉(20%)＋摩卡(20%) 2.哥倫比亞(30%)＋巴西(30%)＋瓜地馬拉(20%)＋摩卡(20%)
苦味咖啡	1.哥倫比亞(30%)＋聖多斯(30%)＋烏干達(10%)＋吉力馬扎羅山(20%) 2.哥倫比亞(30%)＋羅布斯塔(20%)＋巴西(30%)＋吉力馬札羅山(20%)
濃焦咖啡	1.哥倫比亞(40%)＋瓜地馬拉(20%)＋聖多斯(20%)＋曼特寧(20%) 2.哥倫比亞(40%)＋瓜地馬拉(20%)＋巴西(20%)＋曼特寧(20%)
流行咖啡	1.哥倫比亞(40%)＋聖多斯（ 30% ）＋摩卡（ 20% ）＋烏干達(10%) 2.哥倫比亞(40%)＋巴西(30%)＋摩卡(20%)＋羅布斯塔(10%)

23-6　咖啡豆的研磨方法

咖啡豆的研磨方法依據其大小可以略分為粗研磨、中研磨與細研磨三種。依咖啡豆不同而使用合適之研磨方法，還有中細研磨或比細研磨更細研磨（呈粉狀之咖啡粉）。

咖啡豆的研磨時機是沖泡咖啡前，只需將需要的分量研磨，因為上品咖啡豆磨成粉狀後，其表面積增加而吸收濕氣，容易氧化。還有研磨完的咖啡豆經過放置後，在咖啡豆內部滯留的 CO_2 與香氣會一起流失。

一、各種研磨方式

研磨法	顆粒大小
細研磨(fine grind)	顆粒細，像砂糖一樣大小。
中研磨(medium grind)	顆粒細，像砂糖與粗白糖混合的一樣大小。
粗研磨(reguler grind)	顆粒粗，像粗白糖一樣大小。

二、注意事項

1. 將磨擦熱抑制到最小的限度，因發熱會使芳香成分飛散。
2. 顆粒的大小均一與否，因顆粒不齊，沖泡出的濃度會不均，所以如果是手動式要輕輕地旋轉，注意盡可能使其不產生磨擦熱。所以使用電動式磨子較為適者。
3. 總結研磨時的重點如下：研磨度要平均，研磨時不能產生熱度，不能產生細粉，最後選擇適合萃取工具的研磨度。

23-7 咖啡豆的選購與保存方法

一、咖啡豆的選購

咖啡豆的選購要注意咖啡豆的包裝是否完好，如包裝袋有空氣滲入，或只以塑膠袋包裝，因咖啡豆極易接觸空氣，而使其吸進濕氣或臭氣而影響咖啡豆的質地。

生意好的咖啡店其咖啡豆不但更換快速，亦可知哪種咖啡豆最受歡迎，是一種選擇咖啡豆的辦法，與該店熟悉後可依家裡所需的量購買所喜愛之種類。

買咖啡豆時，可依下列方法來選擇：

1. 當場拿來咬碎，或用手壓壓看，若是新鮮的應是脆的，反之則表示豆子放太久了。
2. 如單品咖啡，顏色、形狀應均勻相似。
3. 重火和中深的烘焙法，會造成咖啡豆出油，較淺的烘焙咖啡豆如出油，表示已經變質，且會出現澀味及酸味。

二、咖啡豆的挑選方法

生咖啡豆的大致判斷方式，歸納其應注意的事項大致有：

1. 顏色一致。
2. 形狀、顆粒一致。
3. 有光澤。
4. 不要混有異物。
5. 有獨特的香味，且沒有異臭。
6. 讓人覺得飽滿有分量。

	好的烘焙咖啡豆	好的生咖啡豆	不宜採用的生咖啡豆
色　調	沒有烘焙色差，色調一致。	不管是呈淡綠色、淡褐色，其色調都一樣。	發白，顏色不一致，不均勻的生豆。
光　澤	有適度烘焙形成之脂肪性豆質。	顏色、光澤良好，且帶有好看的天然光澤。	顏色、光澤不佳。
形　狀	鼓的飽滿有分量。	外觀均稱、有圓潤分量感。	形狀差，無圓潤感。
顆粒均等性	顆粒一般大，烘焙後呈好看色調。	幾乎看不到碎豆、混入物。	內含碎豆、死豆、碎塊。
味　道	芳香。	正常新鮮味道。	有發酵臭味、土臭味、或其他異味。

三、咖啡的保存方法

研磨的咖啡粉入袋後，要盡量擠壓，不留空氣，因咖啡在高溫多濕時，香味易逸散，新鮮度降低，最好是放入冰箱冷凍庫。使用剛碾碎的新鮮咖啡粉是咖啡美味的第一要訣，如能妥善保存，仍可喝到香醇的咖啡。

23-8 飲用咖啡的種類

一、咖啡的產地及其風味特性

名 稱	產 地	香	甘	酸	醇	苦	備 註
藍 山	牙買加（西印度群島）	強	強	弱	強		最高級品
聖多斯	巴西	中	中		中	弱	宜調配用
摩 卡	衣索匹亞	強	中	強	強	弱	醇味歷久不退
哥倫比亞	哥倫比亞	強	中	中	強	弱	風味奇特
瓜地馬拉	瓜地馬拉	中	中	中	中	弱	高級品
曼特寧	印度（蘇門答臘）	強			中	中	醇度特強
爪 哇	印尼（瓜地島）	強				強	宜調配用

二、咖啡的種類

種 類	特 性
摩卡咖啡	此種具有獨特香氣，中度烘焙有柔和的酸味，深度烘焙則散發出濃郁香味，偶爾會作為調酒用。
巴西咖啡	酸味和苦味可藉由烘焙來調配，中度烘焙香味柔和，味道適中，深度烘焙則有強烈苦味，適合來調配混合咖啡。
藍山咖啡	酸味、甜味、苦味均十分調合又有極佳風味及香氣，適合做單品咖啡，宜做中度烘焙。
曼特寧咖啡	氣味香醇，酸度適中，甜味豐富十分耐人尋味，適合深度烘焙，散發出濃厚的香味。
羅斯達咖啡	適合調配綜合咖啡，酸味極少，苦味強烈，為南洋咖啡的代表品種。
夏威夷咖啡	具強烈的酸味及獨特的香氣，中度烘焙的豆子帶有強烈的酸味，深度烘焙風味更上一層樓。
薩爾瓦多咖啡	具有酸、苦、甜相等味道特徵，最佳的烘焙度是中度、深度。
哥倫比亞咖啡	具有獨特的酸味及醇味，中度烘焙味道清爽，深度烘焙成熟濃厚，兩者之中有股隱隱約約獨特風味。
瓜地馬拉咖啡	帶有上等的酸味與甜味滑潤順口，是混合咖啡的最佳材料，適合深度烘焙。

種 類	特 性
巴西聖多斯	味道中性，若能調配其他的咖啡，風味更佳。此種豆子烘焙時火候必須恰到好處，才能將酸、甘、苦及淡香味呈現出來。
吉力馬札羅山	酸、甜、純、香味均屬於上品，中度烘焙後會散發出甜味與清淡的酸味，深度烘焙後會產生柔和的苦味，適合來調配混合咖啡。
綜合咖啡	三種以上的咖啡豆調配而成獨具風格的咖啡，能配出味醇爽口，且呈金黃色的咖啡，可謂上品。

三、調味咖啡

名 稱	特 性
愛爾蘭咖啡	將白砂糖、少許愛爾蘭酒放入咖啡杯中，再加入熱咖啡即可。 如果喜歡的話，也可以在咖啡上面加入鮮奶油，隔著鮮奶油品嚐混合了酒香的熱咖啡。
皇家咖啡	先在咖啡杯中倒入煮好的熱咖啡後，在杯上放置一把特製的湯匙，湯匙上擱著浸過白蘭地的方糖和少許白蘭地。關掉室內的燈光，以火柴點燃方糖，就可以看到美麗的淡藍火焰在方糖上燃燒，等火焰熄滅方糖也融化的時候，將湯匙放入咖啡杯中攪勻，香醇的皇家咖啡立現。
瑪莎克蘭咖啡	把熱咖啡、砂糖、紅葡萄酒倒入小鍋中加熱，再徐徐倒入杯中，咖啡上加一片檸檬和肉桂棒，肉桂棒的作用就等於湯匙，再輕輕攪拌，兼隨熱氣飄散出來的，除了咖啡香之外，還有肉桂和檸檬的芬芳。
貴婦人咖啡	原則上是以二分之一的咖啡加二分之一的牛奶混合起來喝的，但也可以隨個人喜好自行調整比例。如果喜歡的話甚至不妨加入一、兩滴白蘭地或威士忌增加香味。
維也納咖啡	維也納咖啡源於奧地利，是咖啡、鮮奶油和糖的組合。喝的時候上面是濃香的冰奶油，中間有純正的咖啡，喝到底下，甜蜜的糖漿入口，可以享受充分三段式的變化口味。做法：咖啡杯先以滾水燙過，再加入方糖或冰糖，倒入熱咖啡，最後在咖啡面上加上已打好發泡的鮮奶油。注意事項：咖啡應較平常飲用時稍濃，或買重烘焙咖啡豆。
伏特咖啡	先在咖啡杯中倒入煮好的熱咖啡，方糖浸過檸檬伏特加（伏特加與檸檬酒的比例是 8：1），再把方糖放置在一把特製的湯匙上點燃，使其融化加入到咖啡中攪拌均勻，在滴幾滴檸檬伏特加，這樣就是一杯酒香的咖啡了。

23-9 沖泡咖啡的密訣

一、咖啡最基本的沖泡方法

1. **浸漬法**：在沸水中加入咖啡粉，使其久浸而不經過濾，然後取上層澄清的咖啡液。
2. **過濾法**：將咖啡粉倒入過濾器中，用沸水沖泡，不留殘渣的浸泡過濾方法。東方人多半採用此法，而沖泡式咖啡以虹吸式咖啡為代表。

不管用何種方式沖泡，沖泡時應注意：開水溫度不可過高，浸漬咖啡粉的時間不可太久。

咖啡粉遇到沸水產生泡沫時，即表示咖啡已完全溶於開水，慢慢溢出它香醇的滋味。當泡沫變白，呈現裂開時，即意謂咖啡香已湧出百分之九十的狀態。這時，如再繼續浸漬或是放在爐上燒，溫度會提高，咖啡立即會引起酸化分解，反使味道變差。為避免咖啡變味，沖泡時要看溫度、時間。

二、咖啡調理方式

（一）咖啡的透明度和濃度

將湯匙插入咖啡中以判斷咖啡表面的光澤、顏色，是判斷咖啡透明度、濃度的方法之一。

混入有缺點的咖啡豆、烘焙不足、咖啡豆或粉放得太久了及沖泡過剩、沖泡溫度過高、沖泡時間過長、沖水方式太粗暴，則會影響咖啡品質。

咖啡湯匙放入好的咖啡時，湯匙的光芒會反射得閃閃發光，然後舀一湯匙起來滴回去，會發現在掉落的那一瞬間，咖啡液會形成寶石般的珠形滑過表面的話，便可以稱的上是潤澤有透明度的咖啡。將湯匙放入咖啡中，較看不清湯匙的部分，代表該部分較濃，湯匙再深入咖啡液一半左右的地方，便看不到湯匙了。為辨視咖啡液的顏色，最好是將它注入內側呈白色的咖啡杯內。

（二）咖啡濃度和砂糖比例

一般需視咖啡濃淡來決定砂糖的用量。淡的咖啡味道較淡，如果加太多砂糖，咖啡的味道會被糖蓋過，變成喝的不是咖啡的原味，而是砂糖的味道。加糖不是要讓咖啡變甜，而是要帶出咖啡本身具有的極微量甜味，也為了調合咖啡所有的各種味道，所以加糖可以稱得上是最後的味道調整。當然也要相當慎重地留意砂糖的加法，也就是說不能咖啡端來，便不加考慮地加 2、3 匙糖，而是要配合咖啡的苦味、濃度來加糖調味才會好喝。一般是端來後什麼也不加，先聞聞它的味道，在試喝一口後，來決定要加多少量的糖，才可以調合成自己喜愛的味道。但是這樣加糖的做法完全是個人的自由，也有人喜歡喝什麼都不加的黑咖啡。只是一般來說，稍微加 2 克會比不加味道好一些。

（三）奶　精

奶精的加法和砂糖一樣，只要配合咖啡的濃度決定添加的量，做成自己喜好的味道便可以。在添加時，一定要先加糖充分攪拌後才可以加奶精，且最好是以將沉在杯底的砂糖往上提的攪拌方式，才會溶得快些，奶精如加太多則其味道也會蓋過咖啡的味道，所以加的時候也要慎重。加入砂糖及奶精後，咖啡味道會起變化，所以利用加糖及奶精，不但可以享受咖啡味道的變化，而且如果加的適當，還可以享受咖啡和砂糖、奶精絕妙調合。這也是咖啡的魅力所在。

（四）咖啡調理的要訣

1. 煮沸會使咖啡變苦，建議不要將咖啡置於火上直接煮，可以使用介於 90~96℃(195~205℉)間的熱水溫度來沖泡。
2. 不要將已沖泡過的咖啡再次加熱。建議在每次要享用咖啡前，才沖泡咖啡，並且只沖泡想飲用的分量。維持咖啡最佳風味的溫度是調整在 86℃(185℉)左右。
3. 使用新鮮的清水來沖泡，每杯的水量以 98%為宜。若水中有怪味，可以考慮用活性碳過濾。
4. 勿重複使用研磨咖啡粉，因為泡過的咖啡粉中殘留下咖啡中較苦的成分。

5. 使用適當的研磨度。研磨的太細，會造成萃取過度產生苦味，或是堵塞沖泡器具。研磨不足，則會導致研磨咖啡清淡如水。若使用滴漏式沖泡器具，則應以 2~4 分鐘內可完成滴漏過程，是為適當的研磨度。
6. 建議沖泡比例為每 180 毫升（6 盎司）的水使用 10 公克左右的研磨咖啡。此外，也可以按照自己的喜好調整比例，但若以較少的咖啡粉或是研磨太細，沖泡出來的咖啡會淡而苦。
7. 咖啡保溫的時間，最好不要超過 20 分鐘，放置過久會喪失風味。建議沖泡完使用保溫壺或真空壺保存，可讓咖啡保持溫度與香味得比較久。

24 CHAPTER

茶　類

24-1 前 言

茶葉生產的一個特點，是鮮葉從茶樹上摘下後須經過加工製造的過程，成為各類茶葉成品，才能發揮它的經濟價值，而茶葉價值的高低必須藉品質鑑定及檢驗才能確定。

我國生產的茶葉種類繁多，諸如屬不發酵茶類的綠茶、黃茶，屬部分發酵茶類的青茶、白茶，屬全發酵茶類的紅茶，以及屬特殊茶類的黑茶；其他尚有經過再加工的各種花茶如茉莉花茶、玫瑰紅茶，壓製茶類如沱茶、磚茶以及速溶茶等。每種茶類又各具名目繁多的花色，如青茶類有包種茶、烏龍茶、鐵觀音、水仙等花色，各有獨特的品質及特定的消費對象。各種茶類品質的優劣，品級的劃分，價值的高低，是否符合銷售對象的要求，及輸出入國茶葉法定檢驗的規定，都必須經由茶葉品質官能鑑定及檢驗才能做出客觀的、科學的評鑑。表 24-1~3 分別介紹台灣茶葉的分布及種類、特色、產地分類等。

▼表 24-1　台灣茶葉的分布及種類

<table>
<tr><th colspan="4">北　區</th></tr>
<tr><th>宜蘭地區</th><th>台北地區</th><th>桃園地區</th><th>新竹地區</th></tr>
<tr><td>·上將茶
·五峰茶
·素馨茶</td><td>·文山包種茶
·南港包種茶
·木柵鐵觀音
·石門鐵觀音
·海山茶</td><td>·武嶺茶
·秀才茶
·梅台茶
·龍泉茶
·壽山茗茶</td><td>·六福茶
·玉蘭茶
·東方美人茶</td></tr>
<tr><th colspan="4">中　區</th></tr>
<tr><th colspan="2">南投地區</th><th colspan="2">苗栗地區</th></tr>
<tr><td>·二尖茶
·青山茶
·日月潭紅茶
·松柏長青茶</td><td>·玉山烏龍茶
·竹山烏龍茶
·凍頂烏龍茶
·霧社廬山烏龍茶</td><td colspan="2">·明德茶
·福壽茶
·長安茶</td></tr>
<tr><td colspan="4">註：
梨山茶區：主要有福壽山農場、華崗、翠巒、佳陽、大禹嶺、武陵農場等地區。
清境茶區：主要有清境農場、紅香、翠峰等地區。
仁愛茶區：主要有霧社、廬山等地區。
竹山茶區：主要有杉林溪、獅頭湖（太極峽谷）、石壁等地區。
玉山茶區：新山、信義（沙里仙）、神木村（塔塔加鞍部）等地區。</td></tr>
<tr><th colspan="4">南　區</th></tr>
<tr><th colspan="4">嘉義地區</th></tr>
<tr><td colspan="4">·竹崎烏龍茶
·梅山烏龍茶
·阿里山珠露茶</td></tr>
<tr><td colspan="4">註：
阿里山茶區：主要有石棹、梅山、瑞里、隙頂、太和（樟樹湖）等地區。</td></tr>
<tr><th colspan="4">花　東　區</th></tr>
<tr><th colspan="2">台東地區</th><th colspan="2">花蓮地區</th></tr>
<tr><td colspan="2">·太峰高山茶
·福鹿茶</td><td colspan="2">·天鶴茶
·鶴岡紅茶</td></tr>
</table>

▼表 24-2　台灣各茶區特色茶的名稱及產地

縣市別(county)	特色茶名稱(name)	產地(production place)
台（新）北市	木柵鐵觀音	台北市木柵（文山區）
	南港包種茶	台北市南港區
	文山包種茶	坪林、石碇、新店、汐止、深坑
	石門鐵觀音	石門區
	海山龍井茶、海山包種茶	三峽區
	龍壽茶	林口區
桃園市	龍泉茶	龍潭區
	秀才茶	楊梅區
	武嶺茶	大溪區
	壽山名茶	龜山區
	蘆峰烏龍茶	蘆竹區
	梅台茶	復興區
	金壺茶	平鎮區
新竹縣	六福茶	關西鎮
	長安茶	湖口鄉
	東方美人茶（白毫烏龍）	北埔鄉、峨眉鄉、橫山鄉
苗栗縣	苗栗烏龍茶	造橋鄉、獅潭鄉、大湖鄉
	苗栗椪風茶	頭屋、頭分、三灣一帶
南投縣	凍頂茶	鹿谷鄉
	松柏長青茶（埔中茶）	名間鄉
	竹山烏龍茶、竹山金萱、杉林溪烏龍茶	竹山鎮
	二尖茶	中寮鄉
	玉山烏龍茶	水里鄉、信義鄉
	青山茶	南投市
	日月紅茶	魚池鄉
	霧社廬山烏龍茶	仁愛鄉
嘉義縣	梅山烏龍茶	梅山鄉
	阿里山珠露茶、竹崎高山茶	竹崎鄉
	阿里山烏龍茶	番路鄉、阿里山鄉
高雄市	六龜茶	六龜區
屏東縣	港口茶	滿州鄉

▼表 24-2　台灣各茶區特色茶的名稱及產地（續）

縣市別(county)	特色茶名稱(name)	產地(production place)
宜蘭縣	素馨茶	冬山鄉
	五峰茶	礁溪鄉
	玉蘭茶	大同鄉
	上將茶	三星鄉
花蓮縣	天鶴茶、鶴岡紅茶	瑞穗鄉
台東縣	福鹿茶	鹿野鄉
	太峰高山茶	太麻里鄉

▼表 24-3　茶的分類

分　類	說　明
依外型區分	直條形：如青茶。
	半球形：如烏龍。
	全捲形：如鐵觀音。
	細碎形：如紅茶。
依發酵區分	不發酵茶（綠茶）：如龍井、碧螺春。
	半發酵茶；輕發酵茶：如青茶。
	中發酵茶：如凍頂烏龍、鐵觀音、水仙、武夷。
	重發酵茶：如白毫烏龍。
	全發酵茶：如紅茶。
依季節區分	春茶：為節氣穀雨前後 5 天採成的茶葉稱之，春茶韻最好。
	夏茶：春茶收成後 40 天稱之（以製作膨風茶為最佳）。
	秋茶：以中秋節前後採收為主。
	冬茶：俗稱五水茶，香中極品，香味清雅，韻較淡，為冬至前後採收。
依烘火分類	輕火：生茶。
	中火：半熟茶或半生茶。
	重火：熟茶。
依栽培分類	露天茶及覆下茶，日本的玉露茶及碾茶較多為覆下茶，其餘的均為露天茶。
依地方分類	有許多生產茶很有名的地方常以該產地的地名冠於茶名上，如凍頂烏龍、石棹烏龍、紅香烏龍、松柏烏龍、奧萬大烏龍、木柵鐵觀音、安溪鐵觀音、文山包種、祁門紅茶、大吉嶺紅茶、港口茶等。注意看前面都是冠上地名。

▼表 24-3　茶的分類（續）

<table>
<tr><th>分　類</th><th colspan="2">說　明</th></tr>
<tr><td>依海拔分類</td><td colspan="2">如產茶區域海拔 1,000 公尺以上者稱高山茶。</td></tr>
<tr><td rowspan="5">依季節分類</td><td colspan="2">春茶：又稱頭水茶或頭班茶，為清明節到夏至前所採的茶（3 月上旬至 5 月中旬）以製造綠茶及包種茶為佳。</td></tr>
<tr><td colspan="2">夏茶：又稱二水茶或二班茶，在夏季前後採製者，以製造紅茶及烏龍茶最佳，台灣夏季可收兩次，第一次稱頭夏，第二次稱六月白（約大小暑節氣前後）。</td></tr>
<tr><td colspan="2">秋茶：又稱三水茶，即夏茶採後一個月至秋天所再採製者，台灣秋季可採收兩次，第一次稱秋茶，第二次稱白露筍或白露茶。</td></tr>
<tr><td colspan="2">冬茶：即秋分後所採製者，我國東南茶區很少採製，僅雲南和台灣較溫暖而尚有採製。在台灣地區某些茶區可採收兩次，第一次稱冬茶（立冬前後），第二次稱冬片（冬至前後）。</td></tr>
<tr><td colspan="2">不知春：立春前所採製者。</td></tr>
<tr><td>依茶樹分類</td><td colspan="2">如大葉種茶、小葉種茶、青心烏龍、水仙、金萱、鐵觀音、四季春、武夷、大紅袍、香櫞、阿薩姆、翠玉等。</td></tr>
<tr><td rowspan="2">依萎凋分類</td><td colspan="2">不萎凋茶：綠茶。</td></tr>
<tr><td colspan="2">萎凋茶：紅茶、黃茶、黑茶、青茶（烏龍茶）、白茶。</td></tr>
<tr><td rowspan="10">依形狀分類</td><td rowspan="3">散茶：正茶</td><td>條茶：綠茶之珍眉、文山包種茶。</td></tr>
<tr><td>碎茶：碎型紅茶。</td></tr>
<tr><td>圓茶：珠茶。</td></tr>
<tr><td rowspan="5">壓緊茶</td><td>茶磚：普洱茶磚。</td></tr>
<tr><td>餅茶：普洱七子餅等。</td></tr>
<tr><td>方茶：普洱方茶。</td></tr>
<tr><td>六堡茶：廣西昌蒼梧六堡茶葉。</td></tr>
<tr><td>沱茶：雲南沱茶。</td></tr>
<tr><td>束　茶</td><td>龍鬚茶。</td></tr>
<tr><td>竹筒茶</td><td>雲南的竹筒茶。</td></tr>
<tr><td rowspan="2">依程序分類</td><td colspan="2">毛茶：即粗製茶或初製茶，各種茶葉經初製成之後的成品，其外形「不均一」且較有枝梗，統稱毛茶。</td></tr>
<tr><td colspan="2">精製茶：或稱成茶再製茶；毛茶經過精製的手續如撿梗篩分，使成品的品質劃一形狀整齊即是。</td></tr>
</table>

台灣主要茶區位置圖

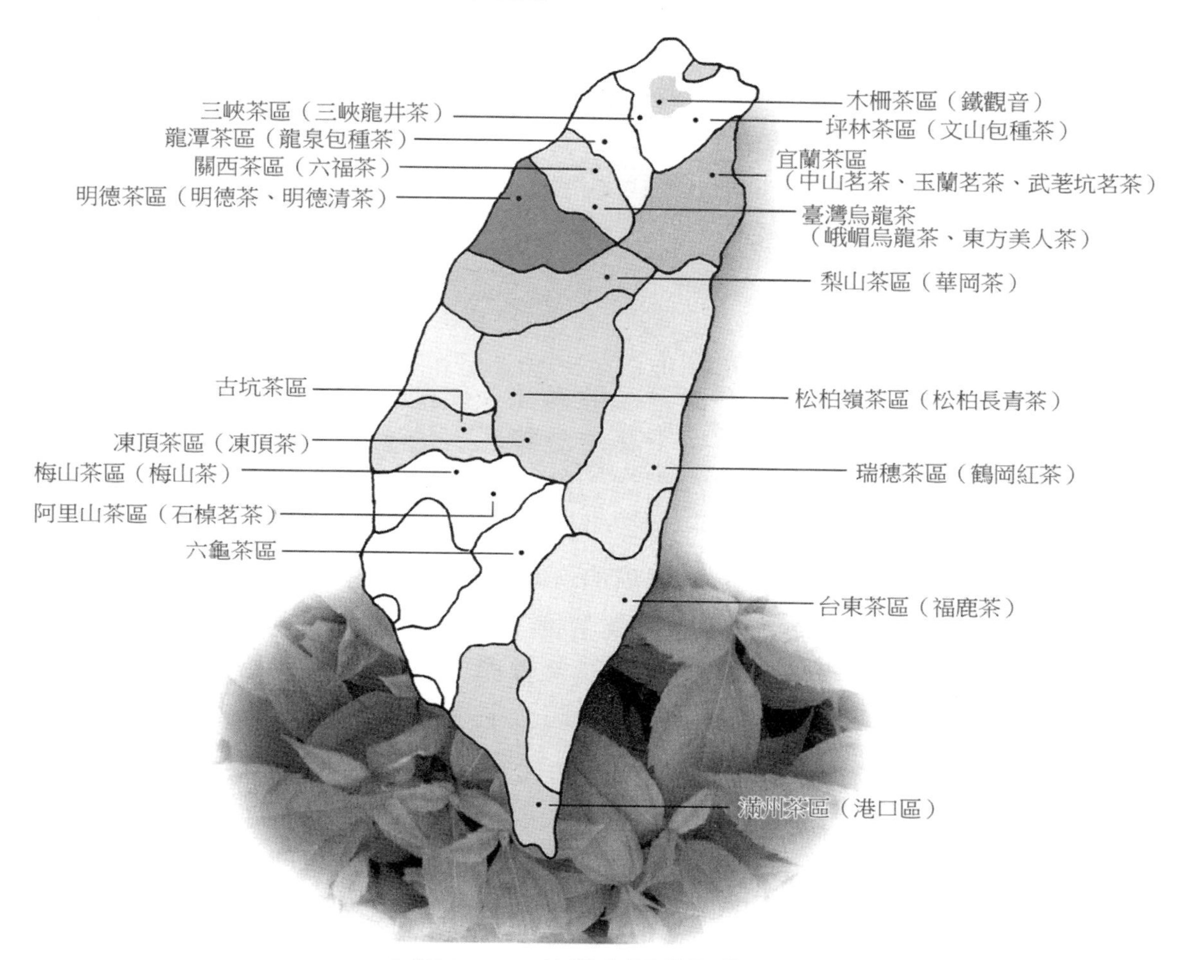

▲圖 24-1 台灣主要茶區位置圖

▼表 24-4 採茶時間和節氣的分布對照

茶季別	產 期	節氣分布
春 季	3 月中旬－5 月上旬	雨水、穀雨
夏 季	5 月下旬－6 月上旬	小滿、芒種
六月白	7 月中旬－8 月上旬	小暑、大暑
秋 季	8 月下旬－10 月上旬	處暑、白露、秋分
冬 季	11 月上旬－11 月下旬	立冬、小雪

 24-2 茶葉的分類與製法

台灣產製的茶葉依製造方法與發酵程度的不同，可分為不發酵茶（如綠茶類、龍井、眉茶、珠茶、黃茶、煎茶等）、部分發酵茶（如白茶類、文山包種茶、凍頂茶、鐵觀音茶、白毫烏龍茶等）和全發酵茶（如紅茶類）等三大類。這些茶的製造方法和過程都有所不同，各有巧妙之處，分別介紹如下。

一、選　菁

影響凍頂茶品質的好壞，主要取決於茶菁原料品質及製造技術，缺一不可，故選菁時必須注意以下四點：

1. **選擇優良品種**：目前本省適合製造凍頂茶之優良品種有青心烏龍、台茶 12 號、台茶 13 號，其中台茶 12 號即一般所稱的「金萱」、台茶 13 號又稱「翠玉」。
2. **良好的栽培管理**：欲得優良茶菁，必須茶園管理合理，耕種與施肥必須適當。因為茶園管理良好，茶菁發育才會整齊平均，若茶芽生長老嫩不一（俗稱公孫菜），則在製造過程中，萎凋程度不易控制，成茶品質難達理想。
3. **把握茶菁採摘時機與方法**：製造凍頂茶所用的茶菁以頂芽開面後（對口葉）二、三日，其下二、三葉葉片尚未硬化時採摘最為理想。茶菁採摘時以長至五葉，留下二葉，採一心二、三葉最為理想，上午 10 時至下午 2 時採摘尤佳（俗稱午時菜），不過在同株茶樹中，萌芽時間難望一致，在春茶時期，雨水甚多，天候不穩，大體上來說頂芽開面達半數以上時，即需伺機採摘，以防茶菁過於粗老，影響品質。一般來說，製造凍頂茶之茶菁要葉質柔軟、葉肉肥厚、色呈淡綠為佳，採摘時機控制更是不得馬虎，採得茶菁過老（晚採俗稱飽菜）則成品茶形過大、滋味淡薄，採得茶菁過早（早採俗稱幼菜）則色澤深綠近黑、茶湯缺少香氣，品質難得上乘。
4. **採得茶菁要妥善處理**：茶菁一離開茶樹，立即發生變化，其變化進行的快慢與好壞是隨著天候的不同，以及採後處理方法的適當與否而決定，因凍頂茶製造過程中，茶菁需經日光萎凋及室內萎凋處理，使之部分發酵生成凍頂茶特有的香味，因此茶菁處理是否得當，顯然是製茶成敗關鍵所在。

5. 茶菁變劣原因

a. 茶菁採摘時握得太緊或搬運時擠壓而使葉面受傷。

b. 堆積過厚：茶菁入廠應迅速攤開散熱，厚度以 20 公分為宜，超過 30 公分時，經過數小時後，會產生高溫、悶熱，會引起不良發酵，形成死葉。

c. 放置過久：茶葉以當日採當日做完為原則，隔日菁絕難製出好茶，茶菁放置 6 小時以上再製造，茶葉品質會降低。採摘品質混雜：不同品種、9 時以前採的上午菁、9~15 時採的中、下午菁、15 時以後採的晚菁，應分別製造，以利品質控制。

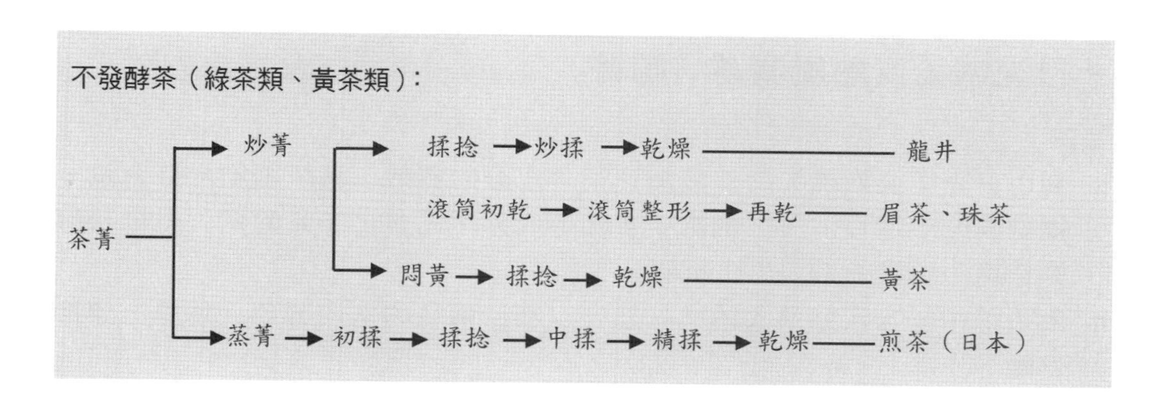

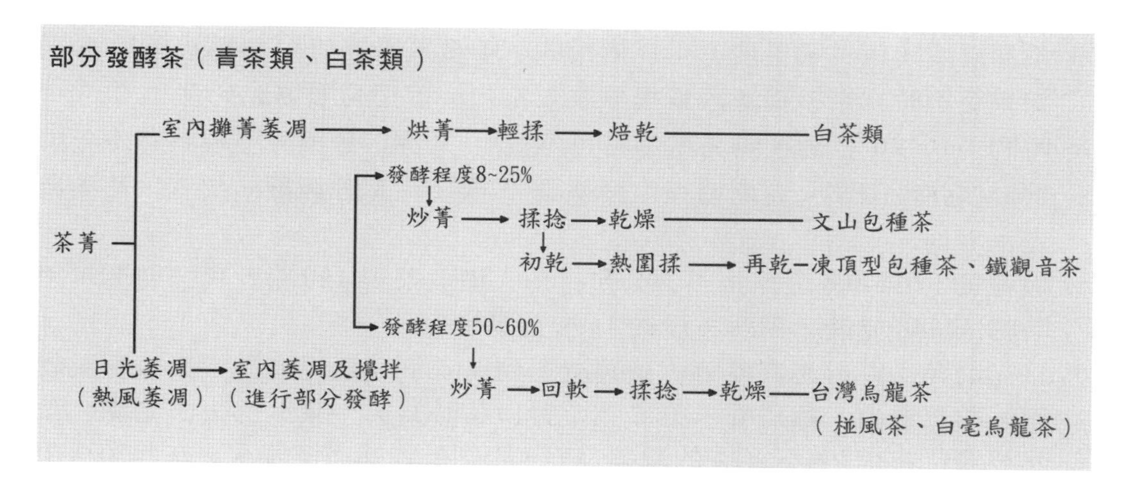

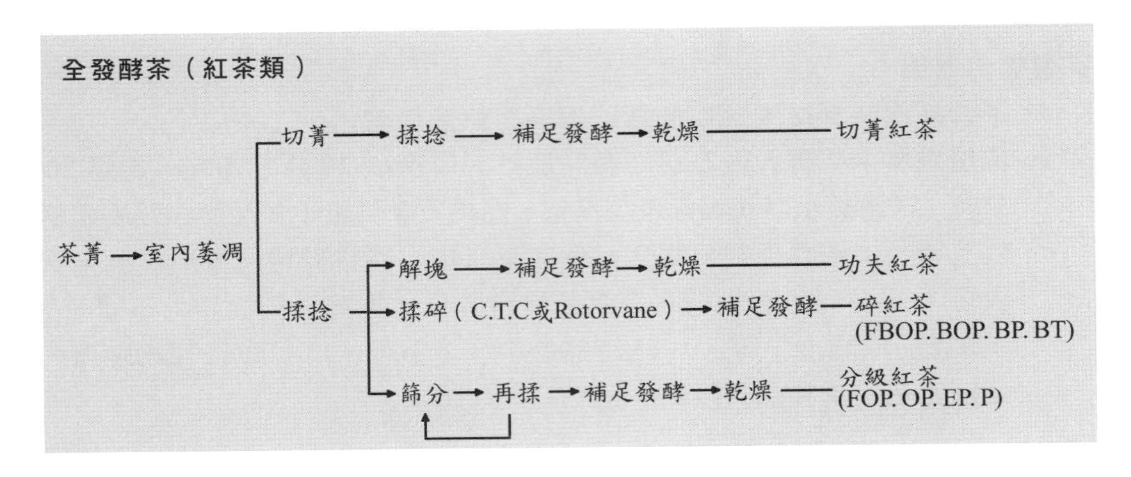

二、日光凋萎或熱風凋萎（晾菁）

1. 目的

a. 利用日光（或熱風）的熱能加速茶菁水分的蒸散，減少細胞水分含量，使細胞膜的半透性消失，細胞中各化學成分（尤其是多元酚類）得以藉酵素的作用，引發一系列生化反應。

b. 使茶菁由包水狀態進入消水狀態，以利於爾後的室內凋萎、炒菁、揉捻、乾燥等步驟。

2. 操作

a. 葉面溫度（或日曬溫度）：以攝氏 30~35 度為最適宜，勿超過攝氏 40 度，如果超過時宜用紗網遮蔭或提早收入室內，否則易曬傷成死葉。

b. 時間：10~20 分鐘，陽光微弱時可延長至 30~40 分鐘，並視茶菁水分消散情形做彈性調整。在此過程中翻轉 1~3 次（5~8 分鐘翻一次），使萎凋葉走水平均。

c. 攤菁量：0.4~0.6 公斤／平方公尺，一人攤放茶菁 100 公斤所需時間，用笳吔約 30~40 分鐘，用麻布埕約 15 分鐘即可完成。

d. 日光凋萎：在日光凋萎時，茶菁凋萎到以手觸摸感覺如摸天鵝絨有柔軟之感，並已發出一種清香，第二葉（對口葉時為第一葉）已失去光澤，葉面呈波浪狀起伏。秋、冬茶的凋萎宜輕，否則乾燥後香氣盡失。在此過程中，茶菁重量約減少 8~12%。

e. 熱風凋萎：在天候不良的陰雨天（濕度高）或氣溫低於攝氏 20 度，無法進行正常的日光凋萎，此時宜利用乾燥機的熱風，以風管導入凋萎室內，促進茶葉熱風凋萎。熱風管應由凋萎架下方導入，熱風絕不能直接吹向茶菁，同時室內另設空氣出入口，使空氣對流，熱風溫度以攝氏 35~38 度為宜，攤葉量為 0.6~1.0 公斤／平方公尺，凋萎時間
20~50 分鐘，其間應輕翻茶菁 2~4 次，使茶菁水分均勻散去，而達到適度的熱風凋萎效果。

三、室內凋萎（攪拌與靜置；俗稱走水）

1. **攪拌目的**：攪拌是以雙手將茶菁攪動，並用微力以雙手手掌合擲抖動茶葉，以使鮮葉與鮮葉間發生相碰摩擦作用，引起葉緣細胞破損，接觸空氣，促進茶葉的發酵，同時使葉中水分能平均進行蒸發作用，即俗稱「走水」。
2. **靜置目的**：茶菁攤收靜置，可使葉中水分繼續蒸發，同時使茶菁繼續進行緩慢的發酵作用，生成凍頂烏龍茶特有的香氣及滋味。最初為促進水分的蒸發，可將茶葉攤薄，當蒸散作用進行至相當程度時，茶菁漸次收攏攤厚，以促進發酵作用的進行。
3. **室內溫度**：宜保持攝氏 23~26 度。
4. **室內溼度**：宜保持 70~80%。

5. **階段常識**：香氣之有無是決定凍頂茶成品等級的主要條件，而香氣的高低、強弱都由凋萎時攪拌處理的技術得當與否所決定。初時如下手過重，易造成「包容水狀態」（俗稱積水），使香氣不揚、滋味苦澀。所謂包水狀是指葉的邊緣已發酵變紅，但葉片中央部位以及葉脈嫩莖的水分不能充分散去，成品色澤消呈暗灰色，滋味苦澀、香氣不揚甚者產生異味，如攪拌不足，茶菁靜置過久，茶則蒸散作用過於旺盛，遂使凋萎過度則呈「失水狀態」，以致葉發酵不足，則凍頂茶特有的香氣滋味仍然難得，甚而具有一種「臭菁味」，這不得不防。

6. **操作**

   a. 通常室內凋萎時，先將茶菁攤放於笳簾上靜置，攤葉厚度 0.4~0.6 公斤／平方公尺，使茶菁水分好好的繼續蒸發，經 1~2 小時靜置，鮮葉稍萎縮，並發出清新的芳香，則輕輕翻動 3~4 回。

   b. 第一次攪拌程度極為輕微，僅將茶菁輕輕撥動翻轉而已。再經 1~2 小時，施行第二次攪拌，翻動 6~8 回，程度也很輕微，只是使水分平均蒸散而已。茶菁已蒸散至相當程度，作第三次攪拌，攪拌的程度可稍加重，大約攪拌 12~16 回，時間約 3~5 分鐘，並將茶菁攤放量逐漸加厚，再靜置 1 個多小時左右。鮮葉由於葉邊緣及葉中央部分水分的蒸發程度不同，略呈湯匙形狀，清香之氣更強，此時即可進行第四次攪拌，對於水量中等的茶菁而言，這是最後一次攪拌，其攪拌次數約 24~32 回，費時 8~12 分鐘，如果這次攪拌程度不足，則不能充分發揮包種茶香味，反而有一種臭菁氣味；反之攪拌過重時，茶葉發酵變紅部分過大，成茶色澤呈褐紅斑塊，香味不良。

   c. 最後一次攪拌過後，茶菁原來發出的一種菁臭味漸退，呈現特有的清香，這才算是部分發酵已達適當程度，可以進行炒菁。

   d. 最後一次攪拌過後到炒菁前的靜置時間約 90~180 分鐘，如炒菁過早，因茶菁的菁臭味未除，成茶品質欠佳；炒菁過遲，則發酵過度，香味不清純，品質非所宜。

e. 攪拌與靜置的處理又隨許多因素而多少有變動，尤其有一點應特別注意的是，在吹北風或西北風的天氣，進行茶菁室內凋萎時應格外注意，如室內空氣太乾燥時，應盡速關閉門戶，或在地上灑水，以防茶菁水分蒸散過度、過速；另凋萎進行到深夜時，氣溫驟降，靜置時攤葉宜厚，以提高葉中溫度或以熱風機加熱，加速發酵作用的進行。

四、炒菁（殺菁）

1. **目的**：停止茶菁萎凋及發酵作用，使用高熱急速破壞茶葉中氧化酵素的活性，以保持部分發酵過程產生的香味。茶菁經炒菁，使其組織軟化，葉中水分適度蒸發，利於揉捻而不破碎。
2. **溫度**：圓筒上方銥溫攝氏 250~300 度。
3. **時間**：5~7 分鐘。
4. **操作**：炒菁時，茶菁投入鍋中發生「拍拍」之聲，繼而經過 3~4 分鐘，「拍拍」之聲漸次減少，茶菁原有的菁臭味隨水蒸氣發散而消失，發出悅人的茶葉香氣，伸手握茶菁感到已呈柔軟，有黏性，揉之不出水，沒有刺手之感，即為適度。在不炒焦的範圍內，炒菁溫度愈高，茶葉香氣愈高，色澤水色愈佳。炒菁溫度低，炒菁時間長則色澤變黃不青翠。炒菁不足時，茶葉繼續發酵作用，葉柄易變紅（俗稱紅柄或紅腳）；炒菁過度時則水分蒸散過多，條索不緊、碎葉增多，水色及香味均淡薄。

五、揉　捻

1. **目的**：使茶葉成為條索，外觀好看。使部分茶葉細胞組織破壞，茶葉液汁流出黏附在茶葉表面，經乾燥凝固，便於沖泡飲用。使茶葉固有香氣、滋味、成分及其他可溶物釋出，提高茶葉品質。減少茶葉體積，便於運送和貯藏。
2. **時間**：5~12 分鐘。
3. **操作**

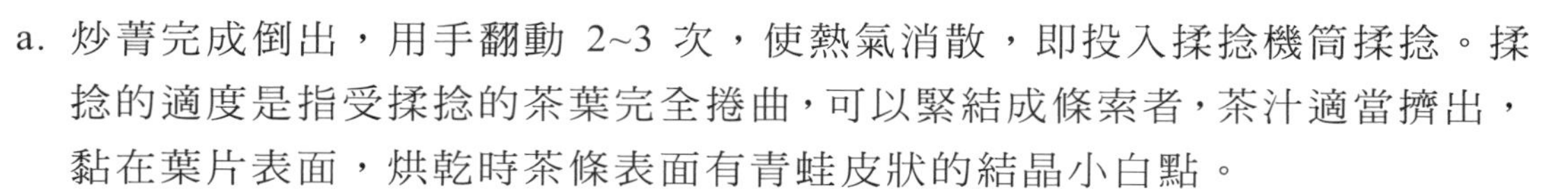

   a. 炒菁完成倒出，用手翻動 2~3 次，使熱氣消散，即投入揉捻機筒揉捻。揉捻的適度是指受揉捻的茶葉完全捲曲，可以緊結成條索者，茶汁適當擠出，黏在葉片表面，烘乾時茶條表面有青蛙皮狀的結晶小白點。
   b. 凍頂茶的外觀較不重視芽尖及白毫，故揉捻較重亦無妨。較粗大的茶葉可用二次揉捻，以改善外觀。先揉捻 6~7 分鐘，稍予放鬆解塊，消散熱氣後，再揉 3~4 分鐘。揉捻時，應視茶菁量調整壓力，但加壓揉捻者，應在取出之前先行放鬆，條索才會較圓，比較美觀。

六、解　塊

1. **目的**
   a. 解散茶葉經揉捻後的團塊，以利初乾均勻。
   b. 使茶葉條索稍伸展，形狀緊結美觀。
   c. 發散一部分水氣與熱氣，使茶葉不致紅變。

2. **時間**：一般在解塊後 30 分鐘內初乾。

七、初　乾

1. **目的**：初乾目的是利用高溫破壞殘留在揉捻後茶葉中的酵素，使其停止發酵作用，並使茶葉體積收縮，改善茶葉的香氣及滋味。

2. **操作**：茶葉初乾程度應烘乾到以手握之稍有刺手感覺，放手後即鬆離、不成團塊的程度為宜，此時茶葉的含水量約為 30~35%左右，然後將茶葉均勻攤在笳簾上使之回軟，等待第二天再進行團揉（當日行團揉亦可）。

八、乾　燥

1. 目的

a. 用高溫破壞殘留揉捻葉中的酵素，使它完全停止發酵作用，將茶葉品質固定於理想程度。

b. 使葉身體積收縮、茶條緊結、色澤美觀、保持茶葉品質，以利貯藏。

c. 改善茶葉的香氣及滋味，使其茶香甘潤而可口，並使茶湯水色澄清而豔麗。

2. 操作

a. 「焙籠」是用竹片編成，直徑約 60 公分，高約 60~65 公分的圓筒形竹籠，上下無蓋，內有竹篩。使用焙籠乾燥茶葉時，將揉捻後的茶葉，攤在焙籠中，每籠 2 公斤，置於焙窟上烘焙，焙籠放上焙窟前，應先用雙手輕打焙籠數下，以防止茶末掉落到焙窟內燃燒發生煙味。初焙溫度為 105~110℃，初焙時應不斷將焙籠移出焙窟翻攪茶葉，使茶葉乾燥均勻，初焙時間為 3~8 分鐘。

b. 初焙完成後（七成乾），取出攤涼 30~60 分鐘，使葉中水分滲散均勻，再行覆焙。此時茶葉攤量可加倍，溫度 85~95℃，焙火 40~60 分鐘，喜歡高「火候」者，可延長至 90~120 分鐘。

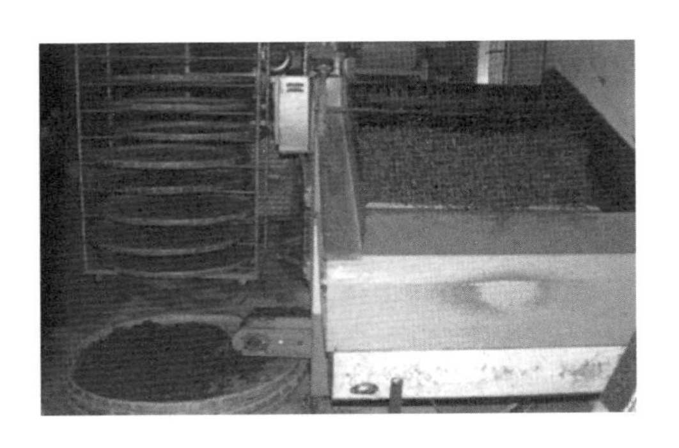

24-3 茶葉的選購須知

一、茶葉外觀

良好的茶葉必須乾燥完全「葉形完整」不能有太多葉角「茶梗」黃片及其他雜物，而茶葉的條索情形（即指茶葉揉捻所成的形態）則隨茶葉種類而異，例如龍井呈劍片狀，文山包種茶呈條形，凍頂茶呈半球形，鐵觀音呈球形，椪風茶自然捲曲（白毫明顯），香片與紅茶呈細條或細碎形；事實上只要茶葉的外形看來平均整齊即可，不必太過於計較是否很緊結或很漂亮，畢竟好喝比好看更重要。

二、聞茶乾香

在茶葉未沖泡前，先聞聞茶乾香，藉以分辨是屬於花香、熟果香或焙火香，另外也可同時聞聞看有沒有油臭味、焦味、悶味、青臭味或其他異味。

三、品嚐茶湯

茶湯顏色會隨發酵程度及焙火輕重而有所不同，但不論深或淺，茶湯一定不能混濁不清或呈灰暗色，必須是清澈或明亮的才好；滋味醇厚，喝完之後喉頭甘潤的感覺能持久的較好，例如龍井茶湯應呈明亮的杏綠或是稍帶黃綠色，滋味爽口；文山包種茶湯色呈明亮蜜綠色，滋味醇柔，帶花香；凍頂茶湯色成明亮的金黃色，滋味甘潤醇厚；椪風茶（即白毫烏龍）湯色呈明豔的橙紅色，香味特殊帶有天然熟果香或近似蜂蜜糖香。

四、觀察葉底

品嚐茶湯之後，拿到壺中已開展的茶葉（或稱為葉底），看看茶芽「色澤」老嫩及發酵程度是否適當，例如龍井茶的葉底均嫩，呈青翠淡綠色；文山包種茶的葉底鮮綠色，葉片完整柔嫩；凍頂烏龍茶的葉緣微略顯紅，俗稱「綠葉紅鑲邊」等。

五、標準泡法

即 3 公克茶葉用標準審查杯(瓷器的)即評鑑杯，以開水沖泡(每杯 150c.c.)，經 5 分鐘後倒出茶湯；熱湯、冷湯皆飲一番，感覺一下。

標準泡法後再依個人習慣，以選用的茶具沖泡一次，以分辨其間的不同。當然泡茶的基本方法不可忽略用水的水質「燒器」茶具的適用性，置茶的量、時間的控制等。當然，要如何辨別茶葉品質的好壞，一般可利用以下所介紹的各個步驟來簡易快速地研判，做為在選購時的參考。

六、試茶須知

當茶湯入口，不急於吞下入肚，將茶湯迴盪於口中一些時間，細細體會茶湯在齒縫舌尖及舌面的感覺，再經喉入口，等待味覺與嗅覺的反應；凡口腔中有一種甘潤回韻，且芬芳香氣不退，很想再品飲第二口或深值玩味再三者，就是適合自己的茶，也可說是自己喜愛的茶，如此試飲、試泡幾回，只要是沖泡方式及方法無誤，一定可以選擇到自己喜愛的茶種（或製法）。

24-4 台灣特色茶介紹

本省市面上所見茶的名稱非常多，但綜合起來不外是綠茶、文山包種茶、半球形包種茶、高山茶、鐵觀音茶、白毫烏龍茶、凍頂茶、松柏長青茶、三峽龍井茶、阿里山珠露茶、龍泉茶和日月潭紅茶等茶類。這些茶類各有其特色，簡述如下：

一、綠　茶

是一種不發酵茶，因製法不同，有蒸菁綠茶和炒菁綠茶之分，前者專銷日本，後者外銷北非等國家，是台灣自光復後至 1980 年代外銷最多的茶類。

二、文山包種茶

文山包種茶產於台灣北部山區鄰近烏來風景區，以新北市坪林、石碇、新店所產最負盛名。文山包種茶要求外觀呈條索狀，色澤翠綠，水色蜜綠鮮豔略帶金黃，香氣清香幽雅似花香，滋味甘醇滑潤帶活性。此類茶著重香氣，香氣愈濃郁品質愈高級。

三、半球形包種茶

以凍頂茶聞名國內外，凍頂茶原產於本省中南部鄰近溪頭風景區（海拔 500~800 公尺山區），近年來已擴展至南投縣名間鄉、竹山鎮等茶區及台灣各茶區均產製半球形包種茶。此類茶因製造過程經過布球揉捻（團揉），外觀緊結成半球形，色澤墨綠，水色金黃亮麗，香氣濃郁，滋味醇厚甘韻足，飲後回味無窮，是香氣與滋味並重的台灣特色茶。

四、鐵觀音茶

屬半發酵茶，其製法與半球形包種茶類似，唯其特點即是茶葉經初焙未足乾時，將茶葉用方形布塊包裹，揉成球狀形，並輕輕用手在布包外轉動揉捻。將布球茶包放入「文火」的焙籠上慢慢烘焙，使茶葉形狀曲彎緊結，如此反覆進行焙揉，茶中成分藉焙火之溫度轉化其香與味，經多次沖泡仍芬香甘醇而有回韻。水色橙黃顯紅，味濃而醇厚，微澀中帶甘潤，並有純和的弱果酸味，尤以鐵觀音品種製造為上品，主要生產於台北市木柵茶區及新北市石門鄉茶區。

五、白毫烏龍茶（椪風茶）

白毫烏龍茶為台灣名茶中之名茶，全世界僅台灣產製，由採自受茶小綠葉蟬吸食之青心大有幼嫩茶芽，經手工攪拌控制發酵，使茶葉產生獨特的蜜糖香或熟果香，為新竹縣北埔、峨眉及苗栗縣頭屋、頭分一帶茶區所產特色茶。白毫烏龍茶以芽尖帶白毫愈多愈高級而得名。其外觀不重條索緊結，而以白毫顯露，枝葉連理，白綠黃褐紅相間，猶如朵花為其特色，水色呈琥珀色，具熟果香、蜜糖香，滋味圓柔醇厚。

六、高山茶

飲茶人士所慣稱的「高山茶」是指海拔 1,000 公尺以上茶園所產製的半球形包種茶（市面上俗稱烏龍茶）。主要產地為嘉義縣、南投縣內海拔 1,000~1,300 公尺新興茶區，因為高山氣候冷涼，早晚雲霧籠罩，平均日照短，以致茶樹芽葉所含兒茶素類等苦澀成分降低，而茶胺酸及可溶氮等對甘味有貢獻之成分含量提高，且芽葉柔軟，葉肉厚，果膠質含量高，因此高山茶具有色澤翠綠鮮活，滋味甘醇，滑軟，厚重帶活性，香氣淡雅，水色蜜綠顯黃及耐沖泡等特色。

七、凍頂茶

被譽為台灣茶中之聖。產於台灣省南投鹿谷鄉。它的鮮葉採自青心烏龍品種的茶樹上，故又名「凍頂烏龍茶」。凍頂為山名，烏龍為品種名。但依據其發酵程度，屬於輕度半發酵茶，製法則與包種茶相似，應歸屬於包種茶類。文山包種和凍頂烏龍係為姊妹茶。凍頂茶品質優異，在台灣茶市場上居於領先地位。其上選品外觀色澤呈墨綠鮮豔，並帶有青蛙皮般的灰白點，條索緊結彎曲，乾茶具有強烈的芳香；沖泡後，湯色略呈柳橙黃色，有明顯清香，近似桂花香，湯味醇厚甘潤，喉韻回甘強。葉底邊緣有紅邊，葉中部呈淡綠色。

八、松柏長青茶

原名「埔中茶」或稱「松柏坑茶」，生產於南投縣名間鄉的松柏嶺（舊稱埔中），地屬八卦山脈的最南端，氣候涼爽，十分適合種茶，茶園多分布在 200~400 公尺之間的台地，目前茶園面積達 2,500 公頃。

九、三峽龍井茶

三峽茶區位於新北市西南方，連接文山茶區，與新店、土城、樹林、鶯歌、大溪相鄰，三峽茶區分布在安坑、竹崙、插角及有木等里，山上雲霧濛密，氣候涼爽，土質良好，極適合茶樹生長，當地農民開墾種茶已有 200 餘年歷史，目前已有茶園面積 430 公頃，種植品種以青心烏龍、青心柑仔為主，尚有台茶 12 號、13 號及 14 號等，分別製造包種茶、龍井茶、碧螺春（綠茶）等；前台北縣（現為台北市）縣長尤清訪三峽茶區時，將三峽茶區所生產的茶葉命名為「海山茶」；海山茶包括三峽茶區當地所生產的「包種茶」、「龍井茶」及「碧螺春綠茶」等。

十、阿里山珠露茶

阿里山珠露茶產於嘉義竹崎鄉石棹地區，阿里山公路自嘉義市區起 50 公里處，距阿里山風景區 25 公里，茶區分布於海拔 1,300~1,500 公尺之山坡地，有新闢之公路直達玉山國家公園，車程約 90 分鐘，村莊所在地名為「石棹坪」，附近茶廠、山莊及店舖林立。本地栽培茶樹始於百餘年前，由當時滿清之台南府精選茶種，委由梅山之「保長」吳氏於梅山鄉瑞峰、外寮及生毛樹等地區試種成功，後由洪氏引進至石棹地區栽培，目前當地洪氏家族尚保存該種茶樹。

十一、龍泉茶

龍泉茶是龍潭鄉的特產，「龍泉飄香」就是它的金字招牌。

十二、日月潭紅茶

是一種全發酵茶。由本省中部日月潭地區的阿薩姆品種所製成的紅茶，香味特殊，品質最佳。

24-5　茶葉的一般成分

一、多元酚類化合物(Polyphenolic compounds)

多元酚類占茶菁乾重 30%，也是茶葉化學組成分含量最多的可溶性成分，約占 60%。多元酚類在茶湯中主要是其苦味以及澀味之來源。一般茶葉中多元酚類據文獻資料顯示可分為五大類，其中第一類黃烷醇含量最多，其餘第二、三、四類含量較少，而第五類僅存在於發酵過的成茶中，在新鮮茶菁中之含量則微乎其微，其歸納如圖 24-2 所示，並將第一、二、三及四類分述如下：

1. 黃烷醇類又稱為兒茶素類(catechins)，是茶葉中最主要的多元酚類成分，約占多元酚類成分總含量的 75~80%，在新鮮茶菁中已鑑別分離出的兒茶素至少有 10 種以上，大部分的兒茶素類是以沒食子酸(gallic acid)的酚類形式存在，同時隨著茶葉的老嫩與生長期不同，兒茶素的存在形式具有顯著變化，而兒茶素類在製茶過程中的減少，會使茶的苦澀味降低。

多元酚類
- 黃烷醇(flavanols)：含量最多
  - epi-gallocatechin gallate
  - eip-catechin gallate
  - eip-gallocatechin
  - eip-catechin
- 黃酮醇(flavonols)及黃酮醇配糖物(flavonol glycosides)
- 無色花青素(leucoanthocyanins)
- 酚酸(phenolic acids)及縮酚酸(depsides)
- 氧化態之聚合酚類(oxidized and polymerized phenolic compounds)：僅存於發酵過的成茶中。

▲圖 24-2 多元酚類化合物

2. 黃酮醇類是黃色素(flavonols)的一群主要成分，構造類似花青素。黃酮醇類成分多呈黃色，以配糖物的狀態存在茶葉，易溶於水，是茶湯黃色水色的主要成分，也是澀味的主要因子。
3. 無色花青素構造類似花青素，本身無色。與食品的澀味有關，是許多水果及飲料的風味來源。
4. 酚酸及縮酚酸以 theogallin 在茶葉中的含量較多，是單一在茶中發生的多元酚，而且和紅茶的品質有相關性。

二、植物鹼(Alkaloids)

植物體內有咖啡因(caffeine)、可可鹼(theobromine)及茶鹼(theaphylline)三種植物鹼。在茶中，咖啡因是主要的植物鹼，占乾重的 2.5~5.5%。

1. 咖啡因在茶湯中乃是提供苦味的主要呈味成分，但是咖啡因在製茶過程中會與多元酚類結合產生複合物 caffeine tannate，這種化合物帶有宜人的滋味和香氣，不但使多元酚類之收斂性降低，咖啡因本身之苦味也減輕，未構成茶湯滋味之重要成分。
2. 不同部位的茶葉，咖啡因含量隨著葉片成熟度之增加而遞減，咖啡因也會影響茶的澀味，由於夏、秋茶咖啡因含量較春、冬茶為高，是以夏、秋茶較春、冬茶苦味澀，品質較差。
3. 可可鹼及茶鹼僅以少量存在。

三、蛋白質與游離胺基酸

1. 茶葉中大部分所含的蛋白質是鹼性蛋白質(alkali protein)。
2. 蛋白質會與單寧(tannin)容易產生不溶性化合物(insoluble compound)，影響茶的滋味(taste)。
3. 茶的游離胺基酸中以茶胺基酸(theanine)占胺基酸總含量的50~60%或茶葉乾重的1~2%，是茶中最主要的一種游離胺基酸。
4. 綠茶中的茶胺酸含量較紅茶高，茶胺酸生合成(biosynthesis)的前驅物是麩胺酸(glutamic acid)及 ethylamine。
5. 胺基酸對茶湯的主要貢獻為提供茶湯甘味與甜味，另外在茶葉製造過程中，胺基酸為若干香氣的前驅物。

四、碳水化合物(Carbohydrates)

茶中貯藏的多醣類(polysaccharides)主要是澱粉(starch)，茶葉成熟時，木質部(lignin)、半纖維素(hemicellulose)、α－纖維素(α-cellulose)的含量會增加。而還原糖為茶湯甜味之呈味物質，但在加熱中還原糖會與胺基酸產生梅納反應，產生焙烤味。故製茶過程中焙火溫度越高，還原糖含量的減少就愈明顯。

五、色素成分

葉綠素(chlorophyll)與類胡蘿蔔素(carotenoids)為茶葉中最主要之脂溶性色素成分。

1. **葉綠素(chlorophyll)**：茶葉中葉綠素的含量視氣候和種植條件而定，在加工過程中葉綠素會因酵素作用而分解，如茶葉加工製成紅茶時，葉綠素的含量會減少，其減少的原因是葉綠素轉為脫鎂葉綠素(pheophytin)，其變化如下所示：

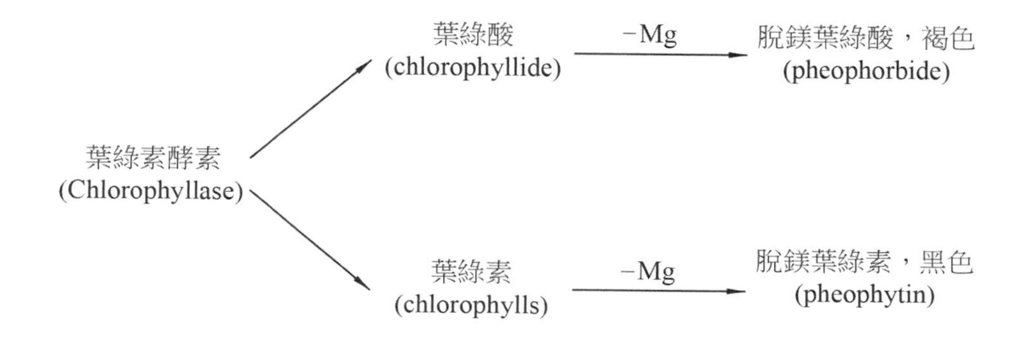

2. 類胡蘿蔔素(carotenoids)

a. 茶中的類胡蘿蔔素化合物在製造紅茶時，其含量會減少。

b. 主要的類胡蘿蔔化合物是 neoxanthin、violaxanthin、lutein 以及 β -carotene，同時在有氧化的黃烷醇存在時，β -carotene 會分解為 β -ionone 和其他的化合物，成熟的茶葉比嫩葉含有較多的 carotenes 以及 xanthophylls。

六、脂肪酸

在茶葉之製造過程中，脂肪酸會隨著萎凋、發酵及乾燥等步驟而減少。

七、礦物質

茶中灰分量占乾重的 5%，其中氮、鉀、磷、鈉和銅的含量隨著茶的年齡增加而減少；然而鈣、鎂、鋁、錳、鐵和鉬則相反。鉀是礦物質中含量最多的，約占 50%。

八、茶中的香味化合物

1. 茶之香味是由源自茶葉成分的香氣化合物所呈現的，而多元酚類、類胡蘿蔔素以及不飽和脂肪酸是茶中三個主要香味前驅物。

2. 茶葉香氣的生成機制，可歸納於四大類：

a. 生合成反應：生合成反應是茶葉香氣生成的一個主要方式，茶葉的生合成的香味物質，包括源自茶葉的成分經製茶過程後，仍留存在茶葉中的一部分成分；以及製茶過程中茶菁所發生的生合成反應，如不飽和脂肪酸分解所產生的己醛類及己醇類。

b. 酵素直接催化的反應：linalool 及 geraniol 此兩揮發性成分之前驅物質是以葡萄糖配糖體(β-D-glucoside)的形式存於生葉細胞液，在製茶過程中，受 β-glucosidase 的作用，此二揮發性成分會被釋放出來。

c. 酵素間接催化的反應：在紅茶發酵過程中，由於多元酚氧化酵素(polyphenolic oxidase)的催化，使多元酚類成分發生氧化反應，氧化態的多元酚化會催化胺基酸及類胡蘿蔔素等成分的氧化反應，產生若干香氣成分。

d. 加熱或烘烤產生的香氣：此類反應機制包括胺基酸和醣類的梅納反應，以及類胡蘿蔔素的加熱分解反應等。

24-6　茶葉的貯存與包裝

一、引起茶葉劣變的主要因素

1. 光線。
2. 溫度。
3. 茶葉中水分的含量。
4. 空氣中的濕度。
5. 氧氣。
6. 微生物：其中微生物受溫度、水分和氧氣三個因素影響。
7. 異味的汙染：異味汙染與環境有關等。

二、防止茶葉劣變的方法

1. 良好的貯存與包裝即是能阻止光線進入。
2. 減少茶汁與空氣接觸。
3. 茶葉含水量在 5%以下（任取幼梗或嫩葉在手指間搓揉，會立即成碎末）。
4. 空氣中的相對濕度須保持在 50%左右。
5. 容器內的氧氣含量最好能減至 1~2%左右。
6. 控制環境中無任何異味。

三、茶葉的包裝

依包裝法的不同，可區分為：

1. **普通包裝**：即市面一般常見包裝方式，如 PE 塑膠袋、紙袋、白鐵罐等，裝茶葉後隨即用封口機密封，容器內氣體與大氣相同。
2. **充氮包裝**：將茶葉裝入防潮性和防濕性較佳的鋁箔夾層袋、金屬罐等，於包裝材料中，將容器中的空氣抽出再以氮氣或其他氣體如 CO_2 等充填，使容器中的含氧量降至 1~2%左右，以抑制茶葉的氧化作用，達到保持品質的目的，亦有特別調製的吸氧藥劑，能快速吸收袋中氧氣達到降低含氧量的目的。

3. **真空包裝**：是將茶裝入耐壓、封口性和防氣性良好的容器內，將空氣抽出成真空狀態，隨即封口密封的方法。

四、茶葉的貯存方式

1. **常溫貯存**：一般貯存空間的溫度、濕度是隨天氣的變化而變動，故在常溫下茶葉應盡早飲用為宜。
2. **低溫貯存**：是將茶葉貯存空間的溫度控制在 5℃以下，最好避免與其他食品共同存放在同一貯存空間。若必須與其他食品一起存放，入庫前必先妥善包裝，完全密封，以免吸入異味。

24-7 茶葉品質鑑定方法

一、茶葉品質官能鑑定的優點

1. 能快速評鑑出茶葉形、色、香、味的優劣。
2. 能敏銳地判別出茶葉品質異常現象。
3. 能判別出其他檢驗方法難以檢測出的風味特性。
4. 可針對市場需要，以不同品評標準選擇各市場所需的適當茶樣。
5. 不需花費大量資金購置精密儀器，僅需簡易設備，業者容易負擔。

二、茶葉品質鑑定的缺點

1. 在形狀上常見的缺點

a. 粗鬆或粗扁

Ⅰ.茶菁原料粗老。

Ⅱ.炒的太乾。

Ⅲ.揉捻機性能不佳或操作方法不當（如揉捻初期即加重壓）。

b. 團塊：揉捻或團揉後，解塊不完全，數個芽葉交纏成塊。

c. 黃片或黃頭：粗老葉經重壓揉碎者為黃片，粗老葉經揉成粗鬆團狀者為黃頭。

d. 茶梗膨脹：乾燥溫度太高所致（一般此類茶樣皆帶火焦味）。

e. 露筋：茶梗及葉脈因揉捻不當，皮層破裂，露出木質部。

2. 在色澤上常見的缺點

a. 帶黃

Ⅰ.炒菁溫度太低，時間過長。

Ⅱ.炒菁時，水氣排除不良（未適時送風或炒菁機構造不良）。

Ⅲ.初乾時，投入量超出乾燥機的容量，或乾燥層太厚導致水氣排除不良而悶黃。

Ⅳ.團揉溫度高，時間長。

Ⅴ.滾筒整形，投入量過多，導致水氣排除不良而悶黃。

Ⅵ.短期貯存不當，色澤劣變（包裝不良，高溫，高溼下，短期貯放，此類茶樣多帶輕微陳茶味）。

b. 暗墨綠

Ⅰ.含水量高的茶菁（如下雨菁、露水菜、幼嫩芽葉）萎凋不足。

Ⅱ.炒菁時，芽葉中的水分含量，未適當藉熱蒸散而降低（炒菁後，茶葉水分含量仍高）。

c. 黑褐（俗稱鐵銹色）：萎凋不足，而大力攪拌，致使芽葉嚴重擦傷或壓傷，強迫茶葉異常發酵所致（若萎凋與發酵正常進行（緩慢進行）則葉緣轉成紅褐色，即所謂的綠葉紅鑲邊）。

d. 帶灰

Ⅰ.茶葉熱團揉過程，水分含量控制不當，茶葉已達七、八成乾（含水量12~20%），仍進行強力團揉或溫熱(50~80℃)長時間圓筒覆炒。

Ⅱ.滾筒整形時間控制不當，茶葉已達七、八成乾，仍繼續滾筒整形（但眉茶、珠茶因要求帶銀灰光澤例外）。

e. 暗褐帶黑

Ⅰ.茶葉貯存不當，色澤劣變（包裝不良，高溫、高溼下長期貯放，此類茶樣多帶陳茶味）。

Ⅱ.高溫（130℃以上）長時間烘焙（此類茶樣多帶火味）。

3. 在水色上常見的缺點

a. 混濁（杯底呈現渣末）

Ⅰ.揉捻過度，尤其是團揉過度。

Ⅱ.揉捻機或其他製茶器具上，茶粉（末）未清除乾淨。

b. 混濁（湯液不清，不明亮）：炒菁時，茶葉含水量控制不當，導致揉捻葉太溼起泡沫。

c. 湯色淡薄

Ⅰ.炒菁時，炒的太乾。

Ⅱ.泡茶用水，水質不良。

d. 太紅

Ⅰ.發酵過度。

Ⅱ.茶葉長期貯存不當，劣變（此類茶樣多帶陳茶味）。

e. 呈現淡青紫黑色：泡茶用水或器具含鐵離子或其他二價，三價金屬離子。

f. 紅褐帶黑：茶葉經高溫（140℃以上）長時間（4 小時以上）烘焙。

4. 在香氣上常見的缺點

a. 菁味

Ⅰ.萎凋不足，發酵程度不夠（下雨菁，製茶環境氣候不良）。

Ⅱ.生葉炒菁未熟透。

Ⅲ.生葉或梗未炒熟。

b. 火焦味（火味）

Ⅰ.炒菁溫度太高，炒菁程度不均，部分生葉炒焦。

Ⅱ.茶葉經高溫（140℃以上）長時間（4 小時以上）烘焙。

Ⅲ.乾燥溫度太高，茶葉燒焦。

c. 煙味

Ⅰ.熱風爐內層，出現裂縫或小孔，燃燒油或柴木之煙氣，滲入熱風，進入乾燥機。

Ⅱ.炭焙時，茶末、茶角或茶葉不小心掉入焙爐，起煙，被茶吸收。

d. 雜味

Ⅰ.採茶（尤其剪採）不注意，將具有濃烈惡臭之雜草一併採摘製作。

Ⅱ.工廠衛生未注意，夜間製茶時，具惡臭之昆蟲掉入揉捻機內，與茶葉混揉。

Ⅲ.製茶用具不清潔，帶異味。

Ⅳ.製茶環境不清潔。

Ⅴ.泡茶用具不清潔，帶異味或手帶異味（如吸菸、塗有護手霜）抓取茶樣。

e. 悶味

Ⅰ.生葉萎凋時，高溫悶製。

Ⅱ.熱團揉時，悶製太久。

Ⅲ.初乾時，投入量超出乾燥機排氣量，茶葉在高溫，高溼下受悶。

f. 油味：製茶機械的潤滑油脂掉入茶葉中所引起。

g. 陳茶味（油耗味）：茶葉貯放不當，油脂氧化所引起。

三、評茶設備及要求

茶葉品質官能鑑定是依賴評茶師的視覺、嗅覺、味覺及觸覺來審評茶葉品質的優劣。評茶是否正確，除評茶人員應具有敏銳的審評能力及熟練的技術與經驗外，還必須配合良好的評茶環境及設備，諸如評茶室、評茶用具、評茶用水、茶葉取樣方法、沖泡方法、評審方法都有其一定的規範與程序。

1. **評茶室的要求**：評茶宜採自然光且力求均勻、充足、避免陽光直射，在直射陽光下易產生耀眼光點，很難看準茶葉色澤及水色。本省地處北半球，評茶室宜南北向採北光，此因北面入射的光線從早到晚比較均勻，變化較小，對茶葉色澤及水色的評審才不致因時差而造成差異。光源的不同及強弱的變化對顏色的判別有很大的影響。在評茶室的內外，除黑白兩色外，不得有紅、黃、藍、綠、紫及其他異色等反光及遮斷光線的障礙物，為改善評茶室的自然光，室內色彩以白色為宜，在評茶臺的上方亦可安裝日光燈以補自然光之不足。評茶室要求乾爽清潔，空氣清新，最好裝置空調設備使溫度介於 23±1℃，相對濕度介於 50±5%。評茶室須遠離廚房、衛生間等易產生異味的場所，且室內嚴禁吸菸，地面亦不宜打蠟，此外評茶室更要求安靜，不得嘻、笑、歡、鬧，使評茶人員集中精神評審茶葉，提高評審效果。評茶室內應置評茶臺（臺面漆黑）及茶樣櫃，以供評茶操作及貯放茶樣。對於綠茶類及輕發酵之包種茶類宜用冷藏櫃貯放茶樣。

2. **評茶用具**：評茶用具是專用的，質地要良好，規格要一致，力求完美，以盡量減少偏差。

   評茶常用的用具有下列各項：

   a. 審茶盤：盛放茶樣，便於取樣沖泡及審查茶葉外觀（形狀及色澤）。一般使用長方形及正方形（亦有使用圓形者）黑色容器以無臭無味的薄木板、塑膠或金屬製成，一般正方形的長、寬、高分別為 23、23、3 公分；長方形的長、寬、高分別為 25、16、3 公分，可盛放茶葉 150~200 公克。審茶盤亦有塗成白色者。

b. 審茶杯：供茶葉沖泡開湯及評審茶葉香氣用，一般使用白瓷製長筒形有把手，有杯蓋之茶杯，杯蓋上有一小孔，在杯柄對面的杯口上有一小缺口，呈弧形或鋸齒形，使審茶杯橫擱在審茶碗上仍易濾出茶湯。國際標準 ISO 3103~1980(E)所規範的標準審茶杯規格為：內徑 6.2 公分，外徑 6.6 公分，杯高 6.5 公分，誤差範圍 0.2 公分，杯柄相對面的小缺口為鋸齒形，杯蓋外緣直徑 7.2 公分，內緣直徑 6.1 公分，杯蓋上有一小孔。審茶杯的容量 150 ±4c.c.。

c. 審茶碗：供茶湯之盛放，用來評審茶湯水色及滋味，一般亦使用白瓷製成。IS0 3103~1980(E)所規範之標準審茶碗規格為：外徑 9.5 公分，內徑 8.6 公分，碗高 5.2 公分，最大容量為 200 c.c.。

d. 稱量器：供稱取茶樣用，一般使用稱茶專用的手稱，為一鋼質衡器，桿稱一端繫有半球形銅質圓盤，盤內有 3 公克重的圓扁銅片一塊做為砝碼，另一端帶尖嘴的橢圓盤，猶如小畚箕，用以稱取茶樣；若無手稱，可以藥用天秤代用，目前亦有手攜式小型電子秤可供使用。

e. 計時器：供計量茶葉沖泡之時間，可使用定時鬧鐘或沙漏計。

f. 網匙：用細密鋼網或不鏽鋼製成，用以撈取審茶碗內的細碎茶渣。

g. 審茶匙：供舀取茶湯品評用，一般使用銀製或鎳銅合金之長柄匙，容量 5~10 c.c.，亦有使用白色瓷匙。

h. 湯杯：可盛熱水供放置審茶匙、網匙之用。

i. 茶渣桶（吐茶桶）：評茶時用以吐茶及盛裝茶渣與廢棄之茶湯用。有圓形及半圓形兩種，高 80 公分，直徑 35 公分，半腰直徑 20 公分，通常用鍍鋅鐵皮製成。

j. 燒水壺：不鏽鋼製手提茶壺或電壺（容量 5~8 公升），供燒開水沖泡茶葉用。

四、評茶用水

評審茶葉色、香、味的優劣，須將茶葉沖泡後才能評斷，然而水的軟、硬、清、濁等對茶湯的水色、滋味、香氣皆有影響，所以泡茶用水不佳，就會影響茶葉評審的準確性。我國自古以來就非常重視泡茶用水的選擇，不無道理。

1. 用水選擇

a. 天然水：泉水、河水、井水、雨水、湖水。

b. 人工處理水：自來水、蒸餾水、去離子水。

各種水中因所含溶解物質不同，對茶湯品質的影響也不同。水的硬度分為碳酸鹽硬度及非碳酸鹽硬度兩種，前者在煮沸時會產生碳酸鈣、碳酸鎂的沉澱，後者在煮沸時無沉澱產生，乃可視為良好的泡茶用水。用碳酸鹽硬水泡茶湯色帶黑，滋味淡薄；而非碳酸鹽硬水則對茶湯水色及滋味影響不大。水的硬度會影響水的 pH 值，而茶湯水色對 pH 值相當敏感，pH 值降至 5 左右時對紅茶水色影響尚小，但愈酸則由紅色轉為紅黃色；泡茶用水 pH 值高於 7 呈鹼性時，茶黃質易進行自氧化作用而使水色帶黑，且降低滋味的鮮爽度。

將碳酸鹽硬水利用離子交換樹脂軟化，則鈣鎂離子被鈉離子取代而使水的 pH 值高於 8，變為鹼性水，會使茶湯水色帶黑，因為產生茶紅質的鹽類。一般評茶用水，為要求其水質一致乃以採用蒸餾水或去離子水為多。

2. 沖泡的水溫：評茶用水宜利用沸滾的水，溫度約 100℃為標準，沸滾過度的水或水溫不足皆不宜用做評茶用水。用沸滾的水沖泡茶葉，才能使茶葉的香味盡量發揮，可溶性成分也溶解得較多，則茶葉的香、甘、苦、澀當表現無遺，而得以正確判斷茶葉品質的優劣。至於平常飲茶沖泡目的是為了欣賞茶葉，享受一壺茶，因此講求泡茶技藝以發揚茶葉的優點掩飾茶葉品質上的缺陷，以致講求利用不同水溫的水來沖泡不同的茶葉，此種境界當有別於茶葉評審。

3. 茶葉取樣要求：取樣是要從一批茶葉中抽取代表整批毛茶或精製茶品質特徵的最低數量的茶樣，做為評審茶葉品質或檢驗茶葉之用。取樣是否正確，是否能代表整批茶葉的品質，是保證評審及檢驗結果是否正確的首要工作。由於茶葉具有不均勻性，要抽取能代表一批茶葉的茶樣需要十分謹慎，尤其是沖泡取樣只有 3 公克的茶葉，取樣更要嚴格，因此取樣須由經過訓練且有經驗的人員擔任。

（本章圖片引自：貓頭鷹出版社／台灣茶／陳煥堂．林世煜著）

五、茶葉品質鑑定方法

1. **沖泡方法**：稱取 2.83~3 公克茶葉放入審茶杯，沖入沸騰之開水約 150 c.c.（茶葉用量為水量的 2%），加蓋靜置 5~6 分鐘後，將茶湯倒入審茶碗供做湯質之品評，茶渣仍留於杯中供做香氣之審查。
2. **評茶項目**：評茶項目大致可分為外觀（形狀、色澤）、湯質（水色、香氣、滋味）及葉底等，各項審查標準因茶類不同而異。外觀的審查包括審視茶葉的外形、條索、色澤、芽尖白毫及副茶或雜夾等。水色的審查乃審視茶湯的顏色及湯液是否明亮具油光或混濁晦暗等。香氣的審查包括判別香之種類、高低、強弱、清濁、純雜，以及是否帶油臭、焦味、煙味、菁臭味、霉味等其他異味。滋味係審查茶湯的濃稠、淡薄、甘醇、苦澀及活性、刺激性、收斂性等。葉底係審視茶葉開湯後茶渣的色澤、葉面展開度、葉片及芽尖是否完整無破碎，並可做為判別茶菁原料品種、老嫩、均一性及發酵程度是否適當之參考。

3. **評茶方法**：茶葉開湯前先審查其外觀，至開湯後先聞杯中茶渣之香氣，以鼻吸三口氣評鑑香氣之濃、淡、純、濁，以及有無菁味：煙味、焦味、油臭味、悶味等其他異臭。再看茶湯水色，比較其濃淡、清濁及明亮度，待茶湯溫度降至 40~45℃時取茶湯 6~10c.c.，含入口中，以舌尖不斷振動湯液，使茶湯連續與口腔各味覺細胞及黏膜不斷接觸而分辨湯質的甘醇、苦澀、濃稠、淡薄及其活性、刺激性、收斂性等。品評茶湯滋味，以舌尖振動湯液之時，宜將口腔中之茶葉香氣經鼻孔而呼出，再度評鑑茶葉之香氣。最後審視葉底，觀察其色澤及茶芽之性質、老嫩、均一性及發酵程度是否適當。

六、常用評茶用語

1. 評茶用語是記述茶葉品質官能鑑定結果的專業性用語，簡稱評語。評茶用語的特性為：
   a. 大都是形容詞及名詞。
   b. 有的僅能專用於一種茶類，有的可通用於兩種或兩種以上的茶類。
   c. 有的僅能用於描述單項品質，如「醇厚」僅適用於滋味一項；有的則可相互通用，如「純和」可用於描述香氣，亦可用於滋味。
   d. 有些術語對某類茶是好的評語，而對另一類茶卻是壞的評語，如條索「捲曲」對碧螺春是質優的評語，而對白毫銀針則是不好的評語。
2. 茲將有關茶葉形狀、色澤、水色、香氣及滋味常用評語分列如後，以供參考應用。
   a. 形狀（外形）評語
      (1) 細嫩：多為一心一至二葉鮮葉製成，條緊細圓渾，毫尖或鋒苗顯露。
      (2) 緊細：鮮葉嫩度好，條緊圓直，多芽毫有鋒苗。
      (3) 緊秀：鮮葉嫩度好，條細而緊且秀長，鋒苗顯露。
      (4) 緊結：鮮葉嫩度稍差，較多成熟茶（二、三葉），條索緊而圓直，身骨重實，有芽毫，有鋒苗。

(5) 緊實：鮮葉嫩度稍差，但揉捻技術良好，條索鬆緊適中，有重實感，少鋒苗。

(6) 粗實：原料較老，已無嫩感，多為三、四葉製成，但揉捻充足尚能捲緊，條索粗大，稍感輕飄（身骨輕）。若「破口」過多，則稱為「粗鈍」（經過切斷處理的茶葉，兩端顯得粗糙而不光滑者稱為「破口」）。

(7) 粗鬆：原料粗老，葉質老硬，不易捲緊，條空散，孔隙大，表面粗糙，身骨輕飄，或稱「粗老」。

(8) 壯結：條索壯大而緊結。

(9) 壯實：條索捲緊飽滿而結實。

(10) 心芽（芽頭；芽尖）：尚未發育開展成莖葉的嫩尖，一般茸毛多而成白色。

(11) 顯毫：芽葉上的白色茸毛稱為「白毫」，芽尖多而茸毛濃密者稱「顯毫」；毫色有金黃、銀白、灰白等。

(12) 身骨：指葉質老嫩，葉肉厚薄，茶身輕重。一般芽葉嫩、葉肉厚、茶身重的，身骨好。

(13) 重實：指條索或顆粒緊結，以手權衡有重實感。

(14) 勻整、勻齊、勻稱：指茶葉形狀，大小，粗細，長短，輕重相近，併配適當。

(15) 脫檔：茶葉併配不當，形狀粗細不整。

(16) 破口：茶葉精製切斷不當，茶條兩端的斷口粗糙而不光滑。

(17) 團塊、圓塊、圓頭：指茶葉結成塊狀或圓塊，因揉捻後解塊不完全所致。

(18) 短碎：條形短碎，面鬆散，缺乏整齊勻稱之感。

(19) 露筋：葉柄及葉脈因揉捻不當，葉肉脫落，露出木質部稱之。

(20) 黃頭：粗老葉經揉捻呈塊狀，色澤黃者稱之。

(21) 碎片：茶葉破碎後形成的輕薄片。

(22) 末：指葉被壓碎後形成的粉末。

(23) 塊片：由單片粗老葉揉成的粗鬆、輕飄的塊狀物。

(24) 單片：未揉捻成形的粗老單片葉子。

(25) 紅梗：茶梗紅變稱之。

b. 色澤評語

(1) 墨綠：深綠泛黑而勻稱光潤。

(2) 翠綠：翠玉色而帶光澤。

(3) 灰綠：綠中帶灰。

(4) 鐵銹色：深紅而暗，無光澤。

(5) 草綠：葉質粗老，炒菁控制不當過乾，呈現綠草之色澤。

(6) 砂綠：如蛙皮綠而油潤，優質青茶類的色澤。

(7) 青褐：色澤青褐帶灰光。

(8) 鱔皮色：砂綠蜜黃似鱔魚皮色，又稱鱔皮黃。

(9) 蛤蟆背色：葉背起蛙皮狀砂粒白點。

(10) 光潤：色澤鮮明，光滑油潤。

(11) 枯暗：葉質老，色澤枯燥且暗無光澤。

(12) 花雜：指葉色不一，老嫩不一，色澤雜亂。

c. 水色評語

(1) 艷綠：水色翠綠微黃，清澈鮮艷，亮麗顯油光，為質優綠茶的湯色。

(2) 綠黃：綠中顯黃的湯色。

(3) 黃綠（蜜綠）：黃中帶綠的湯色。

(4) 淺黃：湯色黃而淡，亦稱淡黃色。

(5) 金黃：湯色以黃為主稍帶橙黃色，清澈亮麗，猶如黃金之色澤。

(6) 橙黃：湯色黃中微帶紅，似成熟甜橙之色澤。

(7) 橙紅：湯色紅中帶黃似成熟桶柑或椪柑之色澤。

(8) 紅湯（水紅）：烘焙過度或陳茶之湯色淺紅或暗紅。

(9) 凝乳(cream down)：茶湯冷卻後出現淺褐色或橙色乳狀的渾湯現象，品質好滋味濃烈的紅茶常有此現象。

(10) 明亮：水色清，顯油光。

(11) 混濁：湯色不清，沉澱物或懸浮物多。

(12) 昏暗：湯色不明亮，但無懸浮物。

d. 香氣評語

(1) 清香：香氣清純不雜。

(2) 幽雅：香氣文秀，類似淡雅花香，但又不能具體稱為哪種花香者，以香氣「幽雅」或「花香」稱之。

(3) 純和（純正）：香氣正常純淨但不高揚。

(4) 蔬菜香：類似蔬菜（空心菜）經沸水燙煮後之香氣，此類香氣評語常用於綠茶。

(5) 甜香（蜜糖香）：帶類似蜂蜜、糖漿或龍眼乾之香氣。

(6) 甜和：香氣不高，但有甜感。

(7) 炒米香：類似爆米花之香氣，為茶葉經輕度烘焙或焙炒的香氣。

(8) 火香：茶葉經適度烘焙而產生的焙火香。

(9) 高火：乾燥溫度或烘焙溫度太高，尚未燒焦而帶焦糖香。

(10) 火（焦）味：炒菁、乾燥或烘焙控制不當，導致茶葉燒焦帶火焦味。

(11) 青味：似青草或青葉之氣味。炒（蒸）菁不足或發酵不足，均帶青味。

(12) 悶（熟）味：似青菜經燜煮之氣味。俗稱「豬菜味」。

(13) 濁氣：茶葉夾有其他氣味，沉濁不清之感。

(14) 雜（異）味：非茶葉應具有之氣味如煙味、霉味、陳味、油味、酸味、土味、日曬味等不良氣味，一般都指明屬於哪種雜味，若無法具體指明時僅以雜（異）味稱之。

e. 滋味評語

(1) 濃烈：滋味強勁，刺激性及收斂性強。

(2) 鮮爽：鮮活爽口。

(3) 甜爽：具有甜的感覺而爽口。

(4) 甘滑：帶甘味而滑潤。

(5) 醇厚：滋味甘醇濃稠。

(6) 醇和：滋味甘醇欠濃稠。

(7) 平淡（淡薄）：滋味正常但清淡濃稠感不足。

(8) 粗淡：滋味淡薄，粗糙不滑。

(9) 粗澀：澀味強而粗糙不滑。

(10) 青澀：澀味強而帶青草味。

(11) 苦澀：滋味雖濃但苦味澀味強勁，茶湯入口，味覺有麻木感。

(12) 水味：茶葉受潮或乾燥不足之茶葉，滋味軟弱無力。

25 CHAPTER

酒　類

25-1 前　言

人類飲酒之歷史悠久，不論宗教祭祀節慶，酒都扮演舉足輕重的角色。各民族都有自己的飲酒文化，古代的文人雅士飲酒激發靈感創作詩詞，西方人將品酒視為生活的藝術，將飲酒與飲食作適當搭配，現代工商社會應酬造成另一種特有的飲酒文化。適量的飲酒可增加生活情趣，而過量飲酒卻有礙健康。

所謂酒是指含酒精的飲料，遠古以來人類就發現水果經自然酵母菌作用可產生甘醇的酒。各種不同的醣類來源皆可作為釀酒的原料，包括果汁、蜂蜜、糖蜜、穀類及根莖類。酒大致可分為釀造酒、蒸餾酒及調味酒。釀造酒最常見的是以大麥釀造的啤酒及以葡萄釀製的葡萄酒。蒸餾酒是將釀造酒經蒸餾方式提高酒精含量至40%以上。調味酒則是添加果汁、糖、植物、藥材調味的含酒精飲料。

25-2 酒的分類與特性（表 25-1, 25-2）

一、依製造方法分類

1. 釀造酒

a. 單式發酵酒

Ⅰ.葡萄酒：以葡萄為原料製成之釀造酒。

Ⅱ.其他水果酒：以葡萄以外其他水果為原料或含兩種以上水果為原料製成之釀造酒。

b. 複式發酵酒

Ⅰ.啤酒類：只以麥芽、啤酒花為主要原料，添加或不添加其他穀物或澱粉為副原料，經糖化發酵製成之含碳酸氣酒精飲料，可添加或不添加植物性輔料。

Ⅱ.穀類釀造酒類：指以米、麥等穀類為原料製成之釀造酒，如清酒、紹興酒、黃酒、福酒。

2. **蒸餾酒**：指以水果穀類或其他含澱粉或糖分之植物為原料，經糖化或不經糖化，發酵後，再經蒸餾而得之下列含酒精飲料：

a. 以穀類為原料：威士忌、琴酒、米酒、高粱酒、伏特加。

b. 以甘藷為原料：燒酒。

c. 以糖蜜為原料：蘭姆酒。

d. 以水果為原料：白蘭地。

3. **合成酒**

a. 再製酒：白酒、紅糯酒。

b. 仿製酒：合成清酒、合成甜葡萄酒。

c. 藥酒：五加皮酒、養命酒、虎骨酒、蔘茸酒。

d. 調味酒：烏梅酒、薄荷酒。

二、依原料來源分類

1. **糖質原料酒**

a. 水果酒：葡萄酒、荔枝酒、白蘭地等。

b. 糖蜜酒：蘭姆酒。

2. **澱粉質原料酒**

a. 以添加白麴來進行糖化：米酒、紹興酒。

b. 以添加麥芽來進行糖化：啤酒、威士忌。

c. 以添加米麴來進行糖化：清酒、甜酒。

d. 以添加紅麴來進行糖化：紅露酒。

3. **再製酒**：指以酒精、釀造酒或蒸餾酒為基酒，加入動植物性輔料、藥材、礦物或其他食品添加物，調製而成之酒類，其抽出物含量不低於百分之二者。

a. 糯米酒。

b. 藥酒：五加皮、蔘茸酒、養命酒。

c. 再製果實酒：梅子酒、龍眼酒。

d. 玫瑰露酒。

▼表 25-1 酒之分類

一般習慣之分類	菸酒管理法之分類	例　子
釀造酒類之其他釀造酒	黃酒類	黃酒、紹興酒、陳紹、花雕酒、紅露酒、玉泉清酒等。
蒸餾酒類	白酒類	高粱酒、大麴酒、茅台酒、米酒、稻香酒、玉露酒、愛蘭白酒等。
釀造酒類之啤酒	啤酒類	台灣啤酒、生啤酒、台灣黑啤、全麥啤酒等。
再製酒類	再製酒類	蔘茸酒、鹿茸酒、龍鳳酒、長春酒、雙鹿五加皮、竹葉青、茉莉花酒、菊花酒、香蒂酒、梅酒、樽藏金棗酒等。
釀造酒類之其他釀造酒	水果酒類	紅葡萄酒、白葡萄酒、玫瑰紅酒等。
蒸餾酒類	外國酒類	威士忌、白蘭地、琴酒、伏特加酒、蘭姆酒。

▼表 25-2 酒的種類與特性

酒的種類	酒精含量	原　料	貯存酒齡	特　性
紹興酒	16%	糯米、小麥	兩年以上	琥珀色，口感醇和。
陳年紹興酒	17.5%	糯米、小麥	四年以上	深棕紅色，風味醇厚。
精釀陳年紹興酒	17.5%	糯米、小麥	四年以上	深紅褐色，味甘柔醇。
甕底酒	19.5%	糯米、小麥	四年以上	深棕紅色，醇厚柔順。
花雕酒	17%	糯米、小麥	三年以上	使用根黴菌，風味獨特。
黃酒	15.5%	蓬萊白米、小麥	一年以上	茶黃明亮，清醇柔順。
玉泉清酒	15.5%	精白蓬萊米、小麥	6~12 個月	透明無色，清香甘醇。

25-3　釀酒程序

一、釀酒的程序

一般而言，釀酒主要分為六個程序，茲簡述此六個程序如下：

1. **蒸煮**：五穀類之澱粉，加水浸漬及加熱使澱粉粒膨脹及糊化。
2. **液化**：用食品及鹽酸或液化酵素使其水解成糊精。
3. **糖化**：糊精不為一般酵母所利用，故加糖化酵素可水解成葡萄糖。
4. **發酵**：酵母菌能將葡萄糖發酵成酒精。可分為單發酵（葡萄糖）、並行單發酵（啤酒）及並行複發酵（紅酒和紅露酒）等三種。
5. **蒸餾**：收集沸騰酒精之蒸氣，將其冷凝成液體狀態，分為批式蒸餾及連續蒸餾。
6. **陳熟**：除啤酒類之外，其他酒精則需有適當時間貯存陳熟，其可增進品質。

二、常見酒類之釀製程序

1. **米酒**：蒸煮→液化→糖化→發酵→蒸餾→陳熟。
2. **紅露酒**：蒸煮→液化→糖化→發酵→陳熟。
3. **啤酒**：蒸煮→液化→糖化→發酵。
4. **葡萄酒**：發酵→陳熟。
5. **高粱酒**：蒸煮→液化→糖化→發酵→蒸餾→陳熟。
6. **紹興酒系**：蒸煮→液化→糖化→發酵→陳熟。

25-4　酒的營養與健康

一、酒與營養

1. 酒主要的成分是乙醇，乙醇並非人類所需的營養素，每 1c.c.的乙醇經肝臟代謝之後可提供 5.6 大卡熱量。

2. 如啤酒每 100c.c.含 4.5c.c.乙醇，葡萄酒含 12c.c.，蒸餾酒中威士忌、白蘭地、琴酒、伏特加、蘭姆酒每 100c.c.含 40c.c.，高粱酒則高達 58c.c.。
3. 釀造酒除乙醇外，尚含少量未發酵完全醣類，每 100c.c.約含 2~3 公克。
4. 酒可提供熱量但所含的蛋白質、維生素、礦物質卻極微量。熱量代謝需消耗維生素 B_1、B_2、菸鹼酸。除了啤酒含過量的維生素 B_1 及菸鹼酸外，其他酒類含量極微，不足體內所需。
5. 過量飲酒會消耗體內維生素 B 群，易造成營養不良。特別是維生素 B_1 缺乏症會引起食慾味覺減低、多發神經炎。另外，過量飲酒也會使鈣質、維生素 D 吸收降低，可能引起骨質疏鬆症。

二、酒與健康

1. 酒進入胃內約 5 分之 1 由胃吸收，其他在小腸吸收。飲酒後 5 分鐘即可進入血液中。90%之酒精在肝臟中代謝成乙醛變成醋酸，可轉變成熱量或貯存於脂肪。每小時可代謝 15c.c.的酒精，若持續喝酒每天約可產生 2,000 大卡，即使是含酒精度低的啤酒，大量攝取仍會造成肥胖。
2. 適量飲酒會使人產生欣快感、可放鬆情緒、增加食慾、幫助睡眠。而若短時間攝取過多酒精，肝臟代謝不及，會對體內造成毒性。當血中酒精濃度大於 0.1%時，會影響視覺及反應能力，使交通事故發生機會增加。
3. 長期飲酒會對肝臟、胰臟及腸胃道造成損傷。酗酒者易造成脂肪肝、肝硬化、食道及胃腸黏膜萎縮，影響消化吸收功能，提高食道癌罹患率，也較易引起急性胰臟炎。
4. 對痛風患者，若攝取酒精飲料會抑制尿酸排除，再加上過多的肉類、海產、肉湯易造成急性痛風發作。對心血管疾病者，長期過量飲酒會增加心臟負擔，使心肌變性失去彈性、心臟擴大、血壓上升。過量飲酒也會使血中三酸甘油酯上升，但若飲用適量的紅酒，可改善血中膽固醇分布，提高高密度脂蛋白，可預防動脈硬化。

▼表 25-3　血液中酒精濃度與臨床症狀之關係

血液中酒精濃度	期　別	臨床症狀
0.1~0.2%	微醉期	略顯醉意，喜歡講話，愛開玩笑，感覺愉快，走路和平常一樣有條不紊。
0.2~0.3%	興奮期	微有醉意，講話嘮叨，步態有些蹣跚，大聲高歌，旁若無人，不過尚能自主，還不至於闖禍。
0.3~0.4%	瘋狂期	醉矣！語無倫次，舌頭欠靈活，不管他人是否討厭全無顧忌，稍拂其意即火冒三丈，已無法直線走路，不能自主應加以監護。
0.4~0.5%	失智期	大醉，不能辨別方向，胡言亂語，理智喪失，不知羞恥，東西掉了亦全然不知。
0.5%以上	爛醉期	爛醉如泥，全無意識，除有呼吸外，竟和死人一樣，已達危險邊緣，應即刻送醫。

25-5　如何安全飲酒與解酒妙方

一、如何安全飲酒

1. **選擇酒精濃度較低的酒：**如啤酒、葡萄酒等。
2. **淺嚐勿豪飲：**建議每餐安全的飲酒量為1罐啤酒等於120c.c.葡萄酒等於100c.c.陳年紹興酒等於45c.c.白蘭地或威士忌。
3. **勿空腹飲酒，勿與碳酸飲料共飲：**可避免酒精吸收過快增加肝臟負擔。
4. **孕婦不宜喝酒：**酒精會透過胎盤，使胎兒的神經系統發育受影響，造成心智發展遲緩。

二、解酒妙方

微醉者，自我感覺並無不適，只要稍事休息、吃點水果之類的食物即可。中度以上酒醉者，應先將腹中的酒液排出，最好的方法是以乾淨的筷子或手指輕觸喉嚨，進行催吐，再食用具解酒作用的食物以幫助分解剩餘的乙醇。

1. **綠豆湯：**取適量綠豆用溫開水洗淨、搗碎，以滾開水沖煮後服用。

2. **甘蔗汁**：甘蔗榨汁，使吸之或嚼食或榨汁。

3. **白蘿蔔**：洗淨、去皮，嚼食或榨汁。

4. **水果**：如梨子、蘋果、柑橘、香蕉。尤其是西瓜，有清熱、利尿解酒作用。

5. **食用醋**：將食用醋 50~100 公克、紅糖 25 公克、生薑 3 片，同煎後服用。

6. **橙皮湯**：將橙皮洗淨，加水及 1~2 克的鹽煎湯飲用。

25-6 酒類產品的感官特性

酒類產品具有濃郁且豐富的香氣與特殊的風味表現，因此它呈現出來的感官特性不勝枚舉。

許多學者皆將酒類的品評定義為科學及藝術兼具的工作。

以人類的五官系統進行區分，酒類的感官特性包括有外觀（視覺）、氣味（嗅覺）、滋味（味覺）、質地（觸覺）、以及聲音（聽覺）。

1. 外觀（視覺）系統

a. 外觀包括有顏色、色澤、透明（澄清度）、流動性等。

b. 視覺感受傳導到大腦後，產生了不同的心理作用，並會進一步影響感官系統的運作。

c. 顏色會影響味覺的反應，如綠色會使甜味敏感度增加、黃色會降低、紅色不會影響。

d. 酒類產品進行感官品評時，要避免因環境光源控制不當而造成之誤差。因為不同人對顏色的喜好及感受不盡相同。

2. 氣味（嗅覺）系統

a. 酒類產品呈現之基本味包括有甜味、酸味、苦味等，人類敏感度最高為苦味，其次為酸味、甜味。

b. 上述基本味加上顏色為綜合之交互作用，及呈現酒類產品中複雜的呈味。

c. 味覺之影響因子

Ⅰ.苦味隨著酒精濃度的增加而成正比，甜味則呈降低的趨勢。

Ⅱ.甜味隨溫度增加而上升；苦味強度卻下降；酸則不受溫度改變之影響。

d. 酒類產品中不同化合物間的交互作用

Ⅰ.酸味與甜味互相抑制。

Ⅱ.澀味抑制甜味表現；卻與酸味加乘。

Ⅲ.甜味會加強水果味。

e. 基本味的特性：低敏感度、高穩定性、品評員間易獲得共識且質不會因量變化而改變等。

f. 除酒精及溫度外，品評員之年齡、味盲與否、適應疲乏現象及生理狀態皆會影響味覺感受。

3. 質地（觸覺）系統

a. 物理性觸感：黏度、質感或平滑等。

b. 化學性觸感：辛辣的燒灼感、酒精類的疼痛感及澀味等。

Ⅰ.澀味乃是因為強疏水性的有機酸、多元酚、單寧酸等物質的存在，與口腔中的蛋白質或黏多醣體產生交聯作用，使得蛋白質與黏多醣體沉澱，而在口中產生皺紋、麻木的感覺。

Ⅱ.物理或化學的刺激之間，也會有交互作用的發生，例如酒精會增加澀味的強度。

c. 觸覺系統在酒類產品中視為不可忽略的感官特質，然而目前酒類產品於此方面的研究較少，應可投注心力研究收集相關資料，對於掌握消費者之嗜好性亦有極大助益。

4. 聲音（聽覺）系統：針對啤酒及香檳產品而言，聲音可列入其品質的影響因子。

25-7 酒類品評應注意事項

一、品評環境的控制

1. 品酒室須通風良好且無異味，以杜絕環境影響樣品香氣或造成生理性的干擾。
2. 隔音效果佳、使人體舒適的溫度和溼度、使品評員心情沉靜的設施顏色與光線則可避免心理性的干擾。
3. 使用紅色光源可達到遮蔽外觀的效果。
4. 進行非討論性的品評時，使用品評小間設施以降低品評員間的相互影響。

二、品評樣品的控制

1. 樣品的供應及溫度必須一致：供應量不一定會給予品評員錯誤的暗示；溫度效應則會使得酒類產品風味系統發生變化。
2. 盛裝樣品之容器需乾淨並無氣味，透明與否則需視實驗目的而定。
3. 樣品供應數一次不應超過 6 個，以免品評員發生適應疲勞的現象。
4. 為避免次序效應的誤差，務必於供應時隨機改變樣品品嚐的先後次序。
5. 需考量測試樣品於貯存時是否有變化，或不同梯次間是否有差異存在，以確保重複試驗時之樣品的一致性。

三、品評員的控制

1. 以穩定性為篩選標準，而非以高敏感度進行篩選。
2. 品評前 30 分鐘禁用菸酒，不得使用香水濃烈香味之化妝品，手部以無氣味清潔品清潔。
3. 品酒時每樣品間確實地以常溫水或其他物質進行漱口，讓感官系統進行類似「歸零」的動作。
4. 品評進行之執行者，應注意每位品評員間之情緒與反應，盡量去除可能干擾品評員之因子。
5. 因應實驗所需或藉由品評員的建議，以制定品評步驟、操作條件與須注意事項。
6. 標準化訓練可使品評員動作一致，相對的亦提高了實驗結果之可靠性。

四、統計學的運用

利用完善的統計原理進行實驗設計，慎密的執行實驗，精確的分析統計數據，如此環環相扣的建構實驗，所得之結果才能客觀且完整的表達出品評員或消費者的反應。

五、品酒詞彙

常見品酒詞彙如表 25-4。

▼表 25-4 品酒詞彙

詞 彙	說 明
餘味(aftertaste)	品嘗酒後餘留在口中的感覺，普通酒可能沒有餘味，或餘味很短，上好的酒則餘味悠長，通常與 finish 和 length 通用。
澀(astringent)	由高單寧含量所造成的一種觸覺，與苦（一種味覺）不一樣，通常年輕、未成熟的紅酒較為顯著（也可用 tannic 來形容），經過一段瓶中陳年後，澀度會降低。
均衡度(balance)	酒中果味、單寧酸、酒精等之間的關係，如果它們是和諧的話，就可形容為 balanced，或 well-balanced。
透澈(brilliant)	清澈、不混濁是正常酒的必要條件。
稠度(body)	酒在口中的感覺，主要是指酒中的酒精、單寧、糖等所造成的重量和實質的感覺，較濃郁的酒稱為 full-bodied（濃郁），反之則是 light-bodied（清淡）。
芳香(bouquet)	一般的說法是 aroma（新鮮果香）用來形容葡萄果香，在年輕的酒中比較顯著，而 bouquet 是指經過瓶中陳年所發展出來，成熟酒的芳香，nose（綜合香味）則是酒的綜合香味。
複雜(complex)	香味、口味複雜，以至於讓人有「耐聞」、「耐喝」的感覺，是上好且成熟的要點，也是葡萄酒引人入勝的地方。
木塞味(corked)	由品質不良軟木塞所造成酒的異味，類似發霉木塞或潮濕紙板的氣味。
細緻(delicate)	用來形容清淡的酒時，指其風味好且均衡，但不是很強烈、明確，多使用在白酒上。
不甜(dry)	糖分完全經發酵而轉變成酒精，沒有剩餘糖分。
土味(earthy)	可能是真的類似新鮮、乾淨土壤氣味，或指帶有原產葡萄園土壤的特殊氣味。
高雅(elegant)	形容均衡和有特質的好酒，通常用在白酒上。
平淡(flat)	乏味，缺少酸度，如果是氣泡酒，則是指沒有氣泡。
花香(flowery)	帶有類似鮮花的香味，也稱為 floral。
果味(fruity)	成熟水果（不一定只是葡萄）的風味。
爽口(lively)	有足夠的酸度，或少許氣泡，通常用來形容年輕的酒。
甘美(luscious)	甜而順口，且均衡。
中性(neutral)	缺少明確、顯著的風味。
果仁味(nutty)	帶有各種果仁的風味。
馥郁滿厚(rich)	風味、果味十足。
圓潤(round)	成熟、均通、柔順、易喝。

▼表 25-4　品酒詞彙（續）

詞　彙	說　明
單調(simple)	口味不複雜。
煙燻(smoky)	源自於土壤，或陳年用橡木桶的風味。
柔順(soft)	酸度、單寧等不顯著。
辛辣(spicy)	帶有強烈香料的氣味和口味。
酸(tart)	酸度過高。
燒烤味(toasty)	源自於橡木桶的氣味。
水味(watery)	缺少果味，低酒精含量與酸度。
木味(woody)	橡木桶味過重，蓋過果味，參見橡木桶。
橡木桶(oaky)	燒烤、香草般的風味，參見木味。

25-8　葡萄酒的品評

一、葡萄酒的分類

不同的品種，不同的生產技術，可生產不同品種及品質的葡萄酒。

台灣使用品種：紅葡萄酒→黑后；白葡萄酒→金香。

二、葡萄酒的種類

1. **不起泡葡萄酒（靜態葡萄酒）**：即為平常人說的佐餐酒，即把葡萄壓榨成汁，加上酵母菌來發酵，讓發酵過程中所產生的 CO_2 跑掉，稱為不起泡的葡萄酒，酒精含量約 8~14%，有分為白酒、紅酒、玫瑰紅酒三種。
2. **起泡葡萄酒**：即為香檳酒，但只有法國香檳區生產，才稱為香檳酒，至於其他地方所產的，則稱為起泡的葡萄酒。起泡的葡萄酒是在起泡尚未終止時，即拿來裝瓶，使其在瓶中發酵第二次。所以還有一些殘存的 CO_2，因此在開瓶後，就會劇烈的起泡，酒精含量 9~14%，氣壓則為 2~6 氣壓。
3. **加烈葡萄酒**：在發酵過程中或發酵完成後，添加了白蘭地，使酒精含量達到 18%左右。雪莉酒、波本酒為其代表，多作為餐後酒，可單獨喝、搭配甜點或雪茄。

4. **加味葡萄酒**：這種酒是把不起泡的葡萄酒，加上藥草、香料、色素等配料而作成的。例如苦艾酒，即是把艾草、基納樹皮浸在酒精中，然後和白葡萄酒混合，有時也浸些藥草，即為苦艾酒。一般作為開胃酒供人享用。

5. **特種葡萄酒**

種　類	含　量
乾葡萄酒	每升酒中含糖小於 4g。
半乾葡萄酒	每升酒中含糖為 4~12g。
半甜葡萄酒	每升酒中含糖為 12~50g。
甜葡萄酒	每升酒中含糖大於 50g。

6. **按飲酒習慣分類**

種　類	含　量
開胃葡萄酒	在餐前飲用的葡萄酒，具有開胃的功能。
佐餐葡萄酒	在餐中飲用的葡萄酒。
起泡葡萄酒	含人工 CO_2 的高級葡萄酒。
待散葡萄酒（餐末葡萄酒）	在餐後散宴前飲用的酒，多為高濃甜的葡萄酒。

三、葡萄酒的釀造：〈以白酒、紅酒為例〉

酒　類	釀　造
白　酒	是以淺色果皮釀成的酒。將壓碎去梗所的果汁，視需要的甜澀度進行發酵一到適當的情況即停止。由於需要酸度的緣故，一般白酒不進行二次發酵，但其發酵時間需要較長。一般進行 10~13 天，溫度保持在攝氏 10~20 度。
紅　酒	以黑果皮系葡萄釀成的酒，將果實壓碎並把果梗去除掉，果汁連果皮、核一起放入釀酒槽發酵，需 7~10 天，俗稱浸泡。在此同時，酒精因而生成，而果皮的色素把果汁染紅，果核裡面帶澀度的鞣酸融入果汁中。第一次發酵後再壓榨，進行二次發酵，這次發酵令酸性較強的果汁藉著微生物之轉變成味道柔和的乳酸。接下來去除渣滓，將葡萄汁液倒入桶陳年，一至二年後過濾裝瓶。

四、葡萄酒之主要成分：〈以白葡萄酒、紅葡萄酒爲例〉

成　分		紅葡萄酒	白葡萄酒
酒　精	乙醇 (%)	9.2~10.7	9.3~12.7
	甘油 (g/L)	6.5~8.9	4.8~8.4
糖　分	還原糖 (g/L)	2.5~4.1	0.9~5.2
有機酸	酒石酸 (g/L)	1.6~2.4	1.3~4.0
	蘋果酸 (g/L)	0.1~1.0	0.2~3.5
	乳酸 (g/L)	1.4~3.2	0.2~3.8
全氮量	胺基酸 (ppm)	170~560	105~470
酚　類	香草酸等 (mg/L)	1,800~4,100	172.2~685.5
pH		3.3~3.7	3.0~3.4
總亞硫酸(ppm)		22~86	32~160

五、最適葡萄酒的溫度及餐食

1. **白葡萄酒**：不甜的白酒適飲溫度為 10~12℃，甜的白酒適飲溫度為 5~10℃。適合搭配海鮮、魚類、家禽類等烹調方式，較為清淡的食物。
2. **紅葡萄酒**：適飲溫度為 14~20℃，適合搭配牛肉、豬肉、羊肉、乳酪等口感較重的食物。
3. **玫瑰紅酒**：適飲溫度為 10~12℃。搭配口感較適中的食物。
4. **香檳氣泡酒**：適飲溫度為 5~10℃。可單獨飲用或配以頭盤或海鮮，喜慶宴會不可缺少的飲料。

六、購買葡萄酒注意事項

1. 葡萄酒的等級。
2. 產地。
3. 裝瓶者。
4. 葡萄酒品種。

七、葡萄酒的存放

1. 葡萄酒的存放可分為已開瓶和未開瓶。已開瓶的酒只能放 3~7 天左右，超過後將會發酵成醋。
2. 已開瓶之保存，開瓶後倒出要飲用之量後，立即將瓶塞塞回去存放於冰箱，可維持 3 天左右。下回再喝時可倒入酒杯約等 30 分鐘，回溫至攝氏 16℃左右即可飲用。若要維持到一星期左右，可在放入冰箱前用抽真空器抽掉瓶內的空氣，以避免氧化。
3. 未開瓶之保存，葡萄酒的保存必須注意溫度、溼度、光線、通風等問題。

　　專業酒窖或未開瓶之保存，葡萄酒的保存必須注意溫度、溼度、光線、通風等問題，專業酒窖或冬天可置於地下室或室內通風陰涼處。夏天可以濕毛巾包住瓶口置於冷氣房內或平放於冰箱內。而日常飲用的一般非保存酒只要避免超過攝氏 30 度及陽光直接照射即可，不過飲用前，宜先放入冰箱或用冰桶降溫至 15℃左右為佳。

八、葡萄酒的品嚐

1. 理想的葡萄酒杯應該有幾個特點

a. 杯身應該薄，無色而且透明：以便酒的顏色能表現出來。

b. 杯身應該向內彎曲，使得杯口伸縮（避免張口杯子）：即所謂的鬱金香杯，以便使酒的香味能夠聚集在杯中，可以充分鑑賞香味。

c. 杯子容量應頗大：以便酒只倒到三分之二滿以內時，仍然有足夠分量的酒，通常每一正常瓶子的酒可倒出 8 杯。

d. 酒杯要有到 4~5 公分的腳：避免用手去持拿杯身，如此一來手不會影響到酒溫，而且也方便觀察酒的顏色。

2. 品酒的步驟可分為三步

a. 要看：視覺品嚐

Ⅰ.鬱金香杯中倒入三分之一的酒，放在燈下或襯有白埠的桌上，仔細觀察酒的顏色與純淨度。

Ⅱ.好的酒必須是澄清明亮不混濁，而顏色十分多樣，與葡萄的品種、釀製法、貯存時間及成熟度有關係。

Ⅲ.白酒陳年愈久，顏色愈深，年輕時無色，貯存後，逐漸呈淺黃並略帶綠色反光，成熟期則呈麥桿色、金黃色，最後成為金銅色，此時已經太老，不適合飲用。

Ⅳ.紅酒會隨時間而逐漸變淡，年輕時候是深紅帶紫；漸漸轉為正紅或櫻桃紅；再轉為紅色偏橙紅或磚紅色；最後呈紅褐色，酒色深紅才是好的紅酒。

Ⅴ.香檳類的氣泡酒，主要觀察氣泡，氣泡細緻，冒的速度快且持久，才是好的氣泡酒。

b. 要聞：嗅覺品嚐

Ⅰ.將杯子放桌上，小心轉動杯腳圓底，輕輕搖一搖後再拿起來聞。

Ⅱ.仔細辨別酒香的種類、濃度和品質：好的酒不但香味濃郁、優雅，並且有特性，能隨時間而不斷變化，極具豐富性。

Ⅲ.葡萄酒的香味分為果香、花香、乾果香、植物香、動物香、香料香、焙烤類等幾大類。

Ⅳ.不同的老化程度呈現出來的香味也不同，初期的香味是葡萄本身具有的香味；第二期來自釀造過程中產生的香味，例如木味、煙燻味等；第三期則是老化後產生的香味。

Ⅴ.葡萄酒的香味和葡萄品種、釀造法、酒齡、甚至土壤都有密切關係。

c. 要嚐：味覺品嚐

Ⅰ.喝一小口酒，含在口中，嘴巴稍微動一下，然後慢慢嚥下。

Ⅱ.仔細品嚐酒的酸甜度和濃淡度，紅酒還要判斷單寧酸的品質和強度。

Ⅲ.太酸，酒的刺激過強，會削弱酒質；酸度不足又顯的太平淡。

Ⅳ.太甜，酒味過濃不夠清新；甜度太低又會使酒乾澀難入口。

CHAPTER

保健食品概論

26-1 保健食品的定義

一、保健食品的名詞

1. 最廣為人知的是健康食品(health foods)。
2. 環保思潮下產生的有機食品(organic foods)。
3. 學術界所提出的機能性食品(functional foods)、特殊營養補充品(nutritional supplements)、計畫性食品(designer foods)、類藥劑營養品(nutraceuticals or pharmafoods)等。
4. 最新的生物科技產物：科技食品(novel foods)。

二、使用健康食品的目的

1. 增強或改善身體機能及健康保養。
2. 預防及輔助治療慢性疾病。
3. 滋補強身、強化體質及養顏美容。
4. 延緩老化及舒緩更年期障礙。

三、台灣健康食品的定義

依「健康食品管理法」裡對健康食品的定義：其所稱健康食品，指具有保健功效，而予標示或廣告之食品。而所稱保健功效，指足以增進國民健康或減少疾病危害風險之功效，而非屬治療、矯正人類疾病之醫藥效能，並經中央主管機關公告者。簡單來說，健康食品就是在正常飲食之外，存在於天然物中具有調節人體生理機能作用，可藉由這類補充以提高部分容易被忽略、易缺乏的特殊營養成分，可定位為輔助治療與預防保養之用的物質。換句話說，健康食品的角色正介於藥品與食品之間，可當作加強人體健康的補充品之用。

四、中國大陸保健食品的定義

中國保健品市場對所謂保健食品的定義，係指聲稱具有特定保健功能或以補充維生素、礦物質為目的的食品，即適宜於特定人群食用，具有調節生物體功能，不以治療疾病為目的，並且對人體不產生急性、亞急性或慢性危害的食品。

五、日本保健用食品的定義

保健食品的概念最早在1962年日本厚生省的文件中就已經出現「保健食品」，日本厚生省提出的定義是：「保健食品是具有與生物防禦，生物節律調整，防止疾病，恢復健康等有關功能因子，經設計加工，對生物體有明顯調節功能的食品」。其特點是由通常食品使用的材料或成份加工而成，以通常形態和方法攝取，具有生物調節功能。特定保健用食品的認可條件就必須包括：是否能夠有效地改善或保持或促進健康、是否能夠明確定義服用量及方法、是否能夠證明產品的安全性、是否適合做為日常膳食之用等，與藥品進行區分。

六、美國健康食品的定義

美國國會依照 1994 年 10 月通過 DSHEA（膳食補充品的健康資訊及教育法案，Dietary Supplement Health and Education Act），以管理與界定食品(food)、膳食補充品(dietary supplement)、藥品(drug)三大類產品。其中膳食補充品，根據 DSHEA 的定義，膳食補充品是某一類特定的口服物品，可以作為一般膳食的補充品之用。因此只要業者以申報、或申請安全性認可的方法，在產品包裝的標示上，提供產品安全性的相關資訊就能使產品上市。而且膳食補充品有兩個特點，一是包括「營養素、食品成分、整體食品組成」的健康營養訴求，二是允許以影響人體生理結構和機能的方式來宣傳其特性。其種類包含維生素、礦物質、草藥及其他種植物、胺基酸、可作為補充日常膳食攝取總量不足之用的他類可供膳食之用的物質、及任何前述的濃縮品、代謝物、組成物、萃取物、或是組合等。是故膳食補充品可以用錠劑(tablet)、膠囊(capsule)、粉末狀(powder)、軟膠囊(soft gel)、膠囊錠(gelcap)、口服液(liquid)等形態出現，供食用者口服之用。

26-2 保健食品相關法規

我國「健康食品管理法」於民國 88 年 8 月 3 日正式實施，並於 107 年 1 月 24 日修正，相關法令規定可查閱衛生福利部網址 http://www.mohw.gov.tw，全條文介紹如下。

一、第一章：總則

1. 第一條：為加強健康食品之管理與監督，維護國民健康，並保障消費者之權益，特制定本法；本法未規定者，適用其他有關法律之規定。

2. 第二條：本法所稱健康食品，指具有保健功效，並標示或廣告其具該功效之食品。本法所稱之保健功效，係指增進民眾健康、減少疾病危害風險，且具有實質科學證據之功效，非屬治療、矯正人類疾病之醫療效能，並經中央主管機關公告者。

3. 第三條：依本法之規定申請查驗登記之健康食品，符合下列條件之一者，應發給健康食品許可證：
   a. 經科學化之安全及保健功效評估試驗，證明無害人體健康，且成分具有明確保健功效；其保健功效成分依現有技術無法確定者，得依申請人所列舉具該保健功效之各項原料及佐證文獻，由中央主管機關評估認定之。
   b. 成分符合中央主管機關所定之健康食品規格標準。

   第一項健康食品安全評估方法、保健功效評估方法及規格標準，由中央主管機關定之。中央主管機關未定之保健功效評估方法，得由學術研究單位提出，並經中央主管機關審查認可。

4. 第四條：健康食品之保健功效，應以下列方式之一表達：
   a. 如攝取某項健康食品後，可補充人體缺乏之營養素時，宣稱該食品具有預防或改善與該營養素相關疾病之功效。
   b. 敘述攝取某種健康食品後，其中特定營養素、特定成分或該食品對人體生理結構或生理機能之影響。
   c. 提出科學證據，以支持該健康食品維持或影響人體生理結構或生理機能之說法。
   d. 敘述攝取某種健康食品後的一般性好處。

5. 第五條：本法所稱主管機關：在中央為行政院衛生福利部；在直轄市為直轄市政府；在縣（市）為縣（市）政府。

二、第二章：健康食品之許可

6. 第六條：食品非依本法之規定，不得標示或廣告為健康食品。食品標示或廣告提供特殊營養素或具有特定保健功效者，應依本法之規定辦理之。

7. 第七條：製造、輸入健康食品，應將其成分、規格、作用與功效、製程概要、檢驗規格與方法，及有關資料與證件，連同標籤及樣品，並繳納證書費、查驗費，申請中央主管機關查驗登記，發給許可證後，始得製造或輸入。前項規定所稱證書費，係指申請查驗登記發給、換發或補發許可證之費用；所稱查驗費，係指審查費及檢驗費；其費額，由中央主管機關定之。經查驗登記並發給許可證之健康食品，其登記事項如有變更，應具備申請書，向中央主管機關申請變更登記，並繳納審查費。第一項規定之查驗，中央主管機關於必要時，得委託相關機關（構）、學校或團體辦理；其辦法，由中央主管機關定之。第一項申請許可辦法，由中央主管機關定之。

8. 第八條：健康食品之製造、輸入許可證有效期限為五年，期滿仍須繼續製造、輸入者，應於許可證到期前三個月內申請中央主管機關核准展延之。但每次展延不得超過五年。逾期未申請展延或不准展延者，原許可證自動失效。前項許可證如有汙損或遺失，應敘明理由申請原核發機關換發或補發，並應將原許可證同時繳銷，或由核發機關公告註銷。

9. 第九條：健康食品之許可證於有效期間內，有下列之各款事由之一者，中央主管機關得對已經許可之健康食品重新評估：
   a. 科學研究對該產品之功效發生疑義。
   b. 產品之成分、配方或生產方式受到質疑。
   c. 其他經食品衛生主管機關認定有必要時。

   中央主管機關對健康食品重新評估不合格時，應通知相關廠商限期改善；屆期未改善者，中央主管機關得廢止其許可證。

三、第三章：健康食品之安全衛生管理

10. 第 10 條：健康食品之製造，應符合良好作業規範。輸入之健康食品，應符合原產國之良好作業規範。第一項規範之標準，由中央主管機關定之。

11. 第 11 條：健康食品與其容器及包裝，應符合衛生之要求；其標準，由中央主管機關定之。

12. 第 12 條：健康食品或其原料有下列情形之一者，不得製造、調配、加工、販賣、儲存、輸入、輸出、贈與或公開陳列：
    a. 變質或腐敗者。

b. 染有病原菌者。

c. 殘留農藥含量超過中央主管機關所定安全容許量者。

d. 受原子塵、放射能汙染，其含量超過中央主管機關所定安全容許量者。

e. 攙偽、假冒者。

f. 逾保存期限者。

g. 含有其他有害人體健康之物質或異物者。

四、第四章：健康食品之標示及廣告

13. 第 13 條：健康食品應以中文及通用符號顯著標示下列事項於容器、包裝或說明書上：

  a. 品名。

  b. 內容物名稱；其為二種以上混合物時，應依其含量多寡由高至低分別標示之。

  c. 淨重、容量或數量。

  d. 食品添加物名稱；混合二種以上食品添加物，以功能性命名者，應分別標明添加物名稱。

  e. 有效日期、保存方法及條件。

  f. 廠商名稱、地址。輸入者應註明國內負責廠商名稱、地址。

  g. 核准之功效。

  h. 許可證字號、「健康食品」字樣及標準圖樣。

  i. 攝取量、食用時應注意事項、可能造成健康傷害以及其他必要之警語。

  j. 營養成分及含量。

  k. 其他經中央主管機關公告指定之標示事項。

  第十款之標示方式和內容，由中央主管機關定之。

14. 第 14 條：健康食品之標示或廣告不得有虛偽不實、誇張之內容，其宣稱之保健效能不得超過許可範圍，並應依中央主管機關查驗登記之內容。健康食品之標示或廣告，不得涉及醫療效能之內容。

15. 第 15 條：傳播業者不得為未依第七條規定取得許可證之食品刊播為健康食品之廣告。接受委託刊播之健康食品傳播業者，應自廣告之日起六個月，保存委託刊播廣告者之姓名（法人或團體名稱）、身分證或事業登記證字號、住居所（事務所或營業所）及電話等資料，且於主管機關要求提供時，不得規避、妨礙或拒絕。

五、第五章：健康食品之稽查及取締

16. 第 16 條：衛生主管機關得派員檢查健康食品製造業者、販賣業者之處所設施及有關業務，並得抽驗其健康食品，業者不得無故拒絕，但抽驗數量以足供檢驗之用者為限。各級主管機關，對於涉嫌違反第六條至第十四條之業者，得命其暫停製造、調配、加工、販賣、陳列，並得將其該項物品定期封存，由業者出具保管書，暫行保管。

17. 第 17 條：經許可製造、輸入之健康食品，經發現有重大危害時，中央主管機關除應隨時公告禁止其製造、輸入外，並廢止其許可證；其已製造或輸入者，應限期禁止其輸出、販賣、運送、寄藏、牙保、轉讓或意圖販賣而陳列，必要時，並得沒入銷燬之。

18. 第 18 條：健康食品有下列情形之一者，其製造或輸入之業者，應即通知下游業者，並依規定限期收回市售品，連同庫存品依本法有關規定處理：
    a. 未經許可而擅自標示、廣告為健康食品者。
    b. 原領有許可證，經公告禁止製造或輸入者。
    c. 原許可證未申請展延或不准展延者。
    d. 違反第十條所定之情事者。
    e. 違反第十一條所定之情事者。
    f. 有第十二條所列各款情事之一者。
    g. 違反第十三條各款之規定者。
    h. 第十四條所定之情事者。
    i. 其他經中央衛生主管機關公告應收回者。

    製造或輸入業者收回前項所定之健康食品時，下游業者應予配合。

19. 第 19 條：健康食品得由當地主管機關依抽查、檢驗結果為下列處分：
    a. 未經許可而擅自標示或廣告為健康食品者，或有第十二條所列各款情形之一者，應予沒入銷毀。
    b. 不符第十條、第十一條所定之標準者，應予沒入銷毀。但實施消毒或採行適當安全措施後，仍可使用或得改製使用者，應通知限期消毒、改製或採行安全措施；逾期未遵行者，沒入銷毀之。
    c. 其標示違反第十三條或第十四條之規定者，應通知限期收回改正其標示；逾期不遵行者，沒入銷毀之。

d. 無前三款情形，而經第十六條第二項規定命暫停製造、調配、加工、販賣、陳列並封存者，應撤銷原處分，並予啟封。

製造、調配、加工、販賣、輸入、輸出第一項第一款或第二款之健康食品業者，由當地主管機關公告其公司名稱、地址、負責人姓名、商品名稱及違法情節。

20. 第 20 條：舉發或緝獲不符本法規定之健康食品者，主管機關應予獎勵；獎勵辦法由主管機關另行訂定。

六、第六章：罰則

21. 第 21 條：未經核准擅自製造或輸入健康食品或違反第六條第一項規定者，處三年以下有期徒刑，得併科新台幣一百萬元以下罰金。明知為前項之食品而販賣、供應、運送、寄藏、牙保、轉讓、標示、廣告或意圖販賣而陳列者，依前項規定處罰之。

22. 第 22 條：違反第十二條之規定者，處新台幣六萬元以上三十萬元以下罰鍰。前項行為一年內再違反者，處新台幣九萬元以上九十萬元以下罰鍰，並得廢止其營業或工廠登記證照。第一項行為致危害人體健康者，處三年以下有期徒刑、拘役或科或併科新台幣一百萬元以下罰金，並得廢止其營業或工廠登記證照。

23. 第 23 條：有下列行為之一者，處新台幣三萬元以上十五萬元以下罰鍰：
    a. 違反第十條之規定。
    b. 違反第十一條之規定。
    c. 違反第十三條之規定。

    前項行為一年內再違反者，處新台幣九萬元以上九十萬元以下之罰鍰，並得廢止其營業或工廠登記證照。第一項行為致危害人體健康者，處三年以下有期徒刑、拘役或科或併科新台幣一百萬元以下罰金，並得廢止其營業或工廠登記證照。

24. 第 24 條：健康食品業者違反第十四條規定者，主管機關應為下列之處分：
    a. 違反第一項規定者，處新台幣十萬元以上五十萬元以下罰鍰。
    b. 違反第二項規定者，處新台幣四十萬元以上二百萬元以下罰鍰。

c. 前二款之罰鍰，應按次連續處罰至違規廣告停止刊播為止；情節重大者，並應廢止其健康食品之許可證。
d. 經依前三款規定處罰，於一年內再次違反者，並應廢止其營業或工廠登記證照。

傳播業者違反第十五條第二項規定者，處新台幣六萬元以上三十萬元以下罰鍰，並應按次連續處罰。主管機關為第一項處分同時，應函知傳播業者及直轄市、縣（市）新聞主管機關。傳播業者自收文之次日起，應即停止刊播。傳播業者刊播違反第十五條第一項規定之廣告，或未依前項規定，繼續刊播違反第十四條規定之廣告者，直轄市、縣（市）政府應處新台幣十二萬元以上六十萬元以下罰鍰，並應按次連續處罰。

25. 第25條：違反第十八條之規定者，處新台幣三十萬元以上一百萬元以下罰鍰，並得按日連續處罰。
26. 第 26 條：法人之代表人、法人或自然人之代理人或受雇人，因執行業務，犯第二十一條至第二十二條之罪者，除依各該條之規定處罰其行為人外，對該法人或自然人亦科以各該條之罰金。
27. 第 27 條：拒絕、妨害或故意逃避第十六條、第十七條所規定之抽查、抽驗或經命暫停或禁止製造、調配、加工、販賣、陳列而不遵行者，處行為人新台幣三萬元以上三十萬元以下罰鍰，並得連續處罰。前項行為如情節重大或一年內再違反者，並得廢止其營業或工廠登記證照。
28. 第 28 條：本法所定之罰鍰，除第二十四條第四項規定外，由直轄市或縣（市）主管機關處罰。
29. 第 29 條：出賣人有違反本法第七條、第十條至第十四條之情事時，買受人得退貨，請求出賣人退還其價金；出賣人如係明知時，應加倍退還其價金；買受人如受有其他損害時，法院得因被害人之請求，依侵害情節命出賣人支付買受人零售價三倍以下或損害額三倍以下，由受害人擇一請求之懲罰性賠償金。但買受人為明知時，不在此限。製造、輸入、販賣之業者為明知或與出賣人有共同過失時，應負連帶責任。

七、第七章：附則

30. 第 30 條：本法施行細則，由中央主管機關定之。
31. 第 31 條：本法自公布後六個月施行。本法修正條文自公布日施行。

26-3 保健食品的分類

一、台灣保健食品產品範圍與分類（取自食品所 ITIS 報告）

範　圍	分　類
微生物類細菌	細菌：乳酸菌、雙岐桿菌(*Bifidus*)。 真菌：酵母菌、紅麴製品。 菇類：靈芝、冬蟲夏草、舞茸。 藻類：綠藻、藍藻、螺旋藻。 發酵食品：糙米酵素、植物發酵食品、健康醋。
植物類	根：人蔘、刺五加。 莖：大蒜。 葉：小麥草、銀杏葉、蘆薈。 花：花粉。 果實：棗、梅、桑椹。 種子：薏仁。 植物油脂：酪梨油、月見草油、小麥胚芽油。
動物類	貝類：牡蠣抽出物、貝殼。 昆蟲副產品：蜂王漿、蜂膠。 動物油脂：鰻魚精、魚油、鮫魚肝油、魚肝油。 骨：牛骨、鯊魚軟骨。 其他臟器：胎盤素、雞精、魚精。 其他加工品：燕窩、蛋黃油。
維生素	多種維生素／礦物質、維生素 A、C、E、D、B 群。
礦物質	鈣、鐵、鋅、鉻。
含有其他營養或機能性成分者（取自生物體／化學合成）	醣類：膳食纖維、寡醣、幾丁聚糖、多醣體。 蛋白質：大豆蛋白、免疫蛋白、膠原蛋白、酵素。 脂肪：EPA、DHA、卵磷脂、亞麻仁酸 有機化合物：核酸、有機鍺、有機硒。
其他（複方產品）	草本複方食品、減重食品、藥膳或上述成分組成之複方。

二、以「健康食品」的營養與材料分類

1. 維生素類。
2. 礦物質類。
3. 碳水化合物類：如低聚糖、糖醇、膳食纖維及活性多醣等。
4. 蛋白質及胺基酸：如活性肽、活性蛋白等。
5. 活性脂質：如多元不飽和脂質、磷脂、油脂替代品或模擬品等。
6. 抗氧化劑。
7. 荷爾蒙。
8. 酵素
9. 天然保健草本植物。
10. 茶與飲料。

三、中國國家食品藥品監督管理局批准的保健食品功能

1. 輔助增強免疫力。
2. 輔助降血脂。
3. 輔助降血糖。
4. 抗氧化。
5. 輔助改善記憶。
6. 緩解疲勞。
7. 延緩衰老。
8. 促進排鉛。
9. 清咽潤喉。
10. 輔助降血壓。
11. 改善睡眠。
12. 促進泌乳。
13. 抗突變。

14. 提高耐缺氧。
15. 對輻射危害有輔助保護功能。
16. 減肥。
17. 改善生長發育。
18. 增加骨密度。
19. 改善營養型貧血。
20. 對化學性肝損傷輔助保護功能。
21. 祛痤瘡。
22. 祛黃褐斑。
23. 改善皮膚水分、油性。
24. 調節腸道菌群。
25. 促進消化。
26. 潤腸通便。
27. 胃黏膜有輔助保護功能。
28. 祛老人斑。
29. 改善視力。
30. 改善骨質疏鬆。

四、美國認可健康食品的「健康宣稱」

1. 鈣和骨質疏鬆症。
2. 鈉和高血壓。
3. 膳食脂肪和癌症。
4. 膳食飽和脂肪和膽固醇與冠心病的危險性。
5. 帶纖維的穀類產品、水果和蔬菜與癌症。
6. 水果、蔬菜和帶纖維的穀類產品，特別是可溶性纖維與冠心病的危險性。
7. 水果和蔬菜與癌症。

8. 葉酸與腦神經管對嬰幼兒的缺陷。
9. 膳食糖醇和蛀齒。
10. 一些食品的可溶性纖維和冠心病的危險性。
11. 大豆蛋白和冠心病的危險性。
12. 植物固醇／固醇酯和冠心病的危險性。
13. 全穀食品和冠心病以及癌症。
14. 含鉀食品和高血壓、中風。
15. 葉酸和腦神經管缺陷。
16. Omega-3 脂肪酸和冠心病。
17. 葉酸、維生素 B_6 和維生素 B_{12} 和血管疾病。

五、日本特定保健用食品的認可條件

1. 可以改善飲食生活，並對健康的維持、增進方面值得期待的物質。
2. 食品和相關成分其保健的用途，需有醫學、營養學的根據。
3. 食品和相關成分其適合攝取量，可用醫學、營養學加以訂定。
4. 食品和相關成分，由食用經驗來看是符合安全的。
5. 相關成分必須證實下列事項
   a. 物理化學的性狀以及試驗方法。
   b. 定性以及定量試驗方法。
6. 同種的食品含有營養成分的組成，沒有顯著性的缺陷。
7. 不是罕見的食品，而是日常可以吃得到的食品。
8. 不做成錠劑型或膠囊型，呈現平時狀態的食品。
9. 食品以及相關成分，並非專門做為醫藥品使用的。

26-4 保健食品的評估與規格標準

一、健康食品的功效性評估方法

自民國88年8月3日實施並於107年1月24日修正的「健康食品管理法」，衛生福利部目前已公告的功效性評估方法(http://www.fda.gov.tw/TC/siteContent.aspx?sid=1760)包含以下：

1. 健康食品之牙齒保健功能評估方法。
2. 健康食品之免疫調節功能評估方法。
3. 健康食品之改善骨質疏鬆評估方法（102年2月5日停止適用）。
4. 健康食品之骨質保健功效評估方法。
5. 健康食品之胃腸功能改善評估方法。
6. 健康食品之調節血脂功能評估方法。
7. 健康食品之調節血糖功能評估方法。
8. 健康食品之護肝功能評估方法（針對化學性肝損傷）。
9. 健康食品之抗疲勞功能評估方法。
10. 健康食品之延緩衰老功能評估方法。
11. 健康食品之促進鐵吸收功能評估方法。
12. 健康食品之輔助調節血壓功能評估方法。
13. 健康食品之輔助調整過敏體質功能評估方法。
14. 健康食品之不易形成體脂肪功能評估方法（102年10月23日停止適用）。
15. 健康食品之不易形成體脂肪保健功效評估方法。

二、健康食品的安全性評估

健康食品的安全性評估分為四個類別，主要係針對以往長期食用及製造加工之安全性作考量，故食用目的、方式、製造加工方法、流程、最終產品形式及攝食量等均為分類之考慮因素。各類之安全評估項目如下：

1. **第一類：**屬下列二種情形之一者，得免再進行毒性測試：

a. 產品之原料為傳統食用且以通常加工食品形式供食者。

b. 產品具有完整之毒理學安全性學術文獻報告及曾供食用之記錄，且其原料、組成成分及製造過程與所提具之學術文獻報告完全相符者。

2. **第二類**：產品之原料為傳統食用而非以通常加工食品形式供食者，應檢具下列項目之毒性測試資料：

a. 基因毒性試驗。

b. 28 天餵食毒性試驗。

3. **第三類**：產品之原料非屬傳統食用者，應檢具下列項目之毒性測試資料：

a. 基因毒性試驗。

b. 90 天餵食毒性試驗。

c. 致畸試驗。

4. **第四類**：產品之原料非屬傳統食用且含有致癌物之類似物者，應檢具下列項目之毒性測試資料：

a. 基因毒性試驗。

b. 90 天餵食毒性試驗。

c. 致畸試驗。

d. 致癌性試驗。

e. 繁殖試驗。

三、健康食品規格標準

我國自 88 年以來，即實施健康食品管理制度，迄今已有 15 年歷史，產品須向衛生福利部申請健康食品查驗登記，取得許可後，始得稱做「健康食品」。目前健康食品查驗登記審查採雙軌制，取得許可之健康食品亦分成 2 款：

第一軌為「個案審查」：產品需執行安全性、功效性及安定性試驗，經衛生福利部審查評估產品安全無虞並具保健功效，始取得健康食品許可證。目前得宣稱之保健功效共有 13 項：「護肝」、「抗疲勞」、「調節血脂」、「調節血糖」、「免疫調節」、「骨質保健」、「牙齒保健」、「延緩衰老」、「促進鐵吸收」、「胃腸功能改善」、「輔助調節血壓」、「不易形成體脂肪」、「輔助調整過敏體質」。產品所准許宣稱之保健功效及其宣稱敘述，取決於個別產品所提出科學驗證之結果。

第二軌為「規格標準審查」：產品成分符合衛生福利部公告之健康食品規格標準，該等成分已由學理確立產品保健功效，無需個案進行保健功效評估試驗，目前已公告的健康食品規格標準為魚油及紅麴兩項，凡獲得通過者，可宣稱之保健功效敘述均相同。如：魚油類產品可標示：「本產品可能有助於降低血中三酸甘油酯；其功效乃由學理得知，非由實驗確認」；紅麴類產品可標示：「本產品可能有助於降低血中總膽固醇；其功效由學理得知，非由實驗確認」。

通過審查的產品會給予健康食品（小綠人）標章，消費者可以從產品包裝上的標章及字號來辨別一、二軌，第一軌的產品上標有「衛部健食字第 A00000 號」，第二軌的產品標有「衛部健食規字第 000000 號」，已取得認證的產品可由食品藥物消費者知識服務網 http://consumer.fda.gov.tw/（首頁→整合查詢中心→食品→核可資料查詢→衛生福利部審核通過之健康食品資料查詢）查詢。

26-5 保健食品的未來發展

由於愈來愈多科學研究證實，攝取保健食品有助於預防或治療慢性病、增進人體健康。隨著國民所得提高、健康意識抬頭、人口年齡老化及文明病之增加，將促使保健食品市場穩定發展。國家重點計畫，其中保健食品列為產業高質化計畫中重點發展項目之一，除應參考先進國家應用各種保健食品來改善與預防國人的疾病外，更需藉由高科技化與知識化，如結合生物技術與奈米技術等，提升保健食品競爭力與附加價值，並創造投資與就業機會，發展為全球的保健食品的研發重鎮、高附加價值產品的生產及供應基地。

一、未來國內保健食品前十大具潛力功能訴求和產品

未來市場需求方面，防癌、減重、美容相關、糖尿病改善、性功能改善、肝臟機能改善、預防骨質疏鬆、免疫調節、調整腸胃、腎臟機能改善等功能訴求的保健食品較具發展空間，而原料則以整腸的乳酸菌、兼具整腸與減肥訴求的食物纖維、免疫調節的蜂膠、預防骨質疏鬆的鈣、預防骨質疏鬆的大豆異黃酮、整腸的雙歧桿菌、抗氧化的葡萄子，及美容訴求的膠原蛋白等較具發展潛力。未來在產品開發上，除可自中草藥中尋求高效用的機能性成分，並藉由技術強化產品的品質與效用外，亦可利用生物技術降低生產成本、提高品質與功效、賦予新機能等，更可強化與提升產品的競爭力，為保健食品市場帶來新的機會。

功能訴求	潛力產品
1. 性功能改善	1. 瘦身減重食品
2. 減肥	2. 天然抗氧化劑
3. 延緩老化	3. 冬蟲夏草
4. 防癌	4. 鈣（添加維生素 D_3）
5. 美白美膚	5. 複方草本產品
6. 預防骨質疏鬆症	6. 免疫球蛋白
7. 增強免疫力	7. 食物纖維
8. 抗氧化	8. 綜合微量元素
9. 健胸	9. 減重代餐包
10. 預防老人失智	10. 乳酸菌

二、未來保健食品發展趨勢

1. 產品

a. 多樣化、高品質、國際化產品。

b. 結合中醫藥精華的漢方藥膳。

c. 顧客化產品及售後服務品質。

d. 上游發展潛能－原料上大陸供應充足。

2. 通路

a. 重視藥房及連鎖藥房潛力。

b. 健康食品專賣店增設，亦可朝量販店及超市。

c. 電子商務發展。

3. 價格：朝向低價策略，消費者教育與推廣及普及。

4. 市場：台灣市場規模有限，走向全球化發展。

26-6　市售常見的保健食品

一、與銀髮族群有關的保健食品發展趨勢

一般市售與銀髮族身體健康有關的保健食品（如深海魚油、南瓜子、綠茶素等）發展趨勢如下表。

心血管系統	深海魚油(DHA、EPA)、銀杏
泌尿生殖系統	南瓜子
抗老化	綠茶素（抹茶）、維生素 E、葡萄籽
營養食品	維生素及礦物質
關節照顧	葡萄醣胺、鯊魚軟骨（軟骨素）、鈣(Ca)、維生素 D_3
視力保健	葉黃素、玉米黃素、β胡蘿蔔素(β-carotene)、山桑子

二、市售常見之保健食品

（一）左旋 C

一般維生素 C 區分為：

1. **右旋 C**：復原美白，但因分子量大，因此人體吸收有限，約 3~5%。
2. **左旋 C**：易受光、熱、空氣分解，易氧化，在酸性環境安定，分子結構變小，是唯一可被人體吸收的形式，皮膚更易吸收，其主要功能為應用於抗氧化效用、清除皮膚之自由基、防止自由基破壞皮膚主要成分膠原蛋白、促進膠原蛋白合成、強化肌膚、還原黑色素、美白、防止皮膚老化、除皺紋與色斑、防止皮膚癌等。表皮所需之 Vit. C 約等於 5 倍之真皮層所需，一般擦的功效大於食用之功效，濃度為 10~20%，而 20%以上基本上已達超飽和狀態，因皮膚及膠原細胞並無法吸收 20%以上之純左旋 C 產品。

（二）輔酵素 Q_{10}(Coenzyme Q_{10})

1. 化學名：Ubiquinone/Ubidecarenone，俗名：Coenzyme Q_{10}, Co Q_{10}, Vitamin Q，為一種醌類化合物，又稱泛醌。**コェンザイム Q_{10}** 其分子式為 $C_{59}H_{90}O_4$，分子量為 863.34，外觀為黃色或淡橙黃色的結晶性粉末，無臭無味，熔點 47~52℃。屬脂溶性，可溶於氯仿、苯、丙酮、石油醚、乙醚，在乙醇中極微溶解，不溶於水、甲醇，結構中有異戊烯基，遇光易分解，使顏色變深（微紅色物質）。

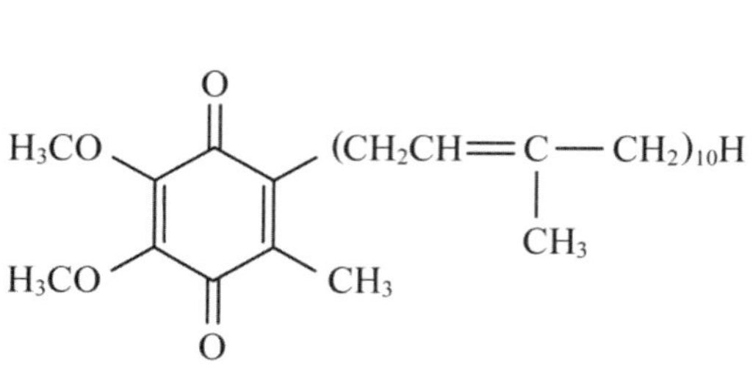

O
H_3CO　$(CH_2CH{=}C{-}CH_2)_{10}H$
CH_3
H_3CO　CH_3
O

泛醌(UQ)（氧化型）

2. 易氧化，類似脂溶性維生素之抗氧化劑，存在細胞粒線體內膜上。
3. 參與能量製造過程，抑制自由基產生，減少自由基對粒線體的傷害。
4. 存在於大自然動植物體內，亦可由食物獲得（如大豆油、菜籽油、沙丁魚、牛肉、黃豆粉、花生、豬肉、蛋、烏賊等食物）。
5. 人體可自行合成，但隨著身體呼吸不斷消耗，40 歲以後 Q_{10} 會逐漸下降。
6. 2001 年成為營養輔助食品。
7. 2004 年開放添加於化妝品中。
8. 在日本應用於改善心臟衰竭，預防術後心律不整（30~40mg／每日）。
9. 2006 年台灣作為食品原料以及產品。
10. 服用劑量 30mg／每日，但 15 歲以下兒童、懷孕或哺乳期間婦女以及服用抗凝血劑藥物之病患不宜食用。
11. 作為皮膚保養品，使用含 Q_{10} 乳霜 6 個月以上，可減少臉部皮膚 23%的細紋。

（三）γ–胺基丁酸(γ-amino butyric acid; GABA)

$$\text{Glutamic acid} \xrightarrow{\text{Glutamic acid decarboxylase}} \gamma\text{-amino butyric acid} + CO_2$$

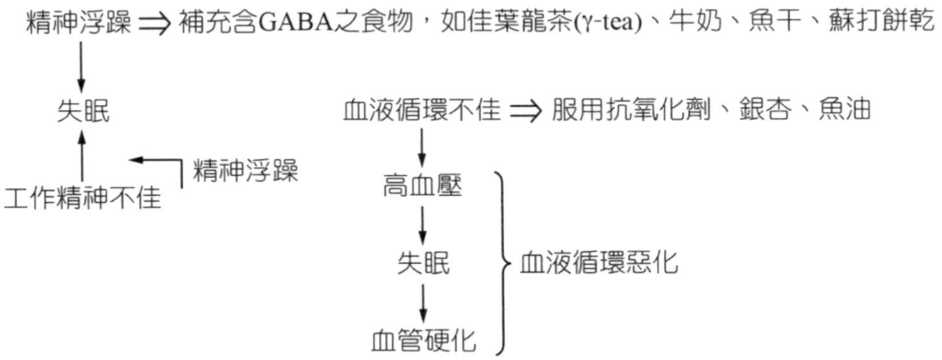

精神浮躁 ⇒ 補充含GABA之食物，如佳葉龍茶(γ-tea)、牛奶、魚干、蘇打餅乾
↓
失眠
↑
工作精神不佳 ← 精神浮躁

血液循環不佳 ⇒ 服用抗氧化劑、銀杏、魚油
↓
高血壓
↓
失眠
↓
血管硬化
（高血壓、失眠、血管硬化）血液循環惡化

1. 人體腦波會依身心狀態而異，放鬆時之腦波稱為 α 波，故增加 α 波可穩定精神，如聽古典音樂、流水聲可促進 α 波之釋出。40~60 歲具有高血壓（收縮壓 140mmHg 以上）之男性，服用 GABA（100mg／日）經過 4 個月以後，血壓恢復正常。
2. GABA 的鬆弛試驗：攝取 70mg GABA 後腦波出現的情形。

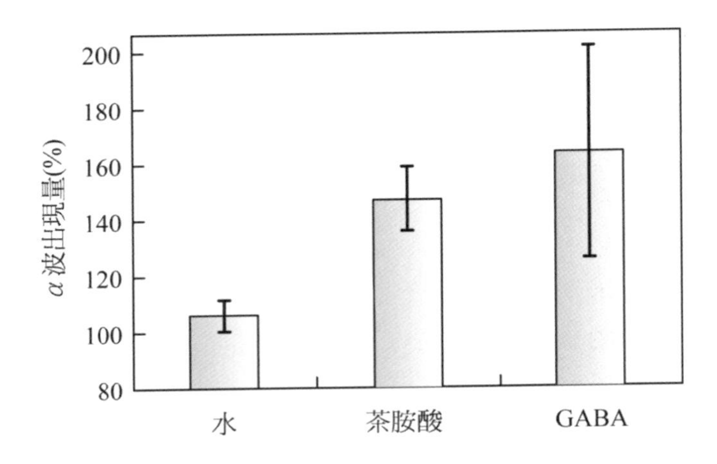

（四）二十二碳六烯酸(Docosahexenoic Acid, DHA)（現代腦黃金）

1. 構成細胞及細胞膜之主成分。
2. 幫助腦細胞柔軟、腦細胞收集資訊與傳達情報速度增加。
3. 傳遞大腦訊號，增進記憶力以及學習能力，提高學習機能。
4. 促進兒童腦部及眼睛正常發育。
5. 預防老年失智。
6. 一般市售相關之健康食品成分含：
   a. 深海魚油(EPA/DHA)：其功效為擴張血管、抑制血小板凝集、預防高血壓、高血脂、心血管疾病、風濕性關節炎。
   b. α-tocopheryl acetate：其功效為抗氧化、抗老化、促進末梢循環、預防自由基傷害。
7. 需注意的是不同人群在補充 DHA 之前，一定要了解各類營養品或保健品中 DHA 的含量，按自身的需要換算出適當的攝入量。如衛生部新修訂《食品營養強化劑使用標準》中，DHA 就有明確的添加上限，在調製乳粉和調製奶油粉（僅限兒童配方粉）中 DHA 的含量占總脂肪酸的百分比必須低於 0.5%。

（五）視力保健用健康食品成分

視力保健用健康食品成分如山桑子(bilberry)和藍莓(blueberry)等，其藥理與功效訴求如下表。

成 分	功效成分	藥 理	功效訴求
葉黃素	lutein	抗氧化	過濾有害的藍光對視網膜造成的傷害，預防夜盲症、視網膜黃斑部退化
維生素 A	β -carotene	提高代謝	預防夜盲症、乾眼症、提高眼膜對光線調節
深海魚油	EPA/DHA	擴張血管	維持視網膜健康
玉米黃素	zeaxanthin	抗氧化	預防白內障、視網膜黃斑部退化
天然維生素 E	α -tocophenylacetate	抗氧化	抗老化
山桑子抽出物	Proanthocyanidins	抗氧化	擴張眼球微血管、抒解眼睛疲勞
藍莓抽出物	Proanthocyanidins	抗氧化	捕捉眼球自由基、防止視力退化

（六）預防心血管疾病有關的成分

1. **納豆抽出物**：功效成分為納豆激酶(nattokinase)，可溶解血栓，抑制心血管疾病。
2. **紅麴抽出物**：功效成分為紅麴素(monacolin)，抑制膽固醇合成，降低血液中膽固醇。
3. **大豆抽出物**：功效成分為大豆異黃酮(isoflavone)，抗氧化作用，減少罹患動脈硬化及心血管疾病。

（七）白腎豆萃取物（俗稱閃澱元素）

1. 含澱粉高之食物為體內熱量主要來源，亦是造成肥胖之原因。
2. 白腎豆萃取物質，為天然澱粉之阻斷劑，如 1g 白腎豆可以抑制 2,250 大卡之澱粉食物轉換為葡萄糖所產生之熱量效應。應用於：
   a. 協助體重控制。
   b. 食量較大，且喜愛澱粉類食物之肥胖族群。
   c. 輕度糖尿病患者，控制血糖。
4. 劑量 400~1,000mg／餐。
5. 若澱粉攝取量增加，則可提高劑量，負作用為腸胃蠕動加快、產氣較多。

（八）綠茶素

1. 成分 EGCG、ECG、EGC 及 EC。
2. 抗氧化作用、可消除體內自由基、預防低密度脂蛋白氧化所造成之動脈硬化。
3. 一般需要攝取之人
   a. 油脂攝取過量的人。
   b. 預防心血管疾病。
   c. 預防肝臟疾病。
   d. 減少痛風尿酸。

（九）葡萄籽(Oligoproanthocyanidin; OPC)

1. 天然植物色素區分為
   a. 葉綠素 ⇒ 綠色。
   b. 生物黃酮類 ⇒ 藍、紫、翠綠色、部分紅色 ⇒ OPC。
   c. 類胡蘿蔔素 ⇒ 黃、橙、紅 ⇒ 維生素 A 前趨物 ⇒ β 類胡蘿蔔素、茄紅素、葉黃素。
2. 含原核花青素(oligoproanthocyanidin)，生物黃酮類約 80~85%，具有強的抗氧化力其約為維生素 C 之 20 倍、維生素 E 之 50 倍。
3. 強力抗氧化物如兒茶酸、表兒茶酸、咖啡酸、肉桂酸、延胡索酸、香草酸，可幫助 OPC 吸收，增進體內藉由氧化還原素捕捉自由基(free radical)的抗氧化能力，減少組織細胞受自由基攻擊的防禦機制。
4. 主要療效
   a. 清除自由基。
   b. 抗乳癌、子宮癌、皮膚腫瘤、延緩細胞的誘變。
   c. 保護血管、強化微血管，以防止動脈硬化、中風。
   d. 防治靜脈曲張、抽筋、靜脈炎、肺栓塞。
   e. 保護 DNA、延緩老化。
   f. 改善腦部記憶力、防止老人失智。
   g. 消炎退腫。
   h. 預防及治療 AIDS、糖尿病、神經系統退化、肝功能失調。
   i. 預防心臟病、修護中風後引起的身體損傷。
   j. 治療糖尿病性視網膜症。

k. 治療花粉熱、乾草熱、哮喘、流鼻涕、眼睛癢等過敏。
l. 防皺、維持皮膚之滑彈性。
m. 治療牛皮癬、防治胃炎、胃潰瘍。
n. 改善因自由基引起之各種疾病。

(十)深海鮫鯊(Squalene)

鮫鯊肝中大量活性物質，由 6 個單元體(isoprene)組成，外觀看起來像油脂，但因缺乏有機酸之官能基，所以不能歸為油脂，無一般魚油之魚腥味，凝固點−20℃，又稱為活氧素。

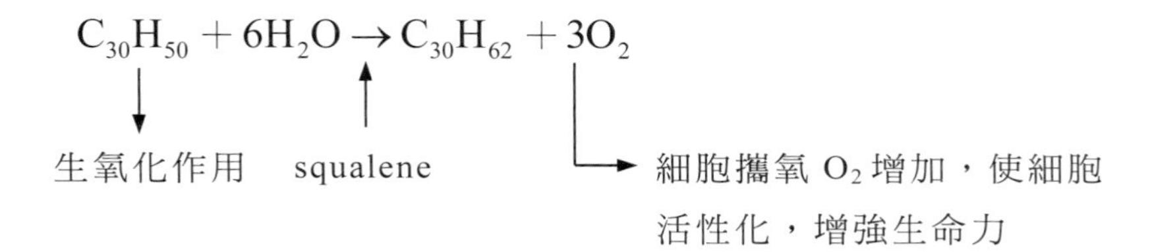

(十一)玻尿酸

1. 存於人體細胞內，可促進皮膚皮層形成皮脂膜，防止水分流失，阻絕細菌、灰塵及紫外線傷害。
2. 可以吸附水分(H_2O)，1g 玻尿酸可以吸收 500g H_2O。
3. 醫學上用於皮下注射，維持組織形成，填平凹下疤痕、皺紋修補、豐鼻、豐唇。
4. 眼球水晶體含玻尿酸。
5. 關節液含玻尿酸。
6. 透明軟骨之玻尿酸(透明質酸)。
7. 皮膚
   a. 嬰兒：年輕的皮膚中含有豐富之透明質酸，所以皮膚柔軟富有彈性。
   b. 20 歲：玻尿酸開始流失。
   c. 25 歲：為肌膚關鍵點，細胞補充氧氣及養分，促進新陳代謝。
   d. 30 歲：玻尿酸為幼年之 65%。
   e. 60 歲：剩 30%以下。

8. 美白肌膚四步驟

成　分	機　制	功　效
玻尿酸	鎖水	水嫩
膠原蛋白	保持肌膚張力	抗皺
彈力蛋白	維持肌膚彈性	抗鬆弛
鮫鯊稀	活化之細胞	抗老化

（十二）薑黃素(Curcumin)

1. 存於薑黃中。
2. 可捕捉自由基、抗氧化作用。
3. 抗氧化物質加活躍自由基可形成不活躍自由基，由新陳代謝消化，免去身體受到攻擊，減少疾病形成，抑制突變的抗癌作用，防止大腸癌及其他腫瘤產生。

（十三）男性強化食品

1. 成分功效訴求
   a. 天然綠茶素：抗氧化、抗腫瘤增生、抗發炎。
   b. 茄紅素：預防前列腺癌、膀胱癌、調整體質。
   c. 馬卡：增強體質、提高男性性功能。
   d. 南瓜籽抽取物：預防前列腺肥大。
   e. 維生素 A：維持泌尿道上皮組織健康。
   f. 維生素 E：預防前列腺肥大（癌）、膀胱癌、提高生殖力。
   g. 葡萄糖酸鋅：預防前列腺肥大、提高生殖力。
   h. 深海魚油：預防高血脂、血壓、心血管疾病。

（十四）姬松茸（巴西蘑菇、小松菇、梅氏蘑菇）

1. 菇傘白色，色澤金黃、淺褐色，鱗片較一般菇為粗，香味濃，具杏仁味，易腐，一般烘乾使用。
2. 含 B–葡聚糖，人體巨噬細胞、T 細胞、B 細胞、自然殺手細胞等免疫力增強，增加人體對抗疾病侵襲力，抗癌。

3. 成分：維生素（Vit. B_1, Vit. B_2、菸鹼酸）、麥角固醇、礦物質（灰質、Fe、Ca、K、Na）、蛋白質、脂肪、纖維素、醣類。

4. 功效

a. 抗癌、防癌：攻擊癌細胞，抑制癌細胞增殖，包住癌細胞排出體外，抑制生成。

b. 降低膽固醇：抑制膽固醇跟脂肪酸酯化，抑制低密度脂肪的氧化。

c. 治療肝炎：抗病毒毒力。

d. 調整血壓：含纖維素，可吸收膽固醇及油脂，維持血壓正常。

e. 糖尿病預防：降低胰島素抗性、活化胰臟機能、提高免疫力。

（十五）靈　芝

1. 高分子的多醣體，含 200 多種，其中約 10 餘種高分子量多醣體，具抗癌作用。

2. 成分

a. 三萜類(triterpenoids)：又稱靈芝酸，具苦味，減輕肝炎、肝硬化、抗過敏作用（治療氣喘）、當成反應調節劑、降低與調節自體免疫系統、減少過敏、風濕性關節炎等。

b. 蛋白質：包含人體必需胺基酸，含小分子蛋白質，LZ-8 (MW：15,000 ~29,000)類似人體免疫的功能、明顯抑制全身性過敏反應、血管炎病變。

c. 微量元素 Ge-132、K、Ca、P、Mg...維持人體機能運作，調節體內新陳代謝，刺激免疫系統、活化細胞。

　　另外，Ge-132 的功能是可以刺激人體防禦性殺手細胞，消滅癌細胞、病毒、促進紅血球攜氧之功能，防止細胞衰老。

d. 核酸類：Adenosine（抑制血小板凝集、防止血栓、預防動脈硬化），RNA、Adenine（溫和心臟血管擴張劑、舒緩高血壓、抗衰老），Uracil。

3. 靈芝功效

a. 抗腫瘤作用：免疫功能調節和激活劑，顯著提高體內的免疫功能，曾體患者本身抗崖癌能力。

b. 保肝解毒作用：促進肝臟對藥物、毒物的代謝，保護肝臟，減輕肝臟損傷。

c. 對心血管作用：降低血膽固醇、脂蛋白和三酸甘油脂，並能預防動脈粥樣硬化斑塊的形成。

d. 靈芝富含多醣、多胜肽等可明顯的延緩衰老之效用。其作用機制如下：(1)調整和促進免疫功能的完善，增強抵抗疾病能力；(2)調節代謝平衡，促進核酸和蛋白質的合成；(3)增加細胞的分裂代數並促進細胞核內 DNA 合成能力；(4)抗自由基作用。可顯著清除體內產生的自由基，保護細胞並延緩細胞老化。

e. 抗神經衰弱作用：對神經衰弱症與失眠具有療效，靈芝具有鎮靜安神的功效。

f. 治療高血壓：能延長和穩定其它降壓藥物的效果。

g. 可治療糖尿病：靈芝中的水溶性多醣，可減輕非胰島素依賴型糖尿病的發病程度。

h. 對慢性支氣管炎、支氣管哮喘、風濕及類風濕、過敏性哮喘、鼻炎、全身性紅斑狼瘡、多種頑固性皮膚病等都可起到較好的效果。

i. 美容作用：改善體內循環、清除皮膚黑色素、消除皺紋、保持生理機能等。

參考文獻

中興大學(1993)・*高壓技術在食品加工上的應用研討會論文集*・台中市：國立中興大學食品科學研究所及畜產學研究所。

王有忠(1987)・*食品安全*・台北市：華香園。

王伯徹(1991)・食用及藥用菇系列報導(10)，松茸・*食品工業，23*(1)。

王伯徹(1991)・食用及藥用菇系列報導(11)，鮑魚菇，*食品工業，23*(7)。

王伯徹(1991)・食用及藥用菇系列報導(14)，木耳・*食品工業，23*(12)。

王銘富等著(1995)・*食品學*（各論）・台中市：富林出版。

卯曉嵐(1988)・中國野生食用真菌種類及生態特性・*真菌學報，7*(1)，36-43。

行政院農委會(1991)・*蛋的品質分級與鑑別手冊*・台北市：行政院農委會。

行政院農業委員會(2007)・*選購安全衛生肉品有撇步，既簡便又安心*・取自 https://www.coa.gov.tw。

行政院農業委員會茶業主題館（無日期）・*台灣各茶區特色茶名稱及產地一覽表*・取自 https://kmweb.coa.gov.tw

行政院農業委員會茶業改良場（無日期）・*製茶加工技術*・取自 https://www.tres.gov.tw

行政院農業委員會茶業改良場（無日期）・*製茶加工技術*・取自 https://www.tres.gov.tw

行政院衛生福利部(2017)・*食品添加物使用範圍及限量暨規格標準*・台北市：行政院衛生福利部。

吳景陽(1998)・稻米澱粉・*食品工業，20*(7)，17-23。

呂鋒洲(1980)・*黴菌毒素學精要*・台北市：藝軒圖書。

宋細福(1989)・草菇栽培・*行政院農業委員會暨台灣省政府農林廳編印*，29。

李錦楓(1988)・香菇・*健康世界*，29，53-56。

李錦楓等(2007)・*新編食品加工*（第三版）・台北市：匯華圖書。

杜自疆(1980)・食用菇栽培技術・*豐年社*，183。

杜金池，鄭變(1975)・台灣之木耳類・*中國園藝*，21，227-233。

林力丸(1988)・食品工業への高壓利用，*食品機械裝置*，2，53-59。

林力丸(1989)・*食品への高壓利用：第一章高壓下現象の食品分野への利用*・日本京都市：さんえい出版。

林力丸(1989)・食品への壓力利用—考え方と發展・*食品工業 July*，26-30。

林慶文(1976)・*蛋之化學及利用*・台北市：華香園。

林慶文(1982)・*乳品製造學*・台北市：華香園。

林慶文(1983)・*肉品加工學*・台北市：華香園。

林慶文(1993)・*乳製品之特性與機能*(p. 35-89)・台北市：華香園。

長澤正雄、石井義男(1971)・*農藥的化學*，日本東京都：大日本圖書。

姚念周(2001)・*感官品評：基礎與應用*・新竹市：樞紐科技顧問。

施明智(2000)・*食物學原理*・台北市：藝軒。

段盛秀(1987)・食品添加物之種類與功能・*食品資訊*(18)，10-13。

食品安全研討文彙編(1978)・新竹市：食品工業發展研究所。

財團法人食品工業發展研究所・食品安全研討會論文彙編・新竹市：食品工業月刊社。

張平平(1986)・食物中毒疾病・*食品工業，18*(11)，13。

張為憲等(1995)・*食品化學*・台北市：華香園。

張勝善(1989)・*牛乳與乳製品*(p.310-342)・台北市：長河。

張勝善(1989)・*蛋品加工學*・台北市：華香園。

張鈺騂編譯(1993)・*基礎食品化學*・新北市：藝軒圖書。

張瓊月等(2001)・*老饕喝啡咖必備品味手冊*・台北市：上旗文化。

莊如秀(1996)・*優良肉品簡訊*・台北市：財團法人台灣區肉品發展基金會。

陳文亮(1998)・米食加工食品的開發・*食品工業，20*(7)，11-16。

陳世爵、陳潤卿(1981)・*黃豆油與黃豆食品手冊*・台北市：美國黃豆協會。

陳明造(2014)．*肉品加工理論與應用*．台北市：藝軒圖書。

陳淑瑾編著(1989)．*食物製備原理與應用*．屏東縣：睿煜出版。

陳煥堂、林世煜(2001)．*台灣茶*．台北市：貓頭鷹出版。

陳瑞卿(1989)．*台灣松茸栽培之展望*．台灣區第七屆食用菌研討會報告。

陳賢哲(1983)．各種食品加工用化工澱粉的利用等特性．*食品工業*，(7)，24-31。

嵐山咖啡生活網（無日期）．*咖啡產品*．取自 http://www.coffeelife.com.tw

曾道一(1992)．高壓技術在食品工業之發展與應用．*食品工業，24*(9)，45-52。

舒適角葡萄酒專賣店（無日期）．*品酒小百科*．取自 http://cozycorner.com.tw

黃涵、洪立(1992)．*台灣蔬菜彩色圖說*（第三版）．台北市：豐年社。

黃韶顏(1989)．*團體膳食製備*．台北市：華香園。

楊新美(1998)．*中國食用菌栽培學*（584 頁）．中國北京市：中國農業出版。

衛生福利部食品藥物管理署(1980)．*多氯聯苯和食品汙染*．台北市：衛生福利部食品藥物管理署。

鄭清和(1988)．*食品原料*（上）．台南市：復文書局。

賴茲漢、金安兒(1990)．*食品加工學基礎篇*．台中市：精華出版社。

錢明賽(1978)．天然存在植物中之毒性物質．*食品工業，10*(3)，33。

續光清(2001)．*食品學概論*．新北市：財團法人徐氏文教基金會。

Alexander, R. J. (1995). Resistant atarch-new ingredient for the food industry. *Cereal Foods World, 40*(6), 455-458.

Aurand, L. W., & Woods, A. E. (1973). *Food Chemistry*. New York: AVI Publishing Company.

Belitz, H. D., & Grosch, W. (1987). *Food chemistry*. New York: Springer Verlag.

Breidenstein, B. (1987). Nutrient value of meat. *Food and Nutrition News*, 59, 2.

Cahill, V. R. (1974). *Meat processing* (3rd ed.). U.S.A: The Ohio State University.

David, F. (1990). High pressure technology in the food industry. *Food Technol. July*, 14-16.

Fennema, O. R (1996). *Food Chemistry* (3rd ed). NewYork: Marcel Dekker.

Graham, H. D. (1980). *The Safety of Foods* (2nd ed.). New York: AVI Publishing Company.

Hayashi, R., & Hayashida, A. (1989). Increase amylase digestibility of pressure treated starch. *Agricultural and Biological Chemistry, 53*(9), 2543-2544.

Hoseney R. C. (1986). *Principles of Cereal Science and Technology.* Minnesota: American Association of Cereal Chemists.

Margare, M. W. (1985). *Food Fundamental.* Boston: Houghton Mifflin Harcourt.

Merkel, R. A., *et al.* (2001). *Principles of meat science* (4th ed.). Iowa: Kendall Hunt Publishing Company.

Nilsson, T. (2000). Postharvest Handling and Storage of Vegetable. R. L. Shewfelt, & Bruckner (Eds.), *Fruit & Vegetable Quality: An Integrated View.* (p.96-116). Chicago: Technomic Publishing Company.

MEMO

MEMO

MEMO

國家圖書館出版品預行編目資料

食品科學概論／曾道一、賈宜琛編著. － 第五版. －
新北市：新文京開發，2018.06
面； 公分

ISBN 978-986-430-411-0（平裝）

1.食品科學

463 107009150

食品科學概論（第五版） （書號：**B145e5**）

編著者	曾道一　賈宜琛
出版者	新文京開發出版股份有限公司
地址	新北市中和區中山路二段 362 號 9 樓
電話	(02) 2244-8188（代表號）
FAX	(02) 2244-8189
郵撥	1958730-2
第三版 修訂版	西元 2011 年 9 月 30 日
第四版	西元 2015 年 8 月 20 日
第五版	西元 2018 年 7 月 6 日

建議售價：530 元

法律顧問：蕭雄淋律師

ISBN 978-986-430-411-0

New Wun Ching Developmental Publishing Co., Ltd.

New Age · New Choice · The Best Selected Educational Publications — NEW WCDP

新文京開發出版股份有限公司

新世紀 · 新視野 · 新文京 — 精選教科書 · 考試用書 · 專業參考書